U0511480

CAMBRIDGE

KANT'S
GROUNDWORK
OF THE
METAPHYSICS
OF MORALS
A Commentary

康德《道德形而上学奠基》
评 注

Jens Timmermann

〔德〕延斯·蒂默曼 著

曾晓平 刘作 刘凤娟 译

创于1897 商务印书馆
The Commercial Press

献　给

Bettina, Hans, Jakob, Ricarda,
Carlotta 和 Florentin

目　录

致　谢

　　我想要感谢使本书成为可能的一些机构：感谢圣安德鲁斯大学准许我 2005 年学术休假；感谢艺术和人文研究委员会奖励我 2005 年下半年紧接着研究休假；感谢爱丁堡皇家学会给我提供哥廷根大学为期三个月的研究奖学金，感谢哥廷根大学哲学系成员使我的居留非常富有收益和乐趣。我感谢 Claudio La Rocca 和 Stefano Bacin 2005 年夏天在比萨大学和比萨高等师范学校对我的美好的哲学款待，感谢剑桥大学、哥廷根大学、赫尔辛基大学、圣母大学、加州大学河滨分校、加州大学圣地亚哥分校和圣安德鲁斯大学的听众，感谢 Onora O'Neill，Norbert Anwander，Fabian Freyenhagen，Andrews Reath，Oliver Sensen 和 Werner Stark 对康德伦理理论的许多愉快的讨论。尤其感谢我在圣安德鲁斯大学的博士生 Carolyn Benson 和 Ralf Bader，他们阅读全部手稿并帮我编制索引。

康德著作引用说明

　　康德著作引用通常采纳自保罗·盖耶尔（Paul Guyer）和艾伦·伍德（Allen W. Wood）总主编、剑桥大学出版社出版的剑桥版康德著作系列。这个系列包括格雷戈尔（Mary Gregor）翻译的《道德形而上学奠基》，我一般采用这个译本的术语用法，除非有好的文本理由或哲学理由才会偏离这个译本的用法。我还参阅目前正在使用的其余七个左右的英文译本[①]，偶尔参阅其他现代欧洲语言译本。[②]

　　引用方式是标出以科学院版闻名的标准德文版《康德全集》的卷数、页数以及经常还有行数。科学院版二十九卷［用罗马数字 I–XXIX 表示］[③]在柏林-勃兰登堡科学院（以前皇家普鲁士科学院）和哥廷根科学院的资助下由瓦尔特·德古意特（Walter de Gruyter）出版社在柏林和纽约出版。科学院版的页码现在通常重印在其他版本和译本的页边。因此，引

---

　　①　按年代顺序有：阿博特（Abbott），帕顿（Paton），贝克（Beck），埃林顿（Ellington），茨威格（Zweig），伍德，以及丹尼斯（Denis）对阿博特译文的最近修订版。见本书的参考文献。

　　②　意大利文和法文译本，但也有令人好奇的诸如潘嫩贝格（A. Pannenberg）的德文（！）译本（Velhagen & Klasing, 1927）。

　　③　方括号中的文字为译者的补充。后文不再说明。——译者

文"Ⅳ 393"意指科学院版第四卷第 393 页,"Ⅴ 97.19"意指
第五卷第 97 页第 19 行。若不是使用这个版本的读者,对于
将会在科学院版的大开本、通常每页 37 行的页面中何处找到
引文,仍然会获得一个好的印象。按照惯例,对《纯粹理性
批判》破例对待,其第一版(A)和第二版(B)的页码都标
注出来:"A 15/ B 29"的引文格式表示引自《纯粹理性批判》,
单纯的"A 361"或"B 131"则表示材料只包含在第一版(A)
或第二版(B)中。科学院版第十四—十九卷中连续编号和排
印的康德笔记或"反思"被引用为"R"。第二十四—二十九
卷中包含的讲义按照我们拥有其笔记的学生的名字来引用: x
Collins,*Mrongovius*,*Vigilantius*,等等。

　　在进行评注时,卷数、页数和行数之前的段落符(¶)意
指《道德形而上学奠基》原文中新段落的开始。

导　言

> 我们看到的那亮光是在我的大厅里燃起的。
>
> 那支小小的蜡烛把它的光芒照得多么远啊！
>
> 善的行为在邪恶的世界中同样如此照亮。
>
> ——《威尼斯商人》中的波西娅

道德哲学的"奠基"能做什么和不能做什么

为了避免失望起见，《道德形而上学奠基》的读者最好心中牢记康德的这个计划的特定性。他想要达到什么？甚至他并不试图探讨哪些问题？

让我们以不要从《道德形而上学奠基》中期望什么来开始。"奠基"这个词能够用来描述为某个事物奠定基础的活动，或当这项活动有幸取得成功时，用来描述它的结果。[①]因此，我们将会期望《道德形而上学奠基》包含着另一个不同

[①]　阿博特的"根本原则"（Fundamental Principles）和贝克的"基础"（Foundations）这两种译法都没有抓住这个德文词的微妙的多义性。埃林顿的"进行奠基"（Grounding）相对而言优于现在的标准译法"奠基"（Groundwork）。另一种可能的译法将会是单数形式的"基础"（Foundation）。

哲学计划的原则。的确，这就是康德如何描述在"前言"前面安排的任务。最前面五页左右包含着对一门未来的道德形而上学的本性和必要性的仔细讨论，这些讨论只是通向这个目的：康德着手为这门新颖学科进行奠基这项优先的"批判"任务。这个短篇著作显然是康德1770年代和1780年代潜心研究的基础计划的一部分。

　　如果《道德形而上学奠基》并不主张成为作为整体的伦理理论或道德生活的完全指导，那么试图把康德式的伦理学化约为这部著作，就会是一个错误，即使我们断定它是康德对道德哲学的最深远或最有影响的贡献。①《道德形而上学奠基》留下许多问题有待在后来的一些著作中得到讨论，而不仅仅是这门新的"道德形而上学"本身。康德偶尔提到这个观念：我们可以称为"应用"伦理学（道德心理学或"人类学"，一个他从未实现的计划）的东西必须跟随在道德形而上学之后。还有这个观念：一部充分展开的纯粹实践理性"批判"，它解决超出《道德形而上学奠基》狭窄范围之外的根本问题。这些计划就它们自身而言是有价值的，但是就为伦理学奠定基础这项任务而言，它们不是基本的。我们还不能来讨论例如一阶道德命令的完备分类、一切善的总和的神学涵义、理论

xii

---

　　①　康德对体系的优先性有一种非常敏锐的感觉。这是我们不应当根据"某个主题在后来的著作中没有得到继续讨论"这个事实而推论"康德已经改变他的观点"的理由。在很大程度上康德只是向前进。无可否认，在康德的整个哲学发展过程中，他的体系的细节最终比他通常准备承认的要更富有变化性。

理性和实践理性的统一性、伦理冲突的解决方式、道德驱动的确切机制等等。《道德形而上学奠基》的意图是一个比较谦虚的意图：康德"仅仅"力图识别和牢固确立道德意愿的最高原则。

还有一些康德在其任何一部道德哲学著作中都不想要讨论的问题。最重要地，他不想要颠覆日常道德。这并非归因于某种对特定道德规范的依恋之情。康德认为普通的、前哲学的道德思想不能是完全错误的，他的理由主要是伦理的。人必须达到道德真理来确实成为负责任的行为者。不可归责的无知使得称赞和责难的态度变成无效的，道德命令可能被弱化为按照明智根据而适用的单纯建议。正如康德在《道德形而上学奠基》中自始至终论证的那样，如果道德行动必须是"为了那条法之故"而做出的，那么一切道德行为者就必须认识那条法。他不能把普通的道德观点和那些将之视为非道德的观点的人排除在外。康德并非不受怀疑主义的影响，但是他比其他人更认真地对待某些挑战（诸如经验主义和物理决定论的孪生威胁）。因此，《道德形而上学奠基》不是对"道德性的奠基可能是什么"或"究竟是否存在道德原则"的不偏不倚的研究。反思型普通道德的真理是一个默认立场。康德甚至以他当作日常的道德价值概念的东西作为其研究的开始点：唯一绝对善的东西是善的意志（Ⅳ 393.5–7）。

自从《道德形而上学奠基》1785 年首次出版以来，康德的意图一直受到误解。在《实践理性批判》"前言"中，康德说，《道德形而上学奠基》的一位批判性的评论者（事实上是蒂特尔（G. A. Tittel）的短评《论康德先生的道德改革》（*Über Herrn Kant's Moralreform*），pp. 15-16），"当他说其中没有提出道德性的任何新的原则，而只提出一个**新的公式**时，比他自己可能想要说的更切中要害"（V 8 脚注）。康德把这个关于新颖原则的观念驳斥为荒谬的：

> 因为谁将会想要引入一切道德性的某个新的原理、并仿佛首次发现它呢？就好像在他之前对于什么是义务，这个世界一直处于一无所知或彻底的错误中。但是无论谁知道，对数学家来说一个"完全精确地规定为了完成某项任务而应当做的事、并让他不错失那应当做的事"的**公式**意味着什么，他就不会把一个在一切一般义务方面这样做的公式视为某种不重要的和可免除的东西。（V 8 脚注）

道德真理虽然是可普遍认识的，但容易被太过于人性的倾向遮蔽去支持自然欲求、而不支持理性。对道德性的公式的明确陈述或许能有助于保持它的纯粹性。正如康德在《判断力批判》中表述的那样，当普通人和（康德式的！）哲学家判断例如欺诈是道德上不正当的时，他们依赖于同一个理性原则，但是哲学家对这个理性原则有一个更清楚的观念（V 228.18-20）。康德认为，直言命令式，尤其它的最初的"基本的"表述形态，在实践事务方面能够充当标准或决策程序。他可能对普通道德认识的能力或伦理理论的教育潜能一直抱有过于乐观主义的态度，但重要的是注意到，后者是前者的直接后裔。

在康德伦理学中，较之于在其理论哲学中，普通知性有一种更大得多的积极作用要发挥。在1797年的《道德形而上学》中，康德走得如此远以至于把健全理性称为一个"不知道那种情况的形而上学家的［健全理性］"（Ⅵ206.23）。前哲学的道德思想能够使我们开始从事道德形而上学的任务，即使它不能完成这项任务。与此相对照，康德著名地抱怨在思辨哲学中诉诸普通知性这种"懒惰的方法"（bequemes Mittel）（《未来形而上学导论》Ⅳ259.12），因为在人类探究的这个分支领域［思辨哲学］中，我们的有利于感性的自然偏见阻碍自然形而上学成为一门真正科学所需要的那种视角的转变：《纯粹理性批判》的"哥白尼式的转向"。它通过考虑对对象的先天认识而使自然形而上学成为可能，因为知识的对象本身最终依赖于我们的认识能力（B xvi）。因此，即使由于其基础特性，《道德形而上学奠基》后面几部分包含着一定的哲学专业性和复杂性，然而与例如当时一直广泛被谴责为读不懂的（事实上现在依然如此）《纯粹理性批判》相比，它更接近于日常思想。

康德道德理论中的悲观主义和乐观主义

我们已经瞥见《道德形而上学奠基》的读者所面临的悲观主义和乐观主义的引人注目的结合。康德对人的认识性的道德能力和情感性的道德能力都极有信心，但是他对人的行为的现实道德性质也非常怀疑。让我依次讨论这两种确信。

我们被认定容易领悟象征性的道德真理，这种容易与经验性的认识的无穷复杂形成对照。为了达到经验性的认识，我必须收集、整理和处理材料，一个容易出现各种各样错误的程序。这些不确定性也影响到工具性的（亦即技术的和尤其明智的）理性推理，这种理性推理需要利用经验性的知识。与此相对照，康德在第一章临近结尾时宣称，"要看出为了使我的意愿成为道德善的、我必须做什么，对此我根本不需要任何见多识广的敏锐性"：

> 没有对这个世界过程的经验，没有把握这个世界过程中可能发生的一切事件的能力，我只问我自己：你能够真正意愿你的准则变成一条普遍法吗？（Ⅳ 403.18—22）

当然，这是对直言命令式（亦即一切伦理行为中所隐含的那个最高道德原则的"公式"）的早期陈述。① 在这个语境中，

---

① 那个道德原则的先天综合本性（尤其它对不确定的经验性前提缺乏信赖）至少部分说明康德对道德认识的乐观主义。然而，康德似乎认为，因为他已排除错误的一个源泉，他就已排除错误的所有源泉。似乎看来，即使按照这幅康德式的图画，道德实践也由于下面这些因素而变得复杂化：（1）一个人的行动的经验性结果进入道德方程式中，即使那个**原则**是综合的和先天的，它们也并不因此就规定最终结果；（2）算术和几何学也是综合的和先天的，但并非每个人都是数学天才；（3）在（转下页）

康德的标准事例是"如果人们能够容易地保有一件寄存物，他们是否应当将它归还给它的合法拥有者的继承人"这个问题（他认为显然人们应当归还）。[①] 在《实践理性批判》中，这个寄存物案例是通过这个断言引入的：甚至最普通的知性也不需要教导就能够区分准则的形式是否适宜于普遍立法（V 27.21–22）。似乎看来，道德判断就像胜任使用自然语言一样而发生。说母语的人能够毫不费力地造出符合语法的句子、并区分句子的良好结构与不良结构。然而他们不大可能意识到他们所运用的那些原则。语言学的规则只有通过连续不断的哲学分析和反思才变得明确。此外，不良的理论很可能也败坏语言，同样也败坏道德。

康德的乐观主义并不限定于道德认识。为了捍卫那条道德法的普遍权威，他还必须澄清，我们有一个任由自己支配的、总是强烈到足以产生我们承认是正确的行动的动机。毕竟，应当蕴含着能够。否则标准就不能是直言的，亦即独立

（接上页）决定"如何把道德洞见付诸实践"（例如不是是否帮助、而是**如何**帮助）这个次一级层次上，工具理性是需要的。最终说来，康德的乐观主义很可能是基于他的信念"道德命令必须是直言的（普遍的和必然的）"以及由之带来的平等主义意涵。第（1）和第（3）种复杂化情形在本书附录四中将得到进一步讨论。

    ① 见《实践理性批判》V 27.21–28.3 和"理论与实践"［这是康德 1793 年发表的论文"论俗语：这在理论上可能是正确的，但不适用于实践"的简称］Ⅷ 286.17–287.21。关于广泛的讨论，见我的 'Depositum', *Zeitschrift für philosophische Forschung* 57 (2003), 589–600。

于单纯主观的驱动条件。① 在这一点上，康德对人的脆弱性做出某些让步。我们并不拥有康德称为"完善的"或"神圣的"意志的东西，那种意志毫不费力地就像那条道德法所命令的那样而行动。我们只拥有"纯粹的"意志（后来与选择能力或**意选**（Willkür）相对而被称为**意志**（Wille），这种意志是由道德形而上学必须研究的那些法所支配的。简而言之，我们的意愿能力并非全部、而只有部分是纯粹的。我们的意愿能力面临着两种力量：理性和倾好；尽管在相冲突的事务上我们必须站在理性这一边，但我们不能让倾好走开。倾好至多能够被限制来支持我们的理性的计划，尤其是道德的计划。我们决不能变成完全善的。在我们所有人中，理性在本质上是同一个，那些唯独依赖于理性的道德性的命令同样也是如此。与此相对照，倾好展现出巨大的变化性。这就是为什么道德行动在不同时代在主观方面都可能或多或少困难的，为什么道德行为对某些人而言比对其他人而言更容易达到。康德没有盲目不见人性的多样性。他只是认为，基于平等主义的理由，人类本性在规范伦理学中不应当扮演主要角色。

　　总而言之，这个道德选项对一切行为者来说都是可利用

---

　　① 这是一个非常微妙的观点。在第三章中康德不得不承认，这样一个不可思议的动机的实存只能得到公设，而不能得到证明。我们已经达到道德哲学的"最远边界"；见 IV 459–463。因此，在《实践理性批判》中，康德把自己限定于描述道德动机的作用方式，而不说明道德动机是如何产生的；见 V 72.21–27。在 IV 399.40 的一个脚注中，康德把对做正当事情的道德兴趣等同于对那条道德法的尊敬。只有由尊敬所驱动的行动才是道德上善的，见 IV 440.5–7。

xvi 的，即使由于自然倾好它不能是唯一选项。因此，一切成年
的能够运用其理性能力的人都对他们的道德失败负责。他们
本来**能够**道德地行事，如果他们做出别的选择的话。在《实
践理性批判》中，实践理性的声音被说成甚至使"最大胆的
作恶者"（den kühnsten Frevler）感到战栗（Ⅴ 80.1–2）。在《道德
形而上学奠基》中，康德走得如此远以至于说，当遇到有德
性的行为的光辉榜样时，"最邪恶的恶棍"（der ärgste Bösewicht）
也欲求成为道德的人；虽然改邪归正对他来说是痛苦的，但
他**能够**实现这一点（Ⅳ 454.21–29）。①

　　如果一切都似乎完全支持道德哲学的规范性这一边，那
么康德就较不相信我们有能力发现我们行动的现实道德价
值。我们**知道**我们应当做什么；我们深信，当道德行动是必
需的时，我们**能够**道德地行动；由于倾好的影响，我们较不
确定我们是否**将要**做这个行动；回顾过去，如果从表面来看
我们已经做出道德的事情，那么我们决不能确定，我们做这
件事情是因为正当的理由、而不是因为自私的理由，亦即这
个行为是**出自**义务而做出的、而不是单纯**符合**义务的。康德
式的道德性命令我们，采取正当的行动态度、而不仅仅践履
正当的行为。一个行动是道德上善的，仅仅当它发源于一个
适宜于成为普遍法的主观原则或"准则"。但是行动的道德性

---

　　① 理由就是甚至他赋有纯粹意志，明确地见康德《道德哲学讲义》，
Collins，XXVII 294.1。关于"成为道德的（而非明智的）总是取决于每个人
自己"这个观点的特别清楚的陈述，见《实践理性批判》Ⅴ 36.40–37.3。

质仍然是模糊的。我们仅仅像人类行动（我们自己的行动和他人的行动）在经验中给我们显现的那样而知道它们，它们展现出的规则性是自然的因果过程的一部分。自由的行动并不像这样浮现出来。

然而，康德对道德价值的怀疑主义态度扩展到超出不可知论。由于倾好在某种意义上是我们珍爱的而道德性不是，康德就非常怀疑人们性格的现实道德性质。个体的行动大多数与义务相一致，每个人都能够是道德上善的，但我们很少人现实地是道德上善的。大多数人错置他们的道德优先性。这种悲观主义明显地贯穿于《道德形而上学奠基》第一章的实例中（Ⅳ 397-399）。店主通常正派地对待他们的顾客，但他们这样做，是因为他们关心他们的名誉，而不是基于道德根据。人们对保持或延长他们的生命的焦虑关怀，很可能是基于自爱，而不是基于道德原则。行善的行动往往是我们的自然同情趋向的结果，而不是伦理确信的结果。康德论证，^{xvii} 任何由倾好、而非由对那条道德法的尊敬所驱动的行动，都缺乏特有的**道德**价值，不论该倾好可能是多么可亲。此外，人类展现出一种令人担忧的趋向，要使行动的规范标准符合他们自己的欲求，要恭维他们自己比他们实际所是的更加道德。他们经常故意把明智的懊悔误认作良知的喋喋不休的声音（*Collins*，XXⅦ 251.16-17）。天真无邪容易受到败坏，这是道德哲学终究被需要的理由（Ⅳ 404-405）。毫不令人惊奇，未经世故的人们似乎比聪明的知识分子是他们自己道德价值的更好评价者。正如康德在《实践理性批判》中表述的那样，

他的精神"向普通人鞠躬致敬"（Ⅴ 77.1-5）。^①

那些觉得康德式的道德价值观念令人讨厌地狭隘的人，应当在心中记住，这种道德价值观念是康德的强烈的平等主义确信的后果，情感主义或德性理论并不能容纳他的这些确信。康德把自称"人类能够达到道德完善"或"责任性的行动总是令行为者愉快的或对行为者有益的"观点，看作不切实际的。这些是人类状况的元素，哲学家不应当试图敷衍它们。但是我们至少能够预设，每个人都赋有同一种"成为道德的"**能力**，并在那方面创造一个公平竞争的环境。道德性必须是关于行动、关于该由我们决定的东西、而不是关于自然惠爱之分配的。有一条非常精炼的手写笔记，在其中康德说："对人能够要求的是，他们像那条法所命令的那样而行动，而非他们高兴这样做"（R 8105，ⅪⅩ 647）。在《实践理性批判》中康德更加清楚地说明：同情的情感经常是受欢迎的、可亲的、可欲的、美的。它们能够在一定条件下是客观地、全面考虑而言善的。但它们不是**道德上**善的（Ⅴ 82.18-25）。

---

① 这一点并非总是如此。在一条著名的手写笔记中，康德把他向民主的转变归功于卢梭："我自己就倾好而言是一个研究者。我感到对知识的充分渴望，感到对知识进步的欲求的骚动，而且还感到对每一点获得的知识的满足。曾经有一个时期，我相信唯有这才能够构成人性的光荣，我轻蔑无知的民众。卢梭纠正了我。这种盲目的偏见消失，我学会尊敬人，我发现，如果我不相信在确立人性的权利时这种观点能够赋予所有其他人以价值，我自己就会比普通工人更无用。"见康德关于其1764年《对美的东西和崇高的东西的情感的观察》的笔记，ⅩⅩ 44.8-16。在这部《观察》出版前一年或两年，康德发现了卢梭。

幸福的和多才多艺的性格是一个超出康德道德性观念领域之
外的理想。①

道德义务的品格

康德晚期宗教哲学著作包含着他对普通道德意识的信赖
的一些令人震惊的事例。在《单纯理性限度内的宗教》中，
他走得如此远以至于主张，良知的道德判断不能出错。良知
是我们内在的道德法官，良知的声音能够在怀疑的事务方面
充当"指导线索"（Leitfaden）。康德引入一个"不需要证明就
成立"的新的实践原则："在存在着'可能是不正当的'危险
时，我们不应当做任何冒险"；用普林尼的拉丁语来说：你怀
疑的事情，就不要做（quod dubitas, ne feceris）（VI 185.24-25）。②

为了说明这个观点，康德把焦点放在圣经信仰的命令和
道德性的命令之间冲突的可能性。他的事例是，一个宗教审
判官因为一位正派公民的所谓异端而判处其死刑的命令。康
德假定这种死刑判决是不正当的。然而这个宗教审判官不是
犯下一个无意的错误。他"在良知上做出不正当的事情"，因

---

①　"驱动"和"道德价值"在本书附录一和附录二中得到进一步
讨论。

②　"确定性能够充当实践标准"这个观念决不是 1790 年代的发明；
道德"概然主义"（VI 186.7）在《纯粹理性批判》"方法论"中就已经被
拒绝，在那里康德论证"一个行动是**准许的**"这个单纯的意见决不足以
为那个行动辩护（A 823/B 851）。亦见对道德确定性的更早反思，R 2462
（XVI 380-381）和 R 2504（XVI 396）。

为"我们总是能够坦率地告诉他,在这样一个境况中他本来能够完全确定他或许正在做不正当的事情"(Ⅵ 186.28-30)。换言之,他正在违反"道德上准许"这个新的标准而把他的内疚感用作道德事务方面的指导线索,亦即,决不做任何他不完全确定是正当的事情。这个行为者只有责任"在什么是义务或什么不是义务方面启蒙他的**知性**;但是当这开始时或已经付诸行为时,良知就不由自主地和不可避免地说话"(Ⅵ 401.14-16)。

要注意到,这个宗教审判官的冲突是实践上的、而不是道德上的。宗教审判官是否可能因为宗教的理由而杀害一个无辜的人,对于这个问题,康德如此自信这个宗教审判官的正当和不正当的感官不能保持沉默,因为他看到两种分明不同的和完全不相等的力量在起作用:启示宗教和纯粹实践理性。康德没有质疑这个宗教审判官的信仰的真诚性;但是决没有一个人能够**确定**(正如在道德上所要求的那样)历史宗教能够为处死一个无辜的人辩护。与此类似,在《实践理性批判》中康德认为,那种不可战胜的良知的声音支持我们的这个判断:物理决定论不足以破坏道德性和责任(Ⅴ 98.13-28)。再者,这两种对立的力量(自然和道德性)在种类上是不同的。康德似乎没有预想到,我们因为道德的理由而在两个行动过程中被撕裂开来。在没有任何选项是毫不含糊地正当的、或一切选项都是同等成问题的地方,他没有为真正的道德困境预做准备。

正如那个宗教审判官的案例表明的那样,康德的义务观念缺乏这个语词在今天的读者中可能唤起的许多令人不快的涵义。心中记住这一点是重要的。"人应当做什么"不是基于他们的社会等级或社会身份。毕竟那条道德法是普遍的。它是人们作为有理性存在者在他人中的地位的结果。而且，最终说来，我们自由地把那条义务的法施加于我们自己（这是康德式的自法的定义）。在晚期的《学科之争》中康德明确地论证，上级的命令不是自动有效的。要使它适用，它必须被自由地判断为正当的（Ⅶ 27. 27-30）。在耶路撒冷审判时，阿道夫·艾希曼试图援引康德道德哲学来为其参与对几百万犹太人的大屠杀辩护，这正是纳粹的变态的一个症状。艾希曼说，长期以来他不仅服从命令，而且他还为了那条法（一条最确定不是他自己的法）之故而行动，直到最终他放弃道德判断而完全服从他的上级。[①]但是他本来能够而且本来应当知道他那时**不**是在践履他的义务。

先天的和后天的：行动的根据

后天的东西（基于经验的自然世界的东西）和先天的东西（理性的东西，不是基于经验的自然世界的东西）的对立遍布整个康德哲学。在实践领域中不能恰当区分这两者，正如在理论领域中不能恰当区分这两者一样，是有害的。[②]《纯

---

① 见 H. Arent, *Eichmann in Jerusalem* (Piper, 1986), pp. 231-235。

② 要注意到，对康德来说"实践的"（practical）没有"可行性"（feasibility）或"可适用性"（practicality）的弦外之义。它是那关涉（转下页）

粹理性批判》1787年版的开篇陈述（B1）在康德道德理论中有着紧密的对应物。在这两个领域的任何一个领域中，感性都是首先出现在时间序列中，但不足以完成其手中的任务：产生知识或行动。康德陈述说"我们的一切认识都从经验开始"，我们的一切行动同样如此。因为我们的认识能力或实践能力还将怎样"被唤醒而活动（实施［Ausführung］）"呢？但接下来不是知识或行动"产生于"经验性因素或是经验性因素的机械产物。在这两个情形的任何一个情形中，绝对自发性（亦即自我能动性）的先天增加都是实现那个欲求达到的结果［即产生知识或行动］所必需的。

　　感性和理性之间的这种相互作用模式，在实践领域中并不像在理论领域中那样引人注目，但更进一步的考察揭示出，它也是康德行动哲学中的一个恒常主题。例如，在《实践理性批判》中康德坚持认为，倾好"总是第一个发言"（V 146.34，对 V 74.8-15 的概括）。这种趋向在康德《道德形而上学奠基》第二章用以示例直言命令式的第一个变化式的事例中也能够看到。第一个示例涉及一个对人生感到厌倦的不幸的人。然而他"仍然在这样的程度上拥有他的理性、以至于他能够问自己：结束他自己的生命是否将会违背对自己的义务"（IV 421.25-422.3）。倾好并不自动变成行动。他仍

－－－－－－－－－－

（接上页）行动的，而不是那关涉认识的。由于理性就其自身而言只有在道德行动中才是"实践的"，因此康德经常把这个术语与"道德的"作为同义词来使用。

然能够反思这些向他敞开的行动过程，并根据理性考虑来做决定。在第二个事例中，某个人发现自己"因贫困而不得不借钱"，而且他清楚地知道"他将没有能力偿还，但是他也看到，如果他不坚定地许诺在一个确定的时间内偿还，他就借不到任何钱"。康德说这个人"有倾好"做这样一个许诺，但他仍然有"足够的良知"来问自己：是否或许"以这样一种方式来帮助自己摆脱贫困不是禁止的和违反义务的"（Ⅳ 422.15-20）。第三个和第四个事例涉及我们的"不要忽视我们的才能"和"帮助那些贫困的人"的义务，它们依照同一个模型。倾好第一个发言，但它不必（而且经常不得）最后一个发言。

如果感性既不足以产生知识，也不足以产生行动，那么就需要某种超出经验性东西之上和之外的东西来完成这个过程：它们两者［即知识和行动］都必须基于那些隶属于理性评判的原则。在行动中，对倾好的自命主张的拒斥取决于我们。我们能够使我们的行动由以发源的主观原则（准则和规则）符合理性的客观原则（命令式）。我们想要屈服于我们的自然欲求；但是我们仍然有自由做正当的事情。此外，如果知识和行动能够得到理性的辩护，那么理论原则和实践原则的根据就必须是先天的。伦理规范的先天本性得到这个事实的证明：正如在知识的情形中一样，道德性包含着必然性的元素（见 Ⅳ 389.11-13）；但是如果康德是正确的，那么必然性就不能在经验中遇到。经验仅仅告诉我们事物存在的方式，而不告诉我们事物应当存在的方式（见 B 3）。康德确实非常认真对待（自然的）存在［是］与（道德的）应当之间的划分。

康德的分析法和综合法以及"演绎"的需要

当康德宣称信赖人们普通持有的道德信念来揭示这些信念的根本原则时，他并不是例外的。在道德哲学史上，甚至那些达到完全不同结论的人也往往没有提出别的貌似合理的方案。密尔深信，一种能够通过哲学手段而揭示出来的客观标准，亦即效用原则，对普通道德判断具有"隐默的影响力"（*Utilitarianism*，I. 4）；亚里士多德在《尼各马可伦理学》中宣称的方法在于探讨有声誉的意见或 ἔνδοξα［希腊文，"普通意见或共同意见"]（Book Ⅶ，1145b 2–7）。① 如果从普通道德意识的观点之外的其他东西开始，将会使康德的这个计划更加面临这种怀疑主义的担忧：他的伦理理论不过是一种特别生动的哲学想象力的虚构。

比康德的这个开始点更值得注意的是他给《道德形而上学奠基》这三章安排的劳动分工。康德在"前言"临近结尾时简要讨论他的研究方法。第一章和第二章他宣称是"按照分析方式"进行的，然而第三章他说是"按照综合方式"进

①　对于亚里士多德实际上把这个方法运用到何种程度，这个问题是有争议的。关于批判性的评估，见 J. Barnes, 'Aristotle and the Methods of Ethics', *Revue Internationale de Philosophie* 34 (1980), 490–511。

行的（Ⅳ 392.17-22，参见 Ⅳ 445.7-8）。具体地说，按照分析
方式进行的前两章致力于道德性的最高原则及其变化式的
识别或发现，接下来按照综合方式进行的第三章对它予以证
实或辩护（Ⅳ 392.3-4）。康德期望《道德形而上学奠基》的
读者从他的理论哲学著作中熟悉这种分析的与综合的区分
（见 Ⅳ 420.14-17）。这种区分在他的道德哲学中是如何运用
的呢？

　　康德为什么把对道德性的辩护当作在某种意义上是按照
综合方式来进行的，明显理由如下。先天原则或者是分析的、
或者是综合的。道德性的最高原则，如果是先天的，就不能
基于分析的基础，因为对概念的分析会帮助我们更好地**理解**
它们，但不能确立它们的**实在性**（见 Ⅳ 420.18-23）。分析性的
判断**不需要**评估给定概念的有效性就阐明或澄清它们，这恰
恰是康德在第一章和（以一种更迂回的方式）第二章对义务
的概念所做的工作。神的概念按照必然性指向其完善性或必
然性；但是这不证明"存在着一个神"这个假定。对"单身
汉"的概念的分析将揭示出，这样一个创造物是一个合适的
从未结婚的男子；但是对单身汉的实存和活动地点感兴趣的
女子，几乎不会被建议把她的努力局限于概念分析。

　　"存在着单身汉"是一个经验性的判断，它不同于"神
存在"或"人服从义务"这些同等地综合性的判断。由于经
验不能担保我们使用像"神"和"义务"这样的概念的权利，
康德担心我们对先天综合原则的使用不能得到辩护。就某些
概念而言，它们究竟能否被应用于实在，亦即，当我们使用

xxii

它们时，是否存在与它们相符合的东西、我们是否说着有意义的东西，是非常值得怀疑的。在《纯粹理性批判》中，康德提到幸运和命运的事例（Glück, Schicksal, A 84/B 117）。他的十二个范畴就面临着这种怀疑，因为它们是知性的纯粹概念，而作为这样的概念不是植根于经验。用康德从他那个时代的法律文献中借来的一个术语说，先天综合原则需要"演绎"：

> 当法学家们谈到权限和主张时，他们把法律事务中关于那种合法的东西（quid juris）的问题与关于那种涉及事实的东西（quid facti）的问题区分开来，由于他们对两者都要求证明，因而他们把前一种证明、那种应当确立权限或权利主张的证明称为**演绎**。（A 84/B 116）

因此，康德的演绎不应当被与形式逻辑的"自上而下的"标准演绎或推导混淆起来。它们有助于确证，我们有权限来使用只能在先天综合判断中得到运用的概念。为了这个目的，我们需要追溯概念的起源，并检查所做的联结是否是合法的。这是康德批判哲学特有的任务之一。第三章完全如同为道德形而上学奠基的意图所需要的那样提供一个"批判"，因而它被称为"从道德形而上学到纯粹实践理性批判的过渡"。

因此，在《道德形而上学奠基》最后一章，康德想要尽可能证明，我们有权限来把第一章和第二章中阐明的义务的概念应用于人类行动。义务的原则（直言命令式，现在就其最终的、最具形而上学特性的变化式而言就是：自法的原则）必须既是综合的、又是先天的。但是像命运和幸运一样，义务的概念可能不过是一个"空洞概念"（Ⅳ 421.12），一个自然的和可理解的、在实在中没有任何东西与之相符合的理念。因为我们全都知道，人可能不能做道德行动，这将会把按照分析方式进行的两章变成"阐明一个空想概念"这种文字学术计划。

这种哲学关怀不应当被与那些完全看不到道德行动的观点的非道德主义者的怀疑主义混淆起来。康德的难题是，担心某个人具有达到道德性的良好禀赋却不能理解道德性。在经验世界（一个以别种方式使概念与实在相符合的可靠源泉）中，没有任何东西能够证实义务的实存。当我们看到一个单身汉时，我们能够指出他，但是我们不能指出一个出自义务感而做出的自由的人类行动，正如我们不能通过经验而识别一个天意的行为一样。经验告诉我们事实的材料，而不告诉我们规范、命令式或价值。① 然而，如果经验世界不能是那条道德法的权威的源泉，那么什么能是？ 或者正如康德自己表述的那样，那条道德法"从哪里"具有对我们的强制力或"约束力"（Ⅳ 450.16）？

_____

① 限定于对经验性事物的经验——在这个意义上不存在任何"道德经验"，尽管事实上《道德形而上学奠基》是从普通道德知性的概念开始的。

现在就存在着直言命令式是"综合的"实践原则的另一个意义（Ⅳ 420 脚注）。道德命令是由这个事实表征的：它们所命令的行动不依赖于（不包含于或不限定于）我们想要在行动中实现的任何目的。综合的实践命题告诉行为者去做"某件新的事情"，正如综合的理论命题给我们提供某种超出一个特定概念所包含的东西的新的信息（例如，"球是蓝色的"，作为相对于"圆的"而言；或者"意志是自由的"，作为相对于"一种因果性能力"而言）一样。与此相对照，某个按照分析的实践原则的东西产生于一个给定的目的，它自身并不构成单独的行动。当我给咖啡粉加开水来冲咖啡时，我不是**既**加开水**又**冲咖啡。按照冲咖啡的技术规则，冲咖啡就在于（在所有事情中）给咖啡粉加开水。当我把水倒进咖啡壶时，如果你观察我，我的行动能够参照可识别的目的或欲求而得到解释。我按之行动的命令式是假言的。如果人的意志像神的意志一样是完善的，不受倾好所置于其道路上的障碍的影响，那么道德行动就会以类似方式随后产生出来。不幸，我们不拥有这样一个完善的意志。在人的道德性方面的难题是，它不基于一个预先给定的我们希望实现的目的。

具有诱惑力的是，根据当代的一个重要争论来重铸综合的实践原则的可能性问题：外在理由是如何可能的？或者也许说：我的理性能力如何能够创造一个最初并不包含在我的

驱动集合之中的新的动机？①用稍微更老式的术语说：理性
单凭它自身如何能够驱动？只有理性能够驱动，康德的义务
的概念才说得通。

《纯粹理性批判》承认对先天综合判断进行完全一般的
"演绎"的必要。②甚至空间和时间的概念也值得"先验阐明"
（尽管事实上构成算术和几何学的先天综合原则之根据的空
间和时间也被包含在经验中）。这两个概念基于直观的纯粹
形式，因此在起源上不是经验性的（B 40-41，B 48-49）。知性
的十二个纯粹概念或"范畴"（它们的运用首先使经验成为可
能）要求一种充分展开的先验演绎，即使它们至少是经验间
接证实的（A 84/B 116 及其后）。倘若如此，为什么像"义务"
和"自法"这样的道德概念的地位如此不稳固，就应当是显
而易见的。它们在起源上是先天的，但是它们与经验根本没
有任何可能的联系。它们像范畴一样甚至不能得到间接确证；

---

①　见 B. A. O. Williams, 'Internal and External Reasons', in *Moral Luck* (Cambridge University Press, 1981)。然而康德的这个问题不能在这场现代争论中容易地被标示出来。直言命令式作为理性的命令就是像"外在"理由一样的，因为它独立于行为者当前的驱动状态而颁布命令。但是对康德来说，理性能够独立地把行动认识为正当的、甚至驱动我们去行动。所呈现出来的这些"理由"，对行为者的最初的驱动集合而言将会是**外在的**，但对行为者而言将会是**内在的**。康德式的自法与任何外在地施加于行为者的所谓理由的那种规范权威完全对立。此外，康德的道德命令式的概念更强于现代标准的道德理由的概念，因为它提供的理由不仅是驱动性的或高于一切的，而且甚至是必然排除一切其他理由的。

②　见 A 232-233/B 285-286，与所谓原则的自明性相反，以及 A 149/B 189。

更糟糕的是，经验看起来证实这一点：一切人类行动都服从自然法，因此按照定义都是**不**自由的。

前一章中引入的理论的东西和实践的东西之间的对应关系，现在就是完整的。康德把上面援引的论证继续如下。他说，仍然还有

> 一个至少需要更进一步研究而不能初见之下就立刻打发掉的问题：是否存在着这样一种不依赖于经验和甚至不依赖于一切感官印象的认识。人们把这样的认识称为**先天的**，并把它们与那些**后天的**、亦即在经验中有其源泉的**经验性的**认识区分开来。（B 1–2）

xxv

与此类似，对实践理性的任何批判研究都将不得不研究这个问题：是否存在着这样一种完全不依赖于任何经验性东西、先天地有其源泉的**行动**。在《道德形而上学奠基》第三章中，"**纯粹**理性凭自身能够完成多少任务（具体地说：先天综合的实践原则如何是可能的）"这个问题再次定义对纯粹理性的另一个（初步）"批判"的计划。

《道德形而上学奠基》的故事

当 1785 年春天《道德形而上学奠基》印行时，它是康德的第一部公开发表的专门致力于道德哲学主题的著作。但康

德不是这个学科的新手。① 在 1780 年代中期以前，康德有至少二十年一直规划着要撰写一部关于伦理学的基础的名叫"实践哲学的形而上学原则""道德趣味批判"或"道德形而上学"的著作。② 1767 年 2 月哈曼（J. G. Hamann）告诉赫尔德，康德正在创作"道德学的形而上学"，它与以前的伦理理论不同，旨在研究"人是什么、而非人应当是什么"的问题（Ⅳ 624）；1768 年 5 月 9 日康德写信给赫尔德表达他的希望：他可以在年底之前完成"道德形而上学"（Ⅹ 74，No. 40 [38]）。但是像其理论哲学一样，康德的伦理理论不久就变得面目全非。他放弃"道德形而上学应当是对人类本性的描述性的、心理学的研究"这个观念。到 1770 年代早期，"道德性"的"最初根据"或"纯粹原则"已变成探索"感性和理性的边界"这个十年之后作为《纯粹理性批判》而出版的新批判计划的一部分。③ 在《道德形而上学奠基》中，康德批评经验主义的道德探究计划最好而言是不相关的，最坏而言是有害的。纯粹的　xxvi

───────

① 关于《道德形而上学奠基》的写作，参见保罗·门策尔（P. Menzer）为科学院版《道德形而上学奠基》文本撰写的"导言"，Ⅳ 623-629；克拉夫特（B. Kraft）和舍内克尔（D. Schönecker）为他们编辑的版本撰写的"导言"，Ⅶ-Ⅻ；Manfred Kuehn, *Kant. A Biography* (Cambridge University Press, 2001), pp. 277-328。

② 康德在一封落款日期为 1765 年 12 月 31 日的致兰贝特（J. H. Lambert）的信（Ⅹ 54-57，No. 34 [32]）中提到第一个标题为"道德哲学论"；在坎特尔（Kanter）的 1765 年米夏埃尔马斯（Michaelmas）出版商书目中，它是以第二个标题发布的，但从未印行（见门策尔的"导言"，Ⅳ 624 脚注）。

③ 见落款日期为 1771 年 6 月 7 日（Ⅹ 121-124，No. 67 [62]）和 1772 年 2 月 21 日（Ⅹ 129-135，No.70 [65]）的致马尔库斯·赫茨（Marcus Herz）的信。

规范道德理论必须先行于道德心理学或"人类学"。

在这个次序中关于道德和自然的双重形而上学应当跟随在先验哲学的批判基础之后，这个观念仍然保留着康德哲学抱负的恒常特点。它在1773年底致马尔库斯·赫茨的信（X 145.20-22，No. 79 [71]）中首次被提到。然而，对于需要多少"批判"准备来为这个形而上学体系的道德部分奠定基础，康德不止一次改变他的想法。道德哲学是康德1770年代早期批判事业的非常重要的组成部分，但后来被舍弃，或者因为康德认识到他手中已有足够的工作要为自然形而上学奠定基础，或者因为他考虑到后来的《纯粹理性批判》已为这个双重形而上学的两部分提供充分基础。在写作"方法论"的时候（见A 841/B 869），康德似乎没有感到在1781年的《纯粹理性批判》（它毕竟为自由和责任腾出地盘）本身之外，还有必要来为道德的或自然的形而上学奠定基础。[①] 然而1785年一部初步的《纯粹实践理性批判》以《道德形而上学奠基》为书名出版。1787年《纯粹理性批判》第二版（它暂时旨在回

---

① 在"导言"中，康德把道德事务从先验哲学中排除出去，因为"在道德事务中快乐和不快、欲求和倾好、意选等等这些全都具有经验性起源的概念将会必须被预设（vorausgesetzt werden müßten）"（A 14-15，见A 801/B 829 脚注）。（这个主张在第二版中被弱化；经验性的概念不再被预设，但仍"被纳入"道德哲学中；见B 28-29。汉斯·费英格（H. Vaihinger）从这里和从B 36 脚注把感性论包含在先验哲学中，觉察出康德批判计划的范围的初期扩宽的征象；见其 Commentar zu Kants Kritik der reinen Vernunft (W. Spemann, 1881), vol. I, p. 483。）然而，关于"《纯粹理性批判》由于为先验自由腾出地盘而仍然在哲学上先于道德哲学"这个早期观念；见A 805/B 833。

到原来的计划，并涵盖思辨哲学和道德哲学）随后出版；1788
年《实践（原文如此！）理性批判》作为一部独立著作出版；
1790 年之前康德视为完成这个双重形而上学体系的奠基工作
所必需的新增的第三个"批判"亦即《判断力批判》出版。①

　　《道德形而上学奠基》的写作笼罩在神秘中。正如哈曼
在 1782 年 1 月致康德的出版商哈特克诺赫（J. Fr. Hartknoch）的
信中揭示的那样，康德在前一年出版《纯粹理性批判》之
后不久就回到"道德形而上学"的写作（Ⅳ 625）。然而我们
有某个证据证明这个结果：康德"先行发表［一部］奠基"
（Ⅳ 391.17）的打算受到 1783 年出版的加尔弗（Christian Garve）
对西塞罗的《论义务》(*De officiis*) 的德文译注本的影响。康　xxvii
德非常看重加尔弗这位莱比锡的"通俗哲学家"。他正希望
招募加尔弗来从事批判事业，因此当他知道加尔弗是 1782 年
1 月在富有影响的《哥廷根学者事务通告》(*Göttingische Anzeigen
von gelehrten Sachen*) 发表的对《纯粹理性批判》的尖刻匿名书评
的作者时，感到失望。无可否认，这篇书评由哥廷根大学哲
学教授费德尔（J. G. H. Feder）删节、编辑而根本没有加工改
进。《未来形而上学导论》代表着康德的回答。经过加尔弗
和康德之间一番调和的书信交流（Ⅹ 328–333，No. 201 [184] 和
Ⅹ 336–343，No. 205 [187]），1783 年书评原文发表在《德意志藏
书总览》(*Allgemeine deutsche Bibliothek*)，当时康德仍有少许理由在

---

　　① 　与另外两部批判不同，《判断力批判》缺少一个相应的形而上
学学说；见 Ⅴ 170.20–27，Ⅴ 168.30–37。

心中留下印记。又是哈曼在 1784 年 2 月致舍夫纳（Scheffner）的信中说，康德正在撰写对加尔弗的"西塞罗"的"反批判"（Antikritik），它事实上旨在作为对《纯粹理性批判》的这篇未经删节的书评的反驳（Ⅳ 626）。很难说哈曼的证词是否是可信的。

　　如果康德曾经由于加尔弗的新出版物而感到心烦（即使他们两人以前没有冲突），那将会是因为加尔弗的非常明显的、未经批判的幸福主义，以及他增补的《哲学评论和论文》缺乏体系的严密性，而不会是因为他对康德长期以来一直熟悉其拉丁文原文的西塞罗三卷著作《论义务》的翻译。[1] 换言之：如果确实是"加尔弗的'西塞罗'"激发康德把他的注意力转向道德哲学的基础，那么它很可能是加尔弗的著作，而不是西塞罗的著作。然而，在 1784 年 4 月底以前，康德显然已决定放弃撰写一篇对加尔弗的回答的计划，而赞成写一篇简短的、基础性的伦理学论文，亦即一部道德哲学的 prodromus 或"先驱者"，正如一贯多产的哈曼在其书信中称呼的那样（Ⅳ 627）。如果一时康德仍然想要把对加尔弗的直接回答作为《道德形而上学奠基》的附录，那么《道德形而上学奠基》就没有找到它通向其最终定稿的道路。[2] 1784 年 9 月

---

　　[1]　显然康德并不特别看重西塞罗。在《学科之争》中，他把重复念西塞罗的名字作为数羊催眠法的哲学等价物（Ⅶ 107.2-3）推荐给躺在床上的人们。他对加尔弗的失望必定使他不把他的名字用于更好的结果。

　　[2]　见哈曼的落款日期为 1785 年 3 月 9 日的致林德纳（Lindner）的信（Ⅳ 628）。康德在 1793 年论"理论与实践"的论文的第一章中终于直接攻击加尔弗的道德哲学，或者确切地说他对《实践理性批判》的缺乏理解。

康德把《道德形而上学奠基》的手稿寄给哈特克诺赫。在这位出版商办公室耽搁某些时日之后，它在 1785 年复活节书展时出版。当年 4 月 8 日康德收到他的第一批样书。

　　很难说康德对加尔弗的"西塞罗"的回答有多少最终被合并到《道德形而上学奠基》中。[1]康德没有提及这两位哲学家中的任何一位，这个事实当然不应被当作他没有想要以他们作为他的靶子的证据（康德很少点名提及他的最重要的论敌），他很可能认为，他在阐明普通道德思想方面取得成功，而自命代表西塞罗来从事同一项工作的加尔弗却没有成功。[2]此外，这两个计划之间存在着某些引人注目的类似性。在相当表面的层次上，西塞罗把他论义务的短篇著作分为三部分（或"卷"），康德同样如此。更有趣的是，《道德形而上学奠基》（尤其第一章）包含着过多的对古代主题的暗示：康德拒斥社会身份伦理学、荣誉欲的道德充足性、尤其对幸福和

xxviii

---

　　① 关于对加尔弗的影响或西塞罗的影响的过于积极的说明，见 K. Reich 的 *Kant und die Ethik der Griechen* (Mohr, 1935)，更近期的见 Carlos Melchios Gilbert, *Der Einfluß von Christian Garves Übersetzung Ciceros 'De Officiis' auf Kants 'Grundlegung zur Metaphysik der Sitten'* (S. Röderer, 1994)。赖希（Reich）的影响亦能在邓肯（A. R. C. Duncan）和弗罗伊迪格（J. Freudiger）的评注中感觉到，他们玩弄着"把第二章中的直言命令式的变化式作为单纯修辞学插曲而悬置起来"的观念。关于更均衡的讨论，见 D. Schönecker: *Kant: Grundlegung III. Die Deduktion des kategorischen Imperativs* (Alber, 1999), pp. 61–67 and M. Kuehn, "Kant and Cicero", in *Kant und der Berliner Aufklärung*, ed. V. Gerhardt, R.-P. Horstmann and R. Schumacher (De Gruyter, 2001)。

　　② Christian Garve, *Philosophische Anmerkungen und Abhandlungen zu Ciceros Büchern von den Pflichten* (Wilhelm Gottlieb Korn, 1783), vol. III, pp. 262–263.

至善的同一化。直言命令式的第一个变化式（自然的普遍法公式）显然旨在作为"我们应当努力按照自然而生活"这个斯多亚派的论题的感性重述。但这是类似性终结之处。康德不需要加尔弗的翻译来使他回想起这个斯多亚派的原则，这个斯多亚派的原则在像沃尔夫和鲍姆加滕这样的十八世纪思想家那里仍然是流行的；其他变化式则几乎不是针对西塞罗的。此外，《道德形而上学奠基》（甚至作为哲学修辞学著作）是太复杂而不能由两位二流哲学家激起的。康德从莱布尼茨那里采纳道德王国或"目的王国"的概念，在康德撰写《道德形而上学奠基》之前，道德王国或"目的王国"的概念已经作为一个理想而存在很长时间。最重要的是，《道德形而上学奠基》的主要革新，亦即康德关于道德性作为自法的理论，几乎不能够被还原为对加尔弗的回应。①

① 对西塞罗的回应所不能说明的一个密切相关的变化是，康德把神和宗教从伦理学的基础中完全排除出去。在《道德哲学讲义》中，宗教被需要来保证对做道德事情的兴趣的实存（见 Collins, XXVII 308-310）；我们有对神的义务来服从我们出自义务的责任（见 XXVII 272.4-8）。通过后见之明，我们认识到，这个立场是不稳定的。康德不得不放弃动机和规定根据之间的这种相当不适的划分。那条道德性的法必须是我们自己的命令。

康德《道德形而上学奠基》论证纲要

康德《道德形而上学奠基》
评注

前　言

　　"前言"以三个连续的步骤来解决为"道德形而上学"这个新颖哲学学科奠基的任务。第一步，康德根据古代把哲学分为物理学、伦理学和逻辑学三部分的划分方式来提出他的线索，系统规划这些不同的哲学学科，然后把我们的注意力引向被称为"形而上学"的纯粹哲学部分。第二步，康德把他的焦点限定于纯粹道德哲学，亦即与我们较熟悉的自然形而上学相对的道德形而上学，并强调它的最高重要性和实践关联性。第三和最后一步，康德转向当前这个计划亦即"为道德形而上学奠定基础"的具体任务和方法。他宣称他打算过一段时间再来继续进行这样一种形而上学的计划。

一、按照其主题和认识方式对哲学学科进行划分

　　¶ Ⅳ 387.2 "前言"前几页反映出康德的这个信念：一个特殊的哲学学科中的开拓性工作，应当在确定这个特殊的哲学学科在作为整体的哲学探究体系中的位置之后才着手进行。为了这个目的，他转向把哲学分为物理学、伦理学和逻辑学的古典划分。这种划分通常被归于柏拉图学园的第三位领导人色诺克拉底（公元前396—前314年），被古典古代后

期尤其斯多亚派广泛接受。①康德认为古代人以一种稍微偶
然的方式发现这种划分，但是他不反对这种三分法本身。这
种三分法是完全合理的，虽然古代作家们没有意识到它的根
2　本原则。纠正这个问题，正是"前言"的第一个任务。康德
想要澄清这种分类是"完备的"，亦即没有任何哲学部分是遗
漏的；而且他想要能够在这三个学科中分辨出某些"必要的
次级划分"，诸如形而上学。

　　人类理性最初没有完全清楚地阐述它的原则，这是一个
著名的康德式的主题。在《纯粹理性批判》中，康德对亚里
士多德的著名攻击是"漫游诗人般地"（而且仅仅部分地）收
集到他的范畴（A 80/B 106-107）；在《学科之争》中，他把大
学的观念追溯到第一个向其时代的政府提议设立这样一个机
构的某个个人的含蓄的理性计划（Ⅶ 17.2-17）；②而且正如我
们下面将会看到的那样，《道德形而上学奠基》第二章对直言
命令式的几种不同变化式的表述乃是试图保存康德的哲学对
手们的那些有缺陷的伦理理论中包含的微末真理。③

---

　　①　见 A. A. Long and D. N. Sedley, *The Hellenistic Philosophers* (Cambridge University Press, 1987), Vol. I, pp. 158-162 and Vol. II, pp. 163-166。康德在 1784—1785 年《道德哲学讲义》中以类似方式讨论这种三分法：*Mrongovius* II, XXIX 630；这种三分法在《判断力批判》中以非常类似的术语得到重申，Ⅴ 171-172。

　　②　亦见 Ⅶ 21.5-21 和康德《学科之争》"导言"的预备性纲要，XXIII 429-430。

　　③　关于隐藏在理性内部的"种子"的更系统的说明，见《纯粹理性批判》"建筑术"，A 832-835/B 860-863。

¶ IV 387.8　　康德试图重新确立古代的哲学划分，他着手进行如下。他认为，逻辑学是纯粹形式的，因为它本身不应用于任何具体的主题：逻辑学的法是毋需考虑人们碰巧思想的对象就有效的。① 然而，也存在着按照其自身本性就要关涉一定对象的哲学学科：物理学和伦理学。这些一定对象是通过它们自己特有的法而被表征的，并因此而被认识的。康德现在就默然引入一个有争议的假定：正好有两种这样的法，即物理学领域中的自然之法和伦理学领域中的自由之法。这两种法都是因果法（causal laws）。②

如果我们（1）接受形式和质料之间的哲学区分，而且接受康德的这两个假定：（2）全部上述意义上的形式哲学都是逻辑学，（3）全部质料哲学都需要一定的法，而且只能存在这两种类型的法，那么我们就必须接受康德的结论，即古代把哲学分为逻辑学、物理学和伦理学的三分法是正确的和完备的。③

¶ IV 387.17　　康德现在论证，逻辑学不可能有一个经验

―――――――――

①　逻辑学的形式法也不选择任何特殊的质料，不同于那条同等形式的道德法。

②　他在下面 IV 446.7 回到这些细节。亦见《纯粹理性批判》A 532/B 560 对"两种因果性"的论述，以及很可能 1776—1778 年的 R 7018［对两种法的］相当明确的论述："一切法或者是自然之［法］或者是自由之［法］"（XIX 227）。

③　要注意到，这些学科都是"学说"，亦即那种首先要求（至少在物理学和伦理学的情形中）某种"批判"准备的可靠的知识体。见《纯粹理性批判》B ix–x。

性部分。他给出的理由是，逻辑学必须已经在地位上成为一切思想的严格地普遍的和必然的标准或"法规"（Kanon），以便我们从事经验性研究。经验性研究**预设**逻辑学。于是相当令人惊奇的是，稍后康德自己谈到纯粹的和"应用的"逻辑学（和数学，Ⅳ 410 脚注），更加令人惊奇的是，他明确提到它们与**纯粹的**道德形而上学和**应用的**道德"人类学"（十八世纪用来意指现在更多地以"心理学"闻名的这个学科的术语）之间的一种所谓类比。康德在《纯粹理性批判》中关于一般的和特殊的逻辑学、以及纯粹的和应用的逻辑学的讨论，也不适合于当前这幅图画（A 52-55/B 76-79）。逻辑学似乎有一个经验性部分（一种关于理性在逻辑上的功能和功能失灵的基本心理学研究），这个部分在 Ⅳ 387.17 被武断地从哲学中排除出去。①

　　我们能够通过摒弃"经验性的"和"应用的"之间的这种隐含的等同来解决这个难题吗？倘若我们能够，逻辑学就可以有一个应用部分而没有一个经验性部分。这个策略并不稳妥，因为按照康德的观念，"应用伦理学"并不比"应用逻辑学"更依赖于经验性事物，康德称为"经验性的"和"应用的"之间的任何可能的区分就再次立刻消失（例如见

――――――――――――

　　①　值得注意的是，康德1781年写作《纯粹理性批判》时不太确信道德哲学的纯粹性；见《纯粹理性批判》A 15/B 29 对文本做的修改。然而，A 55/B 79 对纯粹的逻辑学和道德哲学与应用的逻辑学和德性学说的平行处理方式仍未改变。也要注意到，把后一个学科［德性学说］表征为涉及"情感、倾好和激情的阻碍"与本段结尾（Ⅳ 388.1-3）对"道德人类学"的表征非常类似。

Ⅳ 389）。解决这个难题或至少减少这种张力的一个更有希
望的方式，或许是形式的与质料的区分的相伴随的后果。在
"前言"中康德暗示这个事实："应用"逻辑学不再是形式的
逻辑学的一部分；只有形式的逻辑学严格地说有资格作为一
门"科学"和作为一切思想的标准（见 A 54/B 78）。逻辑学没
有一个适当的应用领域及其自己的质料性的法，它决不是通
过应用而得到丰富或扩大的。与此相对照，形而上学（不仅
自然形而上学、而且自由形而上学）的应用仍然是物理学和
伦理学这两个广义学科的部分，而且为这两个广义学科做出
真正的贡献。它们必须确断与它们的适当对象相关的法：在
第一种情形中是关于经验（关于**实存**的东西）的描述性的法，
在第二种情形中是关于道德性（就人的潜在地被非理性影响
所引入歧途的意愿而论，关于**应当存在**的东西）的规范性的
法（见 Jaesche 的 *Logic*，Ⅸ 18）。伦理学的这个更具经验性部分
也探讨妨碍人遵循诸道德法而行动的因素。

¶ Ⅳ 388.4　着眼于这种三分法框架内的潜在的次级学
科，康德现在就明确区分"纯粹哲学"和"经验性哲学"。（与
形式的逻辑学不同）关涉某个具体对象的纯粹哲学叫作"形
而上学"。在一种一般的康德式的意义上，形而上学就是关于
那些支配认识和行动的最根本的法的系统性先天研究。

¶ Ⅳ 388.9　与传统的"自然形而上学"相对应，现在就
有"道德形而上学"的概念（见 A 841/B 869）。因此，康德就
拓宽形而上学的"字面"意义（亦即以不同方式对物理学的

延续）而扩展到实践领域。① 在《纯粹理性批判》中康德说，我们需要形而上学"不是为了自然科学，而是为了超出物理学②"（B 395 脚注）。这就是为什么自然形而上学"特别适合"形而上学这个名称，正如康德在"方法论"（A 845/B 873）中写道的那样。正是这种形而上学构成那部（准备性的）《纯粹理性批判》和《自然科学的形而上学基础》的主题。自然形而上学必须被与"关于自然的经验性学说"、亦即我们现代语义上的物理学部分区分开来。

康德把伦理学的经验性部分叫作"实践人类学"，这不是指称他在 1798 年出版的《从实用观点看的人类学》。正如我们后面将会了解到的那样，"实用的"这个术语指称人类的"福利"（Ⅳ 417.1），亦即某种确定无疑地非道德的东西，"实践的"则至少在狭义上与"道德的"是同义的。③ 毋宁说，**实践**人类学将会在于一种对人类道德心理学及其一切失败和缺点的详细说明，这是康德从来没有实现的一个次要计划。在我们今天读到的康德《全集》中，《道德形而上学》的第二个关于伦理学的部分的更具应用性的评论，很可能在精神上最

---

① "形而上学"这个术语原来指称亚里士多德论本体论的作品，这些作品在安德罗尼库斯（Andronicus）编排的亚里士多德全集中紧接着论物理学的论文。于是，在一种比喻的意义上，它被应用于对那些超出自然科学之外的奥秘的研究。

② 作者引文有改动。康德原文不是"物理学"，而是"自然"。——译者

③ 参见康德《实践理性批判》（Ⅴ 26 脚注）中改造"实践的"这个词的尝试。

接近于"实践人类学"。

二、为什么纯粹道德哲学或"道德形而上学"
是必要的

¶ Ⅳ 388.15　康德现在已经在哲学学科体系中给伦理学和物理学分派它们适当的位置。他也已经规定它们的次级学科：纯粹的和应用的；这就引起它们如何关联起来的实践问题。通过对第二章中作为攻击目标的通俗道德哲学家的间接批评，康德把与"劳动分工"（在亚当·斯密的著作［《国富论》］之后，它开始被非常富有成果地运用于十八世纪后期人类活动的许多其他领域）相类比而提出的"'纯粹哲学'是否要求专家的职业关怀"这个更有抱负的问题悬置起来；但是他着手论证，自然哲学和道德哲学中纯粹部分与经验性部分必须被清楚地分离开来。① 因此我们就达到康德批判哲学特有的双重任务：纯粹理性在这两个"质料性"学科中能够取得什么成就？它们的先天源泉是什么？

¶ Ⅳ 389.5　最后康德撇下自然形而上学而把主题限定于道德性。他探问，难道我们不应当"有朝一日建立起一种完全清除一切可能只是经验性的和属于人类学的东西的纯粹道德哲学"（Ⅳ 389.6-9）吗？他认为，对这样一种伦理理论的

---

① 一般说来，康德对不同类型的学术探究之间的区分有一种清楚的意识。例如见《纯粹理性批判》B viii 和 A 842/B 870，《学科之争》Ⅶ 7。

需要来自人们一般持有的道德观念。他对需要一种纯粹道德
理论的论证看起来如何呢？

康德认为，显而易见的是，"诸道德法"（如果它们确实
存在的话）必须是严格地必然的和普遍的（事实上这是这个
术语的意义的一部分）。当我们判断说真话是不利的时候，我
们并没有被允许使我们自己豁免于"不要说谎"这个一般命
令。[①]理由不应当从我们作为人的特殊构造中去寻找。我们
服从这个无条件的命令，因为我们有能力让行动受理性指
导。这就是为什么"禁止说谎"不仅适用于一切诸如人这样
的存在者，而且适用于一切其他的类似具有不诚实行为能力
的理性存在者。按照康德，严格普遍的和无条件必然的诸道
德法不能基于经验，因为经验至多只告诉我们事实，告诉我
们事物的存在方式。它只教给我们偶然真理。[②]倘若如此，就
不能存在任何一个诸如既是必然的、又是后天的命题之类的
事物。康德断定，一种基于经验的伦理理论不能说明那种定
义诸道德法的严格性。[③]

---

① 这决不是对"命令在什么确切时间适用"的问题进行预先判断。
康德只是强调，服从不得依赖于主观条件。

② 例如见《纯粹理性批判》A 91/B 123–124 和 B 142。

③ 康德在其《道德哲学讲义》中按照类似方式，基于其他理论没有
说明道德性的最高原则的无条件性，来论证道德性的最高原则的先天性。
他摒弃对"不要说谎"的命令的利己主义的、情感主义的和社会论的
重构。例如（与道德感官理论相反）如果有"某个人没有一种如此美好
的情感、以至于在他自身中产生对说谎的反感"，他"就会被准许说谎"
（ *Collins*，XXVII 254）。

　　像康德在"前言"中似乎采取的策略那样，从一种以经验性原则为基础的伦理理论的不可能性，推出一种纯粹伦理理论的可能性或者甚至必然性，是合法的吗？难道不可能设想，我们没有能力来研究绝对的道德命令的条件，即使我们怀疑绝对的道德命令植根于理性中？在《道德形而上学奠基》最后几页，我们发现康德采取后面这种更富怀疑主义的观点（见 IV 455-463）。然而暂时，他对理性能力的乐观主义态度有助于弥合这个裂隙。假定实践理性的命令适合于成为理性探究的主题，这并不荒谬。

　　目前这个段落给我们提出更进一步的困难。首先，康德喜爱的道德命令的实例可能看起来是成问题的，因为它似乎把一个显然从经验中借来的概念，亦即说谎的概念，引入到道德形而上学中。其次，"禁止说谎"的普遍性可能受到质疑。它看起来不适用于那些不能相互交流的理性存在者，或者那些在构造上不能行不诚实的理性存在者。① 这两个异议中没有一个是令人信服的。首先，康德不是在收集经验性材料。正如在《道德形而上学奠基》第一章中一样，康德是在以人们（至少隐含地）普遍共有的和他认为基本正确的反思性规范确信为基础，来提出他的道德哲学。这个程序的意图完全

---

　　① 　关于这样一个情节，见《人类学》(VII 332.13-21)；或者康德在其《道德哲学讲义》中援引的琉善的希腊神莫穆斯（Momus）的事例，他希望"朱庇特本来应该在心中安装一个窗户、以便可以知道每个人的根本态度（Gesinnung，心向）"，他认为这有助于在总体上改善人们的道德原则（ Collins，XXVII 445 ）。

是启发式的。这个方法在一部论道德哲学的基础著作中是完全合法的。事实上很难看到一种替代方法。对普通道德信念的预设不必玷污道德形而上学这个最终产品的纯粹性。①

7

　　与此类似，康德没有承诺这个观点："不要说谎"的命令本身是纯粹道德哲学的一部分，尽管它可以是一个后果。毋宁说康德想要论证，我们对这个命令的严格性的意识指向道德性的原则的非经验性起源。因此，道德哲学必须借助于先天推理来进行。而且康德不必坚持这个观点："不要说谎"的命令必须适用于一切理性存在者。从一开始就显而易见，作为命令，它不能适用于一个赋有"神圣"意志的理性存在者，因为这样一个完善的存在者不需要服从道德命令：就像神话中的巴利奥尔人一样，它不需要努力就是高超的。"禁止说谎"的普遍有效性意味着，任何一个像我们这样面临着决定是说谎还是说真话的理性存在者都服从它。事实上我们的道德直觉证实这一点。考虑一下我们对我们在科幻小说中遇到的虚构的外星生物的反应态度。摧毁行星地球、消灭人类或至少想要吃掉我们的猫的外星存在者与自然灾难在种类上是不同的，即使两者的结果是没有区别的。或许他们与我们共有的唯一事物是对理性和语言的使用。然而我们却自然地根据善和恶的道德范畴来评判他们。②

---

　　①　见康德在第二章开始时的警告，Ⅳ 406.5—407.16。

　　②　当康德坚持纯粹道德哲学必须先行于经验性道德哲学或心理学时，他就使他自己摆脱他先前受莎夫茨伯里、哈奇森和休谟道德感官理论所影响的立场。当他通告他在 1765—1766 年冬季学期的讲座（转下页）

¶ Ⅳ 389.24　现在我们能够看一看，为什么一门单独的道德形而上学不仅是一种重要的哲学追求、而且甚至是一种必要性。伦理学的纯粹部分在每个方面都是首要的。我们不仅应当把道德哲学的经验性部分与纯粹部分分离开来，而且必须使前一个部分隶属于后一个部分，正如在冲突的情形中实践理性的要求优先于人的感官的需求一样。

经验仍有双重作用要发挥。首先，把道德命令应用于具体情形需要一种意义稍微不同的经验：实践。我们需要学会决定道德命令是否与给定的境况相关。其次，对道德性的教与学都需要经验。这两种情形都涉及在理性的纯粹的和简单的命令与我们日常世界的复杂的实在之间进行调解的过程。康德把这个重要任务委派给判断的能力。①遗憾的是，他从来没有充分解释判断在实践上的能力。然而这可能有更深层的理由。无论道德教诲多么具体，判断的某个元素将始终是必要的——道德命令不能"下行到底"而使应用变成自动的

_____

（接上页）时，他说，在历史上和在哲学上，在进展到应当发生的东西之前必须考虑发生的东西，必须首先研究"人的本性"（Ⅱ 311.31-32）。康德《道德哲学讲义》的主要内容（以及它们的模糊的道德驱动理论）似乎处于一个中间位置：见库恩（M. Kuehn）为斯塔克（W. Stark）的新版的 *Immanuel Kant. Vorlesung zur Moralphilosophie*（De Gruyter, 2004）撰写的"导言"，p. XXVIII。

①　在《纯粹理性批判》中，判断力被定义为归摄在规则之下的能力，亦即，分辨某物是否隶属于一个被给予的规则（casus datae legis，被给予的法的事例）的能力（A 132/B 171）。近来关于道德判断力的研究在很大程度上是由 Barbara Herman 的 *The Practice of Moral Judgment*（Harvard University Press, 1993）激发的。

或多余的。①

¶ IV 389.36 纯粹伦理学对道德哲学家来说自然具有重大的理论利益，② 但这不是全部。它通过清楚揭示和证明善的行动的原则而有助于改善道德实践。③ 只有纯粹道德哲学能够激励人们去道德地行动。这个主题在第二章开始（见 IV 410.19）得到进一步发挥。

康德相信，仅仅想要做出可能碰巧与诸道德法所命令的行为相一致的行动，在道德上是不够的。人们必须**因为**这个正当行为是诸道德法所命令的而自觉地想要做出它。倘若如此，我们就需要有关于这些道德法及其权威的最清楚的可能的观念④——这正是道德形而上学应该提供的东西。一种没

① 见《纯粹理性批判》A 133/B 172 和"理论与实践"VIII 275.8-17；亦参见《判断力批判》V 169.1-14。此外需要判断力来解决道德命令之间的明显冲突。这在任何时候都是可能的；见《道德形而上学》VI 224.9-26。

② 要注意到，"思辨"（IV 389.37）与"实践"相对，前者指称思想或静观的领域，后者关涉行动。"思辨"这个词没有不确定性或单纯猜测性的涵义。

③ 本段第一个句子的结构不是完全清楚的。康德尚未提及用以判断他在 IV 390.3 明显指称的一切道德原则的单个"线索"或"指导线索"或"最高规范"（直言命令式）。然而，他可能正在把实践原则的"源泉"（IV 389.37）与"自法的原则"，亦即直言命令式的真正形而上学表述联系起来。

④ 看起来，道德形而上学不是、或者无论如何首要不是探讨对道德行动的标准的表述，这种表述能够在一个更基本的哲学层次得到完成。第二章临近结尾时出现的对"在道德平等者王国中自己立法"的形而上学说明旨在**激励**人们道德地行动，这是混杂的、不纯粹的道德哲学将无法做到的事情。见本书附录六。

有在其纯粹部分和经验性部分之间作出区分的"道德哲学"不配享有它的名称。它模糊关于道德性的正确观念，并因此威胁到道德行动的可能性本身。康德相信这个原则："应当蕴含着能够"，或者毋宁说，只有当行为者有能力相应地行动时，诸道德法作为命令才是有效的。无知和精神错乱都使人丧失这个能力。道德上正确的行动必须始终是人们可利用的，倘若他们应当对他们在道德上的失败和成功负责的话；它不得依赖于偶然因素。单纯与那条道德法所命令的东西相一致的行动和为了那条道德法之故而做出的行动之间的区别，在第一章中被正式引入（Ⅳ 397-399）。

¶ Ⅳ 390.19 沃尔夫在其两卷鸿篇巨著《普遍实践哲学》（*Philosophia practica universalis*）中提出为实践哲学奠定基础。然而，按照康德的标准，沃尔夫的著作不能成为道德形而上学。它没有限定于道德哲学的纯粹部分；它也没有揭示道德能动性的先天源泉。正如书名显示的那样，沃尔夫的著作完全一般地探讨人类的意愿和行动，唯独为了那条道德法之故而行动的这个道德动机并没有被充分区分开来。这个道德动机似乎是许多其他动机之一，而不（像在康德式的伦理学中那样）是一个高度特殊的动机，它在任何必要的时候都能够而且必须战胜它的以倾好为基础的竞争对手。在《道德形而上学奠基》第二章中，康德故意从对意志的这样一个一般定义来开始（Ⅳ 412.26-30），并以此为基础通过把意志的纯粹意愿方式和经验性意愿方式分离开来，而提出他的直言命令式学说。

9

康德认为他自己已经成功地完成一项沃尔夫甚至没有认识到的任务。

三、为道德形而上学奠基的计划

¶ IV 391.16　迄今为止康德一直在论证提出一种不寻常的新颖的纯粹道德哲学、亦即"道德形而上学"的紧迫性。只有到现在,他才转向为这个新的学科奠定基础的先前计划。《道德形而上学奠基》就是专门从事后面这项任务的。

把这两个计划分离开来是重要的。[①] 因为如果《道德形而上学奠基》通向道德形而上学,却又在很大程度上本身不是道德形而上学的一部分,那么它就不服从康德在这部著作论述过程中经常看起来藐视的那些纯粹哲学的崇高规则。毋宁说,《道德形而上学奠基》必定是"不纯粹的",至少最初在它清除通俗伦理理论的碎石浮土时是如此。《道德形而上学奠基》必须把人类意愿的纯粹元素和经验性元素分离开来。为了这个目的,它首先基于"普通的道德的理性认识"和"通俗道德哲学"来研究和确定真正道德哲学的原则(分别见 IV 393 和 IV 406)。它至多在"前言是著作的一部分"这个意义上属于"道德形而上学"。

---

①　这就是为什么当我们考虑德语介词的用法时,本书名称(*Grundlegung zur Metaphysik der Sitten*)很可能应该译为《为道德形而上学奠基》、而非《道德形而上学奠基》。这一点现在正变成更加共同的看法(见伍德,茨威格和丹尼斯的新译本)。

为什么康德选择现在的"奠基"①这个比较谦逊的名称，而没有选择"纯粹实践理性批判"这个名称，他说有两个理由。首先，这样一种批判较不紧迫。与纯粹理论理性不同，纯粹**实践**理性在处理它自己的问题时完全能够很好地发挥作用。它不产生先验幻相或陷入一些将会需要通过批判来解决的矛盾中。在康德的意义上，纯粹实践理性不是"辩证的"。②只有当我们把纯粹意愿和经验性意愿结合起来加以研究时，**实践**理性才陷入麻烦中。这在下面（Ⅳ 404.37-405.35）得到进一步解释。其次，实践理性批判的计划本身引起实践理性和理论理性的**统一性**问题，它将不得不在一个共同原则之下来证明、描绘或表现（darstellen，见Ⅳ 391.27）它们的统一性。这是康德《全集》中经常提到的、但从来没有完全实现的一个隐秘计划。在一部对《道德形而上学奠基》的简明哲学评注中，要就这个问题说出任何有用的东西是困难的。③然而，这

① 这个术语显然与康德的批判计划联系在一起；见《纯粹理性批判》A 3/B 7，在那里康德认为，前批判时期的形而上学没有对这个学科的奠基（Grundlegung）给予足够注意。

② 这种情感仍然回荡在康德 1788 年的第二批判亦即《实践［原文如此］理性批判》"前言"中；见 V 3。然而现在有一种"纯粹［原文如此！］实践理性的辩证论"；见 V 107。从表面上看康德已经改变他的想法。按照克勒梅（H. Klemme），（纯粹）实践理性的辩证论的发现决定性地影响到康德 1786 年底或 1787 年初撰写一部第二批判的决定；见他为迈纳（Meiner）版《实践理性批判》撰写的"导言"，p. XIX。

③ 关于"理性的统一性"的更广泛的讨论，见 Paul Guyer, 'The Unity of Reason: Pure Reason as Practical Reason in Kant's Early Conception of the Transcendental Dialectic', *The Monist* 72 (1989), 139-167; Pauline Kleingeld, 'Kant and the Unity （转下页）

个段落至少提供一条关于这个计划的性质的有益线索。康德
继续说，"毕竟它能够是唯一一个和同一个理性，它必须仅仅
在它的运用上不同"。应当证明的东西似乎不是：只有一种单
一的和一元的理性能力、而不是两种。这是理性批判的计划
的一个预设。与此类似，《实践理性批判》关于自由作为完成
和支撑这个理性体系的"拱心石"的学说（Ⅴ 3.25-26），依赖
于这个假设。康德论证，如果理性能力本身不是一元的，亦
即，如果（尽管以一种不同的处理方式）理性不是在回答**它
自己的**问题，那么实践理性就不能合法地回答理论理性悬而
未决的形而上学问题（Ⅴ 121.4-5）。然而它能够。（这是关于
"实践理性的优先性"的学说，见Ⅴ 119。）与此相对照，现在
提到的这个计划是**执行**一个准莱布尼茨式的哲学体系，在其
中一切事物都能从一个单一的最高原则推演出来。当然，这
样一个体系将会间接证实一种单一的理性能力的实存。它也
将会植根于理性能力所施加于其对象之上的那种统一性（见
R 5553，ⅩⅧ 221-229 和《纯粹理性批判》A 302/B 359）。正是这
个完善的哲学大厦的这种统一性（《纯粹理性批判》"辩证论"
的回响），在《实践理性批判》中被宣称为"人类理性的不可
避免的需要，人类理性唯有在其认识的完备的系统统一性中
才能找到完全的满意"（Ⅴ 91.5-7）。

（接上页）of Theoretical and Practical Reason', *Review of Metaphysics* 52 (1998), 311-339;
Susan Neiman, *The Unity of Reason* (Oxford University Press, 1994); and Angelica Nuzzo, *Kant
and the Unity of Reason* (Purdue University Press, 2005)。

这一段的第二句给我们提供我们在康德著作中经常遇到
的这类"术语不当"的两个、也可能三个实例。首先，康德
把《纯粹理性批判》称为"纯粹思辨理性批判"。当然，这不
是这部著作出版时的名称，更重要的是，《纯粹理性批判》至
少最初没有打算局限于为理论哲学领域中的一种新的形而上
学作准备。① 在撰写《道德形而上学奠基》的时候，康德显然
把他先前对伦理主题的讨论看作道德形而上学的并不充分的
基础。② 其次，按照康德先前对哲学学科的分类，严格地说他
本来应当把那个思辨的学科叫作"自然形而上学"、而不单
纯叫作"形而上学"。康德的失误说明这个事实：这两个表达
通常是互换使用的。甚至这位自诩的道德形而上学奠基者显
然也需要一些时间来适应这个新颖的概念。第三，康德提到
纯粹实践理性批判"的计划，他在《实践理性批判》"前言"
第一页中就明确摒弃这个计划（V 3）。在《道德形而上学奠
基》中，康德需要对纯粹实践理性的初步批判来表明综合的
实践原则如何是可能的；在《实践理性批判》中，他认为任
何这样的批判都是不需要的。这个特性的一部分哲学理由已
经提到过。它来源于"批判"的概念本身中的歧义性，只有
当人们考虑那些威胁到理性的理论运用和实践运用的"辩证
论"时，这种歧义性才变成完全明显的（见 IV 405 下面）。

12

---

① 尤其见论"至善"的那一章，A 804-819/B 832-847。
② 直到撰写《实践理性批判》之前，"纯粹思辨理性批判"和"实践
理性批判"看起来似乎是平行的计划；例如见 V 3.4 和 V 16.22，V 42.20-21。

¶ IV 391.34 一切哲学的精微性都幸运地被包含在目前这项"准备工作"（Vorarbeitung）中，以便我们不需要进一步的刺激就能够领略到后来一部关于道德形而上学的著作（大概是一部鼓舞人心的对于道德王国中有理性行为者的自法的叙述）。按照 1797 年出版的《道德形而上学》，这样一部著作的相对而言的通俗性归因于这个事实：在道德（作为与思辨相对的）事务中健全的普通理性自然遵循正确轨道（VI 206.21–28）。①

¶ IV 392.3 康德论证，道德形而上学的基础是一个其自身就完整的计划，不同于它力图确立的哲学的最终的纯粹分支。《道德形而上学奠基》的双重任务就在于，识别或发现道德性的最高原则（Aufsuchung，寻找），然后确证它或为它辩护（Festsetzung，确立）。②这分别出现在第一、二两章和第三章中。

有两件事情应当注意。首先，康德似乎没有预想到，可能存在一个以上的最高道德原则。这可能部分地是因为这个事实：多条"最高"伦理原则的愿景在哲学上是不可欲的。多条具有同等规范地位的原则可能发布相互冲突的命令，人

① 关于道德哲学中的真通俗性和假通俗性，亦见下面 IV 409.20–410.2。
② 《道德形而上学奠基》的正式任务在《实践理性批判》"前言"中几乎一字不差被重复为对道德性的一个"确定的公式"（V 8.11）、亦即直言命令式或者或许自法公式的"陈述"和"辩护"。如果像某些人认为的那样康德最后把《道德形而上学奠基》第三章对直言命令式的演绎看成完全失败的，那么这就会是奇怪的。

们将会不断寻求一个"更加最高的"标准来在这些原则之间进行调解。其次，寻找被隐含地当作规范原则的东西不是确立它的有效性。这就是为什么在第三章中需要有一个对道德概念中所隐含的主张的"演绎"来确证第一章和第二章的结果。

康德补充说，他选择严格的哲学论证这种棘手的方法，而没有选择单纯证明他的这个新原则在实践运用中的涵义。他担心，没有得到先天辩护的应用可能造成一种偏袒不公和言辞浮夸的印象。这个论证并不完全令人信服。

13

¶ Ⅳ 392.17 "前言"的简短的末段对我们理解本书来说既是争议性的，也是基本性的。第一章分析普通的道德确信（先是作为唯一无条件善的东西的善的意志的概念，后是义务的概念，见 Ⅳ 393.5 和 Ⅳ 397.7），并由此达到对道德性的最高原则的第一个哲学表述（Ⅳ 402.7-9）。第二章有一个新的开始。它预设通俗道德哲学的基础（一般意志的概念，Ⅳ 412.28），并再次主要地① 借助于哲学分析来引入意志的自法（自己立法）的概念，这个概念是道德形而上学的计划的核心。因此这一章最终揭示出道德性的最高原则的源泉（见

---

① 见 Ⅳ 445.7-8。"主要地"，因为 Ⅳ 431.9-18 把第一个变化式和第二个变化式的表述结合起来（它导向自法的概念）很可能想要使之成为综合的；从善的意志的概念到义务的概念的转变，标志着第一章论述过程中的重要断裂。这个分析程序似乎并不要求从一章的第一页开始到最后一页结束的连续不断的、维持不变的论证。

Ⅳ 405.25）：意志自身。第三章返回来具体论证前一章的结果。它把意志的"自由"当作它的开始点（Ⅳ 446.5）。康德力图捍卫作为有效规范原则的直言命令式（自法原则，它是第二章的分析的结果），这是一项把我们从道德形而上学引向纯粹实践理性"批判"的任务。这包含着对自法原则的"源泉"的批判研究（Ⅳ 392.20，参见 A xii）。在预示《实践理性批判》的"理性的事实"学说时，康德回到在这个过程中人们普通持有的信念。① 我们已经看到，一个概念的实在性不能借助于分析判断得到证明。直言命令式的有效性在第一章和第二章中仅仅是被预设出来的。因此第三章对道德性的辩护必须诉诸综合判断。因而，《道德形而上学奠基》的结构与《纯粹理性批判》"分析论"直到"先验演绎"结尾具有某种相似性。它的"线索"或"指导线索"（见 A 66/B 91）是善的意志的概念和义务的概念。②

---

① 关于两种"观点"的学说，Ⅳ 450.37；"演绎"的日常证实，Ⅳ 454.20。

② 按照帕顿，《道德形而上学奠基》遵循《未来形而上学导论》（Ⅳ 274–275）中概述的分析法和综合法；见 H. J. Paton, *The Categorical Imperative. A Study in Kant's Philosophy* (Hutchinson, 1947), p. 27. 这是一个要做的自然假设。康德对《道德形而上学奠基》中致力的"研究纲领"的整个过于简洁的描述，令人回想起《未来形而上学导论》中概述的"回溯"法和"前进"法；《未来形而上学导论》的分析法排除辩护问题，正如康德《道德形而上学奠基》第一章和第二章中的分析方式所做的那样。然而，康德明确警告我们，不要把一方面分析法和综合法与另一方面分析判断和综合判断混淆起来（《未来形而上学导论》Ⅳ 276 脚注）：分析法经常借助于综合判断来进行，反之，《道德形而上学奠基》第一章和第二章是以分析方式阐明命题（不可否认是综合命题）的涵义。此外，康德明确把（**转下页**）

　　这三章（按照"奠基"的意图的线索）都是字面意义上的**过渡**，而不是它们各自所通向的学科的蓝图。它们把某个事物预设为给予的，首先通向道德哲学的基本内容（义务的定义及其原则，Ⅳ 400-403），其次通向道德形而上学的基本内容（自法的理论，Ⅳ 431-436 和 Ⅳ 440-444），再次通向纯粹实践理性的（部分）批判的基本内容（那条道德法的"演绎"，Ⅳ 453-455）。

参考文献

Bittner, Rüdiger. 'Das Unternehmen einer Grundlegung zur Metaphysik der Sitten', in *Grundlegung zur Metaphysik der Sitten*, ed. O. Höffe (Klostermann, 1993), 13-30.

Guyer, Paul. 'The Unity of Reason: Pure Reason as Practical Reason in Kant's Early Conception of the Transcendental Dialectic', *The Monist* 72 (1989), 139-167.

Kleingeld, Pauline. 'Kant on the Unity of Theoretical and Practical Reason', *Review of Metaphysics* 52 (1998), 311-339.

Klemme, Heiner. 'Einleitung', in *Immanuel Kant. Kritik der praktischen Vernunft* (Felix Meiner, 2003).

Kuehn, Manfred. 'Einleitung', in *Immanuel Kant. Vorlesung zur Moralphilosophie*, ed.

（接上页）第三章设想为对作为先天综合命题的直言命令式进行辩护（例如见 Ⅳ 419 和 Ⅳ 444-445）；对一个综合原则的（基本）"演绎"的计划并非借助于"综合法"来进行。这些观点使得康德明确运用《未来形而上学导论》中制订的表述方法，变得似乎不太可能。参见 D. Schönecker and A. Wood, *Kants 'Grundlegung zur Metaphysik der Sitten'* (Schöningh, 2002), p. 14。

Werner Stark (De Gruyter, 2004).

Neiman, Susan. *The Unity of Reason* (Oxford University Press, 1994).

Nuzzo, Angelica. *Kant and the Unity of Reason* (Purdue University Press, 2005).

Schönecker, Dieter. 'Zur Analytizität der *Grundlegung*', *Kant-Studien* 87 (1996), 348–354.

Wolff, Christian. *Philosophia practica universalis* (Renger, 1738/9; repr. Olms, 1971/9).

第一章 从普通的道德的理性认识 到哲学的道德的理性认识的过渡

康德预设他看作是关于价值的本性的中心信念、而且至少隐含地被普遍承认为真的一个观点：只有善的意志是绝对地和无限制地善的。然而，对善的本性的分析并不促进为一种新的道德哲学进行奠基的计划。任何实质性的价值观念都导向康德后来称为"他法"的东西，亦即那些帮助我们实现预先给定目的的因果规则性，而不导向一条最初定义道德价值的形式法。这就是为什么他转向分析义务这个同源概念。对"出自义务"的行动的清楚实例（想要自杀却保存其生命的人，某个并非天生富有同情心的人的慈善行为，患有痛风却仍关心其长远福利的人）的讨论揭示出，义务是通过在面对相对立的倾好时的某种强壮来表征的。只有当行动是出自义务而做出时，它们才具有道德价值；义务被定义为出自对"那条法"的尊敬的行动的必然性。

那条法能是何种法呢？康德声称已经表明，它必须是纯粹形式的，因为意愿的质料（它的意向或意图）已经被表明是道德上非质料的。他开始着手提供对一切道德行动的最高原则（它只是简要地通过说谎许诺的实例而得到示例，而尚未被冠以它的正式名称"直言命令式"）的最初表述。随后完成的对向道德哲学的过渡的性质和目的的反思，构成这一章的结尾。由于哲学上的老到程度只是在第一章论述过程中逐渐达到的，因而它与更具专业性的第二章相比，在词汇术语和阐明方式上更少技术性。

一、论善的意志的无条件的价值

¶ IV 393.5　《道德形而上学奠基》的开篇名句代表着对康德之前尤其古代伦理学的主导问题的最初大胆回答：什么是最高的善？[①] 康德回答：不是才能、性情品质或命运的赐予[②]，不是如同古典古代以来哲学家们以为的幸福，而毋宁说是**善的意志**。

这个回答符合康德看作是普通伦理知识的东西。1784—1785年冬季学期《道德形而上学奠基》正在印刷中，康德在其开设的道德哲学系列讲座中声称，"每个人都知道，除了善的意志，这个世界上没有任何东西是无限制地、完全地善

---

　　① 关于这个精确表达应用于善的意志的情形，见下面 IV 396.25。道德哲学的主题是根据道德上的善来界定的，即使它最终应当是根据一条形式法来界定的。道德哲学的研究必须从关于自在地善或恶的东西的概念开始，详见落款日期为 1780 年 9 月的 R 7216，XIX 287-288。

　　② Glücksgaben（命运的赐予），IV 93.13-14。这些是我们通过命运（Glück）而获得的外在的善，与作为"自然的赐予"（Naturgaben，IV 393.12）的才能和性情品质之类的内在的善相对。这个词并不指称 Glückseligkeit［幸福］。

的"（*Mrongovius* II，XXIX 607.15-16）。① 即便如此，这个开篇句也不应当被简单地认为是基于例如某个民意调查的经验性发现物。显而易见，它是规范性的（见 IV 406-408）。按照康德，日常道德实践仅仅隐含地承诺，一切成熟的人都看重善的意志甚于一切其他的善，而且一经反思每个人都会理解这个真理。在 IV 397.3 康德宣称，善的意志这个观念"寓"于健全的自然知性中。它不需要"被教导"而只需要"被澄清"（"被启蒙"[aufgeklät]）。② 普通实践理性拒绝那些最终看重无条件地和无限制地善的意志之外的其他事物的人们的意见。当康德在第三章中回到普通道德意识这个主题时，他暗示，每个人甚至最邪恶的恶棍在面对德性行为的光辉实例时，也会一经反思就同意这个开篇句（IV 454.21-22）。

　康德随后不久将放弃道德上的善（moral goodness）的概念，赞同以**义务**这个信息更丰富的概念作为他在第一章中的分析的基础（见 IV 397.1-10 的间断段落）。道德上善的（morally good）行动不是为了某种知觉到的价值之故的行动。然而，

---

　① 这个开篇陈述句的古典起源在同一系列笔记中变得明确起来："古希腊人把对道德性的原则的规定集中于这个问题：什么是最高的善？在我们称为善的一切善中，大部分都是有条件意义上善的，除了善的意志，没有任何其他事物是无限制地善的"（XXIX 599.23-26）。亦见康德在《实践理性批判》中（V 64.25-34）对古代关于**至善**的说明的批判，以及他在《判断力批判》中（V 208.22-25）对幸福作为最高的善的地位的流行候选者的描述。

　② "被澄清""被启蒙"——这表明《道德形而上学奠基》是启蒙运动（Aufklärung）的一部作品。

作为植根于普通道德思想中的善的意志的概念是《道德形而上学奠基》的中心。出自义务感而做出的行动是人的善的意愿的典范实例；康德在这部著作中自始至终都反复回到这个主题。① 他的附加评论"甚至'在这个世界之外'任何地方都不存在善的意志之外的任何其他无条件的善"暗示着这个事实：严格地说善的意志（正如人类的一般行动的道德性质一样）不是我们经验到的世界的一部分。

善的意志准确地说是什么呢？第一段表明，康德正想到的不是孤立的善的意图或个别态度，而是总体上的善的道德意愿；② 道德上善的性格（它在那种情形中将表现在善的意志行为中，并因而表现在善的行动中）。于是，开头这一段的基本观念看起来就是如下。如果人们想要问健全的人类理性：

---

① 例如关于无限制地善的意志的"原则"的陈述构成第一章的分析的结论（Ⅳ 402.3-4，Ⅳ 403.18-33）；参见Ⅳ 397.2，Ⅳ 426.10，以及尤其第二章结尾对《道德形而上学奠基》的分析部分的概述，Ⅳ 437.5-20；亦见Ⅳ 443.27和Ⅳ 444.28-34。康德在第三章回到善的意愿这个主题，Ⅳ 447.13；在这个过程中我们也了解到，善的意志不属于经验和感官的世界，而毋宁说属于理性之法所统治的特殊领域（Ⅳ 455.4）。从这个视角看，《道德形而上学奠基》是对行动的价值的研究，而不是"义务论"中的一个练习。然而，问题由于下面这个事实而变得复杂：道德行动不是为了这个行动的善之故而做出的。毋宁说，正是为了义务之故或为了义务的法之故的行动才最初构成善；见《实践理性批判》讨论纯粹实践理性的"对象"的那一章，尤其Ⅴ 62.36-63.4。这就是康德在下面Ⅳ 397.1-10暂时放弃善的意志的概念的一个理由。

② 关于这三种可能性的讨论，见 K. Ameriks, 'Kant on the Good Will', in *Interpreting Kant's Critiques* (Clarendon Press, 2003)。

什么东西应当被当作它终究能够设想的无与伦比地最善的东西。它的回答将会是：那就是其意愿是道德上**完备地**善的存在者。然而，普通道德意识仅仅模糊地意识到这个论题的推论和涵义。这就是为什么按照哲学标准来看，意志的概念和善的概念两者最初都还是相对含糊的。它们只是在《道德形而上学奠基》进一步论述过程中才得到清楚定义的。

康德知道，"最高的善"这个概念是歧义性的。相应地，他对古典伦理学的这个根本问题的充分回答比开篇句提议的要复杂得多。诚然，善的意志是最高的和唯一无条件的善。但是按照《实践理性批判》中提出的一个观点，"最高的善"（对一个人来说完善的、完全的、完备的善，对它不能增加任何价值方面的东西来加以改进）是德性和幸福的结合（Ⅴ 110.33）。应该注意到，简单而言，（完备的）最高的善的观念在《实践理性批判》之前很久就已经存在。① 如果康德在《道德形而上学奠基》中没有详细阐述它，正是因为，正如他在论"理论与实践"的论文中所做的那样，就"关于道德原则的问题"而论，最高的善的学说"能够被完全忽略或撇开（作为插曲）"（Ⅷ 280.5-8）。它是与当前这项任务不相关的。然而，在《道德形而上学奠基》中康德已经明确否认善的意志是唯一的和完全的善（Ⅳ 396.24-26）；而且在第二章临近结尾时康德引入的"目的王国"的理想中就存在着对最高的善

18

---

① 例如见《道德哲学讲义》（*Collins*，XXⅦ 247 和 *Mrongovius* Ⅱ，XXIX 600）以及《纯粹理性批判》（A814/B 842）。

的完备概念的暗示（Ⅳ 443.16）。其他事物能够是全面考虑而言善的，如果不是**绝对**善的、亦即在一切方面或情形中无条件善的。善的意志甚至不是唯一的非工具意义上的善：幸福，这种古代哲学最喜爱的最高的善，是以类似方式为了它自身之故而被追求的。正是这种合目的的本性，使幸福成为（康德式的直言的）道德性在争夺伦理理论中关于人类行为的最高原则之基础方面的最高的善的地位的主要竞争对手。然而，善的意志是能够被合理地看作无限制地善的唯一的善。一切其他候选者，诸如才能、社会的善或个人的善、幸运的生活条件、甚至幸福，都只是有条件地善的。它们中有一些是作为达到其他善的手段而单纯工具性地善的；这些因素中的任何一个因素的**客观**价值，都依赖于它们是否系附于一个善的意志。①

¶ Ⅳ 393.25　古代的德性如节制（Besonnenheit，σωφροσύνη）、自制（Selbstbeherrschung，很可能 ἀνδρεία）和冷静的反思（nüchterne Überlegung，σοφία）都是"有益"于善的意志的，但是善的意志的善并不依赖于它们。它们是合理性的，而且正如康德谨慎表述的那样，它们"似乎"是一个人的"内在的"（而非"道德的"）价值的一部分，② 但是与善的意志不同，它们并非在一

---

①　参见 R 6890（ⅩⅨ 194–195）和 Christine Korsgaard 的 'Two Distinctions in Goodness', in *Creating the Kingdom of Ends*（Cambridge University Press, 1996）。

②　康德没有"道德价值"（moral value）的概念，只有"善的意愿的道德价值"（the moral worth of good volition）的概念（与希尔（T. Hill）（转下页）

切条件下都是善的。例如，它们能够被恶的原因招募过去。要注意到，康德把这些品质降级，依赖于他剥掉它们那层对古代人来说它们自然拥有的道德意义。（这不能轻易施行于柏拉图式的第四个德性——正义，因而康德没有将正义列举出来。）广泛接受的"德性的统一性"学说甚至要求，德性几乎按照定义就不能被滥用。正如经常见到的那样，康德正是依赖于这些德语术语的内涵，而非依赖于对它们的来源的细心诠释。

为什么康德认为冷酷的恶棍比激情冲动的罪犯更加令人憎恶，即使两者的意图是同等恶的？很可能因为，他把冷酷的深思熟虑当作对恶棍（正如任何其他道德行为者一样）拥有的理性能力的滥用。[①] 他不是恰好被激情的浪潮所席卷（不论多么心甘情愿）。毋宁说，我们谈到的这个恶棍深思熟虑地和处心积虑地行事，故意藐视那条道德法。而且，他的冷酷使得对他来说出自义务而行动更加容易。他不面对任何将会

<hr>

（接上页）的观点相反，"Editorial Material"，载于茨威格翻译的《道德形而上学奠基》，第29、34和267页）。在德文原文中只有一个词。当某物是道德上善的时候，它就具有道德的"worth"或"value"。我将把这两个表达作为对 moralischer Wert 的翻译互换使用。

① 这个观念似乎支撑着伍德（Wood, *Kant's Ethical Thought*, pp. 24-25）注意到的那种不对称性。使那个精于计算的恶棍直接更令人厌恶的不仅是其他方面的善的东西的增加，而且是他对理性的滥用。这一点在 IV 454.21-22 得到证实，在那里我们再次遇到这个人物：康德典型地补充告诫说：**只要这个恶棍在其他方面习惯于运用理性**，当他面对榜样时他也希望成为道德的。

不得不克服的强烈倾好。与此相对照，某个生性不是审慎和节制的人却可能必须通过艰难斗争而变成道德上善的人。①

¶ Ⅳ 394.13 康德现在就引入第一章论述过程中主导着对义务的讨论的一个观念：在具体的冲突情形中，道德上善的意志的善不仅**价值更大**，它甚至使一切其他可能类型的实践价值都**沉默不言**。② 与义务的命令的必然性（见Ⅳ 400.18-19）相比，任何与之冲突的东西都根本不能有任何规范性的力量。理由是，道德性直接命令行动，而不像一切其他种类的行动那样预设某个目的、意图或意向（它们将要通过行动而得到实现）。当道德命令适用时，这些预先给定的目的就变成不相关的。如果它们最终证明与道德命令不相冲突，它们将"重新得到承认"。否则事态至多能够对行为者而言是善的，亦即是行为者的幸福的一部分，但是在总体上可能仍然是恶的。因此，这个关于善的意愿的唯一无条件善的论题比现代关于道德"首重性"（overridingness）的理论更强得多。

道德上善的意志是唯独通过意愿来表征的。如果标示善的意志的东西是将要实现的东西，那么善的意志就不会是无条件地善的，而是工具性地、作为达到某个确定目的的手段

---

① 在《道德哲学讲义》中，康德与此类似称赞以平静和有序的方式行善。他告诫他的学生们，不要把这与"冷漠"混淆起来，冷漠不是单纯情感的缺乏，而是实践的爱的缺乏；见 *Collins*，XXVII 420.27-30。

② 关于道德性的这个"使沉默不言"的结果，见《道德形而上学》VI 481.34-36。

而善的。① 然而这并不意味着手段和结果是不重要的。善的意志很可能产生令人愉快的结果。

20

在括号中，康德警告我们不要把善的意志和单纯的无结果的愿望混淆起来。因为对一个想要成为善的意志来说，它必须动员必需的手段。② 这就是为什么在《道德哲学讲义》中"完善"虽然被拒绝作为一个道德原则，但仍然被说成是"间接地"道德的。③ 善的意志"需要一切能力的完备和胜任，来实现这个意志所意愿的一切事物"（ Collins, XXVII 266 ）。道德上善的意志必须是谨慎的和慎重的。通向地狱的道路可能是由单个的"善的意向"铺成的，但这些意向不太可能是一个完全善的意志的意向，亦即一个具有善的品格的人的单个的意向。

---

① 康德摒弃我们称为"客观"后果主义的这个观念：行动的价值依赖于它的实际结果。他也拒绝"主观"后果主义的这个论题：行动的价值依赖于它的所意向或所预见的后果，当他在下面 IV 399-400（"第二个命题"）回到这个主题时明确地就是如此。定义道德上善的意志的，不是通过行动所意向的目的或所追求的意图，而毋宁说是使我们选择来追求这些目的或意图的那些**根据**。在道德上善的意愿的情形中，处于成败关头的是所意愿的行动本身，而不是行动的"对象"或其实现（参 IV 413 脚注）。

② 道德性选择目的、而非预设目的，但是在这两种情形中，致力于某个目的的行为者都必须合理性地意愿实现这个目的所需要的手段。他必须求助于"技术的"假言命令式（参 IV 415, IV 417 和本书附录四）。要注意到，道德的东西和非道德的东西之间的区别得到维护。行动若被描述为采取某个确定的手段（如写支票），就是有条件地善的；行动若被用道德术语描述为帮助朋友，就是无条件地善的。

③ 正如下面 IV 399.3 一样，"间接的"这个词表示手段的选择。

这个论题看起来是合理的，即使基于人们普通接受的道德观点的背景来看。对于那些动用一切手段，自己没有任何过错却仍没有实现他们意向的目的的人们，没有人能够合理地把他们的行为称为道德上有缺点的。**道德**行动特有的那种东西，亦即他们的意愿的价值，并不因为他们没有成功而受到影响。康德明确反对在我们当代争论中以"道德运气"闻名的一个显著变量。善的意志很可能是有用的；但它是善的并非**因为**它是有用的。它的价值不会因为偶然没有效用而受到影响。善的意志的有用性至多能帮助我们说服那些想要把道德哲学基于效用、而不基于善的意志的尊严的人们。①

不论单个倾好的目的的实现还是"一切倾好的总和"（Ⅳ 394.17-18，康德对幸福的定义）的满足都不是绝对善的。这个理念大致如下。当我们获得我们欲求的每个事物时，我们就是幸福的（我们**感到**幸福）。康德对幸福的形式概念完全不同于古代对幸福（eudaimonia）的各种更具实质性的概念，他几乎很少（如果终究有的话）意识到这种差别。他对古代伦理理论的"幸福主义"的攻击，就像他在前一段把三种主要德性降级一样，因此是相当机敏的。康德的幸福观念在下面这个方面也是成问题的：当某件好事出乎我们的意料之外，没有我们追求的某个确定意图，也没有某种明显的倾好

21

---

① "即使由于命运的特殊的嫌弃或由于继母般的自然的微薄的配给"而缺乏达成任何事情的资源的意志的实例（Ⅳ 394.19-20），指向第一章后来（Ⅳ 397-399）运用的那个有争议的"隔离策略"。剥除对善的意愿而言非基本的东西，使关于善的意愿的特殊的东西突显出来。

因之得到满足而降临于我们时，我们经常感到特别幸福。

到现在为止，康德对善的意志的分析一直是高度抽象的。我们还不知道什么东西表征善的意志，也不知道善的意志是否像我们设想的那样事实上实存着。这些问题将会在《道德形而上学奠基》进一步论述过程中得到考虑。然而，某些重要的预备性决定已经做出。康德已经论证善的道德意愿对一切其他善的优先性。行动的道德价值不能依赖于它的对象，不能依赖于人们想要实现的东西，而毋宁说依赖于人们为什么意愿它的理由和如何意愿它的方式，尽管事实上善的意志的这个精确性质到现在仍然没有得到确定。因此，康德已经确立一个重要的结果。一门关于善的意志的伦理学不能基于行为者的意愿之结果或后果；一切把行动给个人幸福或普遍幸福带来的结果作为其最高原则的伦理体系，看起来从一开始就是错的。而且，道德上的善的特殊尊严指向这个事实：意志不能是道德上或多或少地善的；它或者是绝对善的，或者根本不是善的。

二、道德上善的意志、而非幸福是理性的自然意图

¶ Ⅳ 394.32　只有善的意志是绝对善的，这个论题是本章标题所指称的"普通的道德的知识"的根本内容。然而它也在某些方面引起怀疑，因为它似乎贬低意志能够产生的作用中的这个明显效用。康德现在试图为他的"道德上的善是理性的首要意图"这个论题辩护，并为了达到这个结果而运

用一个依赖于所谓自然的意图的论证，这个自然"把理性作
为统治者派定"（Ⅳ 395.1）给人类意志。①

康德对道德性作为合理性的权威的初步辩护，并没有影
响到（第一章和第二章中被悬搁起来的）这个问题：人究竟
是否拥有纯粹实践理性、并因此能够做出道德上善的行动。
他暂时预设，我们能够拥有纯粹实践理性和经验性实践理性
两者，并论证前者的优越性。这些论证从倾心于目的论推理
的传统智慧层面来着手。它们属于康德著作体系中能够**实际**
找到的最薄弱论证。②目前这四个段落构成一个附记。康德
后来在Ⅳ 397.1 重新拾起《道德形而上学奠基》第一章的这个
分析计划。

¶ Ⅳ 395.4　康德的论证基于传统目的论的这个原则：
自然并不徒劳地或不带意图地做任何事情。③如果幸福（而
非道德上善的意愿）是最大的和无限制的善，那么实践理性
将会是多余的，因为就使我们幸福而言原则上本能将会是更

---

①　亦见《道德哲学讲义》（*Mrongovius* II，XXIX 640.14-22）和《实践理
性批判》（Ⅴ 61.32-62.1）中相对应的段落，以及 1784 年发表的《关于从世
界公民观点看的普遍历史的理念》（Ⅷ 19-20）中对由理性指导的幸福的
稍微比较令人嘉许的论述。

②　W. D. Ross 的尖锐批评只有这一次是恰当的；见 *Kant's Ethical Theory*
(Clarendon Press, 1954), p. 13。

③　例如见亚里士多德的 *De partibus animalium* II, 658a8-9: οὐδὲν ποιεῖ μάτην ἡ
φύσις. [《论动物部分》第二卷 658a8-9："自然从来不做任何无益的事。"崔
延强译，载于《亚里士多德全集》第五卷，中国人民大学出版社 1997 年
版，第 58 页。——译者]

合适的工具。（一个受自然本能指导的创造物可能仍赋有理性，但这将会不得不是一种专门理论上的理性能力，它不影响这个创造物的行动，甚至也不影响用以达到自然所规定的目的的手段的选择。）然而康德论证，自然已经赋予我们以实践理性（意志）；这必定是为了某个意图而发生的。当自然赋予我们以实践理性时，如果不是为了使我们幸福，那么她的意图又是什么？她想要我们践履道德上善的行动。证毕。

　　关于这个论证，有疑问的不只一件事情。首先，康德把他的"道德命令式被证明为理性的命令"这个结论，建立在世界的智慧统治和自然的一般合目的性这个假设之上，这个假设在康德批判哲学的总体框架中必定看起来是成问题的。这样的假设或许能够根据道德确信而得到辩护，[①] 但是它们在捍卫（作为理性反对幸福主义的要求而命令的）道德性的规范力量时没有地位。其次，即使我们决定忽略这个困难，康德的论证也是几乎不能令人信服的。第一，他简单地假定，实践理性的最终目的只有两个候选者：幸福和道德性。如果它不是前者，它就必定是后者。第二，令人惊奇的是，他应该考虑到，并不徒劳地做任何事情的自然已经赋予我们以对其意向的目的而言是绝对完善的器官。我们拥有的其他自然工具如我们的眼睛是好的，但决不是完美无瑕的。倘若如此，如果实践理性的首要目的是使我们幸福，为什么我们应当期望实践理性是没有瑕疵的？第三，几乎不能被当作理所当然

――――――――――

　　① 　见《判断力批判》Ⅴ 442-445。

的是，理性与本能相比是达到幸福意图的较差工具。难道理性不帮助我们理解和解决单纯受本能指导的创造物将会无法解决的许多实践问题吗？（如果老鼠能够咒骂，当它被捕鼠器捕获时，它也会咒骂它的动物本能。它需要理性来理解它的机制；甚至奶酪也并不总是使有生命的创造物幸福。）相反，显而易见，我们的实践理性不能实现道德领域中的高标准的完善。人类实践理性在道德行动领域中发挥的作用，（据称）与本能在帮助满足倾好方面发挥的作用相比，甚至是更不完善的。因为即使我们赞同康德对人类道德认识能力的乐观主义态度，在判断和意愿之间仍然存在着一个巨大鸿沟。判断一个行动是正确的是一回事；相应地而行动完全是另一回事。

对康德的这个目的论附记来说，唯一有说服力的借口在于当前这个论证的预备性质。它的意图是转移人们对道德上善的意志的特殊地位的目的论批评。因此，康德假设一个唯有以这种方式才看起来不成问题的背景。这一段植根于"普通的道德的理性认识"、而非植根于严格的哲学，后来在第三章的更广义的辩护计划中被替换为对纯粹实践理性的权威的更加哲学化的（如果几乎不是不成问题的）说明，一种基于下面这个理念的说明：我们是两个世界的成员，在冲突的情形中必须站在更高的理智世界这一边（见 IV 453.32）。

¶ IV 395.28 接下来的思想与此类似是不能令人信服的。那些有意识地尝试过幸福生活的人，正如康德提议的那样很快就开始憎恨理性吗？他们真的忌妒那些在幸福事务中仍然主要受本能指导的"更普通的人"吗？这指向人们的理性能力的"把对幸福的追求限制于道德条件"这个"更有价值的目的"（Ⅳ 396.10）吗？难道"憎恨理性"①（对理性的憎恨）不是毋宁说产生于对幸福的过于狂热的追求（它不可能得到理性反思的支持）吗？在我们可以称为康德的"自由谱系"的东西中，康德解释了稚嫩的实践理性如何导致新的欲求（《人类历史揣测的开端》Ⅷ 111–112）。即便如此，一旦成熟的实践理性学会把优先性分派给其道德任务，如果不必要的欲求的增生持续不断，那也将会是非常奇怪的。

¶ Ⅳ 396.14　对康德来说，我们实践理性能力的"真正使命"（Ⅳ 396.20）因此就在于直接地、亦即在道德上成为善的，而不是单纯工具性地、为了某个他物之故而成为善的。如果没有（纯粹）实践理性，无限制的道德意愿就会是不可设想的，因为一切行动都将会瞄准某种自然需要的满足。

康德把"自在善的意志"（后来通过类比又把"神"，Ⅳ 409.1）称为在**至上的善**（the supreme good）的意义上的"最高的善"（the highest good）（Ⅳ 396.25）。在**完备的**或**完善的**善的意义上的"最高的善"是道德价值与幸福的一致。倘若如此，善的意志显然就既不是唯一的善，也不是完整的善，即使它

---

①　柏拉图铸造的一个术语；见《斐多篇》89d 及其后。康德经由门德尔松 1767 年出版的改写本而熟悉《斐多篇》，但他几乎不必阅读该书就熟悉这个术语。参见 R 2570，XVI 424，论憎恨人类和憎恨理性的起源。

是一切其余事物（甚至我们对幸福的欲求）的善的限制条件。
这就导致康德式的目的论的另一个问题。如果在自然中一切
事物都是出于完善的观点而被创造出来，那么在我们对幸福
的需要和道德理性之间的任何不平衡都是几乎不可理解的。
即使实践理性的真正意图的实现给它带来某种满足（当然这
不能是道德行动的适当理由），这也几乎不能挽救"自然是一
个完善的目的论系统"这个论题。

　　然而有一件事情是清楚的。一旦理性作为我们的首要指
导接管行动领域，本能就不再能够顺利发挥作用。当那些着
眼于我们自己最大幸福的行动总是被理性拒绝时，那时我们
就必须满足于这个次优选择。关键的是，识别出这个选择也
是分派给我们理性能力的一项任务。对康德来说，经验性实
践理性（后来这样称谓）因此只不过是我们的合理性的一个
笨重的副产品，一个当本能不再绝对可靠地有助于使我们幸
福时试图接替本能作用的替代品。非道德的目的现在必须服
从于道德性的标准，这个事实也并不要求，理性在采纳这样
的目的时有一种完全自由的选择。理性能够基于道德根据而
拒绝目的，并基于那个基础而更进一步推进事物；但是这些
目的必须仍然首先由自然提出来。

三、通过三个命题对义务的概念的阐明 25

1. 善的意志的一般概念必须通过分析义务的概念而变得更加明确

¶ Ⅳ 397.1　康德现在已向我们展现为什么道德上善的品格配享健全的实践理性通常授予它的无限估价的几个理由，但我们仍不清楚它的定义特征。什么东西把这里所要求的意义上的善的意志区分开来？答案将通过对**出自义务**而行动所意指的东西的分析而揭示出来。

义务的概念"包含着"善的意志的概念，因为在像我们自己这样的有限存在者的情形中，出自义务的行动是善的意愿的典范实例。对这些其多方面的需要和欲求与道德性潜在冲突的存在者来说，做正当的事情有时候是困难的。[①]人类意愿并非本身就与道德上善的东西相一致：我们并非总是毫不费力地自愿做道德的事情。在道德行动中，我们根本不是为了某种知觉到的善之故而行动——道德行动首次构成那种善。这就是为什么我们遇到的客观上的道德性的法在主观上是作为"命令式"，作为义务的强制性的**命令**（见Ⅳ 412.35-413.11）。道德行动是为了义务之故的行动。人类意愿和道德命令之间的对照将揭示出善的意志的原则，这正是

---

① 这就是那个关于"主观的限制和阻碍"的颇具误导性的附加评论（Ⅳ 397.7-8）的意义：它们影响的是一个善的人类意愿，而不是它的概念。见 Schönecker, *Kant: Grundlegung III*, pp. 34-45。

康德的希望。

这种概念上的变化标志着第一章和第二章论证中的一个断裂。① 对完善的意志来说，道德性的诸法（the laws of morality）是"分析地"有效的。完善的意志包含着善的意愿的动因（而且因为它不受感性倾好所影响，因而很可能没有任何其他动因）。这类意志毫不费力地、毫无内心冲突威胁地意愿善的东西。与此相对照，像人类意志这样的意志面对的是，道德性作为它并不必然遵守（虽然事实上它当然应当遵守）的命令。义务的诸法（laws of duty）命令某个事物，不是将它作为预先包含在意志中的所欲求的或善的东西：这样的命令是"综合的"。正是在第一章论证中的这个时刻，康德开始把诸道德法（moral laws）作为综合的义务法来分析。事实上，康德在《实践理性批判》中拒绝一切以善的特殊概念作为其开始点的理论，他的拒绝意味着，那条道德法（the moral law）决不能从善的意愿的概念中被诱导出来，很可能因为它指向有待实现的目的、而非形式性的法（Ⅴ 63.11–64.5，参见Ⅴ 8.25–9.3）。② 任何价值观念的预设都使一切命令成为工具性的，使道德理论成为他法性的。道德价值最初是由"为了那

26

---

① 这就解释了为什么在Ⅳ 447.10–14 他否认直言命令式能够从善的意志的概念中分析地推导出来。

② 论纯粹实践理性的"对象"的那一章是康德对皮斯托留斯（H. A. Pistorius）在其《道德形而上学奠基》书评中提出的观点的答复。见 R. Bittner and K. Cramer, *Materialien zu Kants 'Kritik der praktischen Vernunft'* (Suhrkamp, 1975), pp. 144–160。

条道德法之故而行动"创造出来的。

理论上的和实践上的综合原则两者都能够经受概念分析。在这两种情形中结果（如果更明确的话）将仍是综合的。就其本身而论，先天综合的道德命令（它们的"可能性"）的规范地位是成问题的。这个困难将在《道德形而上学奠基》的综合性的第三章中得到讨论。

2. 命题一：与义务相一致的行动具有道德价值，当且仅当它的准则按照必然性、甚至不需要倾好或与倾好相对立而产生它

¶ Ⅳ 397.11　第一章的以下部分至少可以说是有争议的。读者们已经发现，康德关于行动的"道德价值"的宣称可能引起异议；他对所提议的道德心理学的正确解释受到争论；还有消失的"第一个命题"之谜，这个谜使读者们感到困惑，使几代康德研究者们感到高兴。

康德只明确陈述第二个和第三个命题（分别见Ⅳ 399.35-400.3 和Ⅳ 400.18-19）。康德想要把哪个论题当作第一个命题？一个自然的候选者可能看起来是这个观念：只有出自义务的行动才具有道德价值，但是这给对康德在Ⅳ 400.18-19 的提议（第三个命题是前面两个命题的"推论"）的解释造成巨大问题。① 幸而，还有另一个论题可以概括这些实例的主旨：这

---

①　大多数解释者从 Paton（*The Moral Law*, p. 19）到 Hill（'Editorial Material', p. 267）都把第一个命题等同于这个论题：一个行动是道德上善的，（当且）仅当它是出自义务而做出的。例外的解释者有邓肯（A. R. C.（转下页）

就是康德在后续每个段落的结尾处所蕴含的、人们可以称为"非偶然性原则"的论题。按照这个原则，一个"符合义务的"行动①具有道德价值，当且仅当它的准则具有这个属性：使这个行动成为必然的，亦即，非偶然地、独立于行为者当前倾好状况而产生这个行动或改变外部环境条件。正如我们不久将看到的那样，"非偶然性原则"是最优候选者，因为它能说明康德的这个论点：第三个命题把另外两个命题的元素结合起来。

重要的是注意到，康德对当前这个处于中心地位的义务概念的分析，包含着一个隐含的"严格主义的"假设。正如我们在"前言"中了解的那样，在道德上，行动单纯碰巧与那条道德法所命令的东西相一致是不够的；行动"还必须为了那条道德法之故而做出"，否则行动与道德性的那种相

（接上页）Duncan），他认为"第一个命题"是第一章的开篇句（*Practical Reason and Morality. A Study of Immanuel Kant's 'Foundations for the Metaphysics of Morals'* (Thomas Nelson, 1957), p. 59），还有 D. Schönecker（'What is the "First Proposition" Regarding Duty in Kant's *Grundlegung*?' in *Kant und die Berliner Aufklärung*, ed. V. Gerhardt, R.-P. Horstmann and R. Schumacher (De Gruyter, 2001), Vol.III, pp. 89–95）；亦见他与伍德合著的评注（*Kant's 'Grundlegung'*, p. 60），他认为第一个命题是这个论题：出自义务的行动是出自对那条道德法的尊敬的行动。弗罗伊迪格与此类似强调第一个命题的驱动意义，但把尊敬的引入推迟到第三个命题（*Kant's Begründung der praktischen Philosophie* (Paul Haupt, 1993), pp. 78–80）。唯一的其他可能候选者看来似乎是 Ⅳ 397.6–10 开始讨论义务时提出的这个论题：义务的概念包含着处于一定主观限制和障碍之下的善的意志的概念。倘若如此，第三个命题应该如何从另外两个命题推论出来就不是完全清楚的。

① 一个与义务相符合或相一致的（pflichtgemäß）行动。

一致就只是非常偶然的和依靠机会的（Ⅳ390.4-6）。康德也假定，一切行动都遵循这条法或那条法。① 这就解释为什么他现在开始寻找那些由义务所驱动的行动的清楚实例。人们不能希望通过考察出自倾好的、单纯偶然地（我们完全不知道为什么）与道德原则相一致、实际却受某条完全不同的法（例如明智的指导线索）所支配的行动，来获得对道德性的本性的洞见。当然，这样的洞见也决不能通过考察违反义务的行动来获得。人们违反他们的义务，不是为了义务之故（那将是恶魔般的），而毋宁说是为了满足某种特定的碰巧与义务相冲突的倾好（见《单纯理性限度内的宗教》Ⅵ35.20-25）。倾好和义务之间没有任何内在联系。它们在种类上是不同的。因此，出自倾好的行动是否符合义务最终是一个机会问题；这正是为什么道德性必须被置于支配地位，而倾好必须仅仅在道德的东西的限度内受到追求。道德行动之所以必须被做出是**因为**那条法命令它。只有这样的**出自义务**的行动的清楚实例才会促进目前这个识别其原则的计划。②

那么什么是**出自义务**的行动？考虑一下道德上所要求的

28

---

① 见意志的正式定义（Ⅳ412.26-28，Ⅳ427.19-20）和Ⅳ446.15-21通过意志的因果性本性而对规则性的明确论证。很可能，甚至藐视明智性的命令式和道德性的命令式的行动也服从某种规则性，只要有直接倾好的目的能够通过这样的方式而得到实现的技术性规则。

② 在《实践理性批判》中，单纯与义务相一致的行动和为了义务之故而做出的行动之间的这种区别，根据"合法性"和"道德性"而得到改写；见Ⅴ71.28-34和Ⅴ81.10-19，以及Ⅴ72脚注，在那里法的"文字"和法的"精神"被区分开来。

某个确定的行动过程的境况。那时任何一个行动将会或者与
义务相一致或者违反义务。不存在**那种**与义务相一致的意义
上准许的行动（如果一个行动是责任性的，那就更不用说它
是单纯准许的行动）。康德接着排除违反义务的、不论多么有
用的行动，因为已经提到的这个理由：它们的研究丝毫不能
促进寻找道德性的最高原则。[①] 在符合义务的行动的等级中
康德又区分下面三种类型（Ⅳ 397.14-21）：

> A. 作为达到满足某个高阶的、指向其他对象的倾好
>   之**手段**而做出的（单纯）与义务相一致的行动。
>
> B. 出自对某个对象的**直接**倾好而做出的（单纯）与
>   义务相一致的行动。
>
> C. （与义务相一致而且）唯独**为了义务之故**而做出的
>   行动。

要注意到能够有这样的行动：**带有**相一致的倾好却同时**出自**
义务的动因而做出的行动，例如，如果某个人具有坚定的道
德原则，而且也生性喜欢做好事。在这种情形中（正如在一
个人必须克服强烈的倾好来出自义务而行动的情形中一样），
倾好由于行为者的道德准则而变成无效的。[②]

---

① 与此类似，康德似乎并不认为，考察单纯准许的行动能够为我们
揭示道德性的原则。这类行动甚至没有被提及。

② 这是弗里德里希·席勒对康德的嘲笑批评中忽视的观点之一。见
本书附录一。

这样，因为道德驱动和非道德驱动的不同性质，冲突的痕迹就仍然存在，即使实际上义务和倾好相一致出现和行动在这个意义上是"过度规定的"（overdetermined）。义务命令的是对**行动**的意愿（C），反之倾好或者直接或者间接瞄准的是某个具体目标在这个世界中的**实现**（B或A）。[①] 我们可以说一切倾好在本性上都是后果主义的。因此，康德坚持，如果行动想要具有真正的道德价值，行为者就必须出自义务而行动，即使在这样的义务和倾好幸运地相一致的情形中。重要的是，如果按照道德原则的行动有幸取得成功，那么相应的对好的结果的倾好就将仍然得到满足，尽管事实上倾好并不影响所采取的行动过程。出自义务的行动不必违反倾好，与义务相一致的倾好的单纯在场并不抹煞行为者的道德价值，只要他的准则具有"道德内容"。[②] 与此相对照，单纯与义务相一致的行动（由对某个结果的兴趣、而非对道德意愿的兴趣所驱动的A类或者甚至B类行动）决不能满足"为了正当

29

---

① 见 Ⅳ 413-414 对不同种类的兴趣的脚注。道德行动的目的包含在行动自身中：它专门对准意愿的行为，意愿那时表现在某个外在行为中。"我们不对一个行动的结果感兴趣就直接对这个行动感兴趣"如何是可能的，这是道德性的奥秘。与此相对照，非道德的、以倾好为基础的兴趣不是对准行动、而是对准将要实现的"对象"（就它是令行为者"快适的"而言）。见 Ⅳ 459-460 脚注和《实践理性批判》Ⅴ 20.22。同一个区别也蕴含在 Ⅳ 400.19-21，在那里行动的结果被认为是倾好的适当对象，而不是尊敬的道德动机的对象。

② "道德内容"和"道德价值"：使行动成为道德上**善的**正是我们按之而行动的准则的道德**内容**。准则的道德内容等于对出自义务而做道德上正确的行动的承诺；见 Ⅳ 398.19-20。

理由而符合义务地行动"的命令、亦即要做 C 类行动的命令。

因此，对义务（为了那条法之故的行动）来说，没有必要被降级为当倾好不能发挥作用时来接替的单纯的"替补动因"。① 在 IV 400.25-31 我们了解到，倾好不得规定"应当做什么"。倘若如此，为什么当涉及执行人们的推理的结论时倾好应当被重新允许进入道德实践中？为什么某个人**因为**倾好碰巧与道德性相一致就会选择受倾好所驱动？为什么不正好基于道德根据而行动？用（滥用）一个熟悉的习语说，在倾好与义务相一致的条件下按照倾好而行动的行为者心里**不会闪过那个念头**。

在第一章论证的这个阶段，康德认为，出自直接倾好而做出的行动（B）是在某种意义上令人感兴趣的，而行为者受某种其他倾好所"驱动"而做出的行动（A）不是在那种意义上令人感兴趣的。在后一种情形中，康德说，"容易区分"与义务相一致的行动是"出自义务"、还是"出自寻求自我的意图"而做出的；康德继续说，"更困难得多的是注意到这种差别"：道德上有价值的"出自义务"的行动与一般而言没有道德价值的行动（当行动与义务相一致、而且除此之外主体对它还有"一种**直接**倾好"（IV 397.20-21）时，亦即 B 类行动）

---

① 人们经常引用的文字是休谟《人性论》第三卷第二章第一节；德性理论的支持者如 M. Stocker 喜爱类似的图景。见其 'The Schizophrenia of Modern Ethical Theories', *Journal of Philosophy* 73 (1976), 453-466。

之间的差别。① 这种差别被康德作为理由用来说明，为什么
对 A 类行动的讨论（正如对违反义务的行动的讨论一样）将
会是没有成果的、并因此在本段结尾时将被"撇开"。康德正
是说，单纯为了高阶的自私理由而做出的正派行动**明显**缺乏
道德价值，以这种方式而行动的行为者**明显**缺乏道德上善的
意志。与此相对照，"出自诸如同情这样的更直接动机的行为
缺乏道德价值"这个观念较不明显得多地是普通道德意识的
表达。② 为出自义务而行动的价值辩护将更艰难得多。这是
后面三段所包含的实例的任务。

　　然而，**第一**，店主的实例（Ⅳ 397.21）。这个不向其没有
经验的顾客多收价钱的明智商人的实例涉及诚实对待其他人

---

　　①　康德的这个表达缺乏精确性。"这种区别"（Ⅳ 397.29）不能是自
私的行动和出自义务的行动之间的具体区别——随后出现的通常出自直
接倾好而做出的行动的实例并不涉及人们的自私，正如伍德指出的那样
（Kant's Ethical Thought, p. 30）。更有可能的是，这个陈述应当是指出自义务或
出自倾好的个人行为——但是那样，康德就是致力于在原则上否认个人
的道德态度能够被分辨出来。例如，那个明智的商人可能自以为他是一
个道德的人，因为他毕竟从来没有不诚实对待任何人。看来更有可能的
是，所讨论的这种区别是那种具有道德价值的行动**种类**的区别，在第一
次陈述这种区别时，"出自寻求自我的［或者也许说：自私的］意图"（in
selbstsüchtiger Absicht）这个道德化的表达只是那种明显缺乏道德价值的行
动种类的占位符。（伍德以为，只有当义务与倾好有分歧时，**出自义务**的
行动才是必要的，甚至可能的。这是"义务应当充当'备用系统'"这种
观点的一个变种。他对目前这个困难的最终解决相应地也是不同的。亦
见他和 Schönecker 合著的评注中对这个问题的广泛讨论，Kant's "Grundlegung",
pp. 64–77。）

　　②　道德哲学家亦更有可能支持它；见Ⅳ 442 脚注。

的严格义务。① 它属于 A 类行动，很快就被"撇开"，而不像最初文本似乎提议的那样属于 B 类行动。康德貌似合理地论证，店主不大可能诚实对待顾客，因为他对他们有一种直接喜爱（在这种情形中他可能免费派送他的商品）。接下来的三段详细讨论的实例如保存生命、慈善行动和关心幸福都是 B 类行动的普通实例。②

　　店主的实例的细节令人迷惑。奇怪的是，康德如此粗心地把店主的行为归因于"自我利益的意图"，而不归因于道德确信。这个诊断的唯一明显理由是，他有明智性的自我利益的根据来向他提议，不要对甚至最天真的顾客多收价钱。然而，驱动的模糊性是康德式伦理学的基本特征，③ 根据呈现给行动动因的利益来进行直接推论，将会不只是成问题的。某些确定的倾好的单纯在场并不强制自由的行为者相应地行动；正如在店主的实例中，人们有正当理由把利益归于某些确定的行动，这个事实也不能保证这个悲观主义的结论：所讨论的这个人正如康德所说"单纯为了自我利益的意图"而行动。难道康德从"这远不足以使我们由此相信这个商人这样经营

────────────

① 康德在日常道德思想的当前这个接近于哲学伦理学的层次完全与他后来在第二章中一样，以其直言命令式的四个著名示例大体上覆盖同一个根据（即对自己和对他人的严格的和宽泛的义务）。

② 店主的实例在同一段中作为分类方案而得到讨论，因为康德（或许未免太快地）想要放弃 A 类行动。

③ 行动的道德性质不是经验性的属性；见 IV 406–408；一般说来，康德对人类的根本道德态度（心向 [Gesinnungen]）抱持悲观主义态度，正如他对人类的道德认识能力抱持乐观主义态度一样（例如见 IV 407.1–16）。

是出自义务和诚实的基本原理"（Ⅳ 397.26-27）这个论题，不合法地滑向某个像"这完全足以使我们相信这个商人**不**出自义务和诚实的基本原理而这样行事"这样的论题吗？或者，难道他或许只要出自长远商业利益的动机的诚实行动与义务可靠地相一致，就将它们看作道德上适当的吗？

这两种解读都应当被拒绝。要理解店主的实例，我们心中必须牢记，康德明确地把他称为"明智的"，一个在当前道德主义语境中令人刺耳的语词（在《实践理性批判》中"明智的"是在同一种贬义上使用的，Ⅴ 35.31）。因为**明智的**商人首先和首要关心他自己的经济福利，他几乎在定义上把诚实当作最佳策略，而不是严格的道德要求。康德对店主的道德正直方面的悲观主义不是基于错误的推理。它只是他在人们的确信的现实道德性质（相对于他们的行动的单纯道德符合）方面的总体怀疑主义的表达，这一点在《道德形而上学奠基》第一章和第二章自始至终都显示出来。① 现代商业生活将会确证康德的这些最糟糕的怀疑。

为什么对明智的店主的行为的分析对我们寻找那条道德法没有多少贡献？因为两个理由，它是失败的：首先，A 类行动的任何单个事例（即使它偶然与义务相一致）既不是**出自**义务而做出的，也不是直接具有道德价值的。就它有助于

---

① 亦见《道德哲学讲义》中的这个思想：诸如"天真的乡村女孩"这样的没有太多机会放纵于恶行的人们也不太可能是有德性的（*Collins*, ⅩⅩⅦ 249.21-23）。

某个完全不同的意图而论，它是善的。其次，像店主的情节那样的 A 类情节（在其中商业利益可靠地推荐义务所命令的行为）不能提供足够信息。让我们同意康德的假定：长远的自我利益始终不变地指引他诚实对待顾客（这一点在这个有购物票据和监控录像的时代比十八世纪后期更貌似合理）。①倘若如此，我们就几乎没有理由相信，当我们观察到店主诚实地为没有经验的顾客服务时，我们观察到的是**出自**义务而做出的行动。上一段宣布，道德性的本性将会通过考察倾向与道德性之间的冲突而变得明显；然而，在明智的商人的情形中自利与道德性经常相一致。这就是为什么明智的店主将决不会给我们展现**出自**义务的行动的清楚情形。他的勇气将决不会得到检验。

此外，尽管康德持有悲观主义态度，即使我们遇到一个具有坚定道德确信的店主，他的行动也仍然会在我们眼中展现出我们熟悉的明智远见的规则性、而非我们较不熟悉的（事实上他的行动由之发源的和我们正在努力寻找的）那条道德法的特点。他的明智行动与道德规范之间的有规则的一致性有损于那条道德法特有的东西：它的无条件的必然性。我们现在仍然缺乏出自义务的行动的貌似合理的实例。这就是为什么我们现在抛开 A 类行动。相当具有讽刺意味的是，康德认为他如此浓墨重彩描绘的这个明智商人的实例是

---

① 然而《道德哲学讲义》中还有不诚实店主和宗教伪善者的实例（*Collins*，XXVII 332.14–17）。

不重要的。

¶ Ⅳ 397.33　与此相对照（dagegen，与此相反），存在这样的情形：人们**通常**不是为了明智的理由、而是出自某种更直接的兴趣而行动。而且，康德不久将会要求对"符合义务的"行为的自然倾好的缺席（这帮助我们识别明显由义务所驱动的行动）。只有在这样的情形中，准则的道德内容才变成明显的。当对一个行动的一切其他可能解释都不能成功时，我们就能够合理地确定，它是出自对这个道德行动本身的直接兴趣而做出的（C）。

这个所谓"隔离策略"①是一个启发式的手段，用来揭示第一章论证中某个具体时刻的道德意愿的独特性。这一点是上面Ⅳ 397.9-10 这个小节的第一段中宣布的。康德不希望说，仅当行动没有相一致的倾好或甚至违反相对立的倾好而做出时，它们才具有道德价值；更不必说，这些相反的条件是值得欲求的，或者我们应当努力实现它们。然而，他的确持有这个观点：在强烈的倾好所不支持的行动、或者也许藐视强

33

----

①　这是帕顿的表达。然而，他以稍微不同的方式来设想这个策略的任务。按照帕顿看来，康德想要"证明"这个论点：善的意志（在人类条件之下）为了义务之故而行动的意志"。为了这个意图，我们必须"判断它们是否具有我们给善的意志所描述的那种最高价值"（见 Paton, *The Categorical Imperative*, p. 47）。在我看来，这个"论点"是假定出来的、而不是论证出来的，即使它在突出明显出自义务而做出的行动的过程中当然得到证实。把出自义务的行动隔离开来的观点毋宁将要揭示出那种使它们变得如此特殊的态度。

烈倾好的行动方面，存在某种独一无二令人钦敬的东西；但这不应当被解释为引发这样冲突的理由。① 只有在困难的情形中，一种强悍的道德实践态度的道德内容才变得明显。在后面三个实例的连续思路中，行动被揭示出要成为道德上善的，"首先"（首要的 [allererst]）当我们确定它不再被不合适的动机所规定时（Ⅳ 399.26）。

第二个厌倦生命的"不幸的人"的实例涉及一个人对自己人格的严格义务。为了论证之故，让我们接受这个观点：有一种保存一个人的生命的道德义务。貌似合理的是假定，

---

① 这是亨森（R. Henson）归于康德《道德形而上学奠基》的"战斗嘉奖模型"中所包含的真理的颗粒；见其 'What Kant Might Have Said: Moral Worth and the Overdetermination of Dutiful Action', *Philosophical Review* 88 (1979), 39–54。康德非常看重艰巨的道德行动，对这一点的证实能够在他的著作的其他地方很容易找到。在《实践理性批判》中康德说，德性"在苦难中最庄严地表现出来"（Ⅴ 156.31）；在《实用人类学》中他宣称，做轻易的事没有什么功绩（Ⅶ 148.6-8）；在一份手写笔记中他说，善的意志"在不幸命运的黑暗背景中"闪耀的光芒更加明亮（R 6968，ⅩⅨ 216）；按照康德把《道德形而上学奠基》手稿刚刚寄给出版商时所授课程的学生笔记，如果存在一个"其善的意志频繁给他造成损害"的存在者，那么他的善的意志"将会更加明亮"（*Mrongovius* Ⅱ，ⅩⅩⅨ 599.36-38）；而且最明确地说："按照其道德价值来看，一个行动对我而言代价愈大，价值也就愈大"（ⅩⅩⅨ 613）。康德显然认为，在道德行动方面有某种特别令人钦敬的东西，它不仅忽略行为者的倾好状态，而且直接阻挫行为者的欲求。如果上面给出的"第一个命题"的重构是正确的，那么当一个行动被意愿乃是直接地和非偶然地因为这个适当的道德理由，亦即当它的准则具有道德内容时，它就具有**某种**道德价值。现在看来，道德行动的代价能够以某种方式**增加**它的道德价值。但这决不是试图把道德行动的代价最大化的理由。

除此之外我们通常还有一种对这样做的强烈的直接倾好。此刻，康德对现实的道德态度方面的悲观主义再次出现。正如他在第一个实例中所做的那样，他假定，人通常使义务从属于倾好；他推断，绝大多数人都是出自直接倾好、不是出自义务而保存他们的生命。只有当某个人失去对生命的一切兴趣，换言之，没有对"他正在保存他的生命"这个事实的任何其他貌似合理的解释时，我们才可以推断，他的行为是由他坚定坚持的道德原则所规定的。此外，康德并不希望说，**只有**不幸的、但出自义务而保存其生命的人以一种道德上有价值的方式而行动，或者我们应当努力使我们自己变得不幸以便能够检验我们的准则。比较幸运的人能够、而且实际上应当与此类似基于道德根据而关心他们的生命。然而，只有当不幸的人仍然保存其生命，而其他人本来将会毫不在乎地抛弃它时，他的准则的道德内容才被揭示出来。

¶ IV 398.8 臭名昭著的**第三个**事例（"慈善家"）涉及行善的义务，一种对他人的宽泛义务。有两种不同的出自倾好而帮助他人的方式：一种是出自高阶动机诸如对未来奖赏的期待或虚荣心，它属于 A 类行动（或许人们把自己想象为仁慈的人，并推断当机会来临时行善是极好的事），另一种是出自直接同情，它属于 B 类行动。由于前一类行动已经被撇开 ①，

---

① 而且出自虚荣的行动甚至比出自商业利益的行动更不太可能被当作道德上的善的典范。

我们只探讨后一类实例：出自直接同情而行善。①

然而，康德再次否认任何这样的行为能够具有道德价值。这是通过这个事实来表明的：行善的倾好"与其他倾好处于同等地位"（Ⅳ 398.15），亦即它们在主观上能够被其他倾好所无视。②因此，对必然的、无条件的道德命令来说，它们是不合适的基础。慈善家的同情的欲求能够被悲伤所"笼罩"（Ⅳ 398.21）。此外，在我们的这个实例中，这个人可能天生就是冷淡的，就像那些没有任何自然倾好去帮助困难者的人一样（Ⅳ 398.27-34）。在这两种情形中，第一种情形被引入来证明在个人生活中直接倾好的脆弱性。如果那个"沦落的"慈善家仍然行善，这必定是出自义务的动因。第二种情形说明，自然的赐予参差不齐，自然并不知道任何普遍的和必然的道德命令。第二种情形也是更严格的，因为在第一种情形中慈善家仍然具有行善的倾好，虽然事实上他的悲伤使他的行善的倾好不能发挥作用。为了找到**出自义务**的行动的清楚实例，更有把握的是将他的行善的倾好完全排除出去，正如

35

---

① 要注意到，康德宣称"力所能及地"（Ⅳ 398.8）行善是一种义务。这似乎指向康德式伦理学的一个相当苛求的总体图景。在一个给定的境况中，倾好有很少空间去决定是否按照实践的爱的道德准则而行动，尽管Ⅳ 421 脚注的双重否定容易使人误解。然而，可能存在道德上的制约和平衡。见我的 'Good but not Required? Assessing the Demands of Kantian Ethics', *Journal of Moral Philosophy* 2 (2005), 9-28。值得注意的是，道德性的苛求性由于"那条道德法是自己施加于自己的"这个事实而得到软化。

② 关于康德心中考虑的这种权衡取舍的实例，见《实践理性批判》Ⅴ 23.22-29。

在那个出自义务而行善的麻木的人的实例中那样。

如果人类行为是由倾好规定的，那么每当同情或者是太弱的或者是完全不可利用的时，行善就会是不可能的。如果出自直接倾好而行动是真正道德行为的实例，那么道德性就会面临"道德运气"突然闪现的问题。这就不可能有任何严格普遍的和必然的命令。只有对作为出自义务的行动之动因的尊敬的哲学规定，才能解决这个困难。它始终是一切行为者可利用的，因为他们自身就包含着它的"源泉"①，甚至对于那些体验不到对"外在地被判断为道德上正确的行为"的丝毫倾好的人来说［也是如此］。这就是"沦落的"慈善家的准则的道德性质被揭示出来的方式。如果一个人缺乏强烈的倾好或者甚至与强烈的倾好相反而确实仍然行善，那么这种行善必定是出自一个为了义务之故而行动的准则，一个拥有"道德内容"的准则。本段最后一部分的语言让我们想起康德对善的意志的称赞（正如现在出自义务的行动所表达的一样），这不是偶然的。

康德的评论意味着，"对荣誉的倾好"（Ⅳ 398.15-16）能够是道德性动因的一个相对可靠的替代物。对于为什么会是这样，在一份手写笔记中康德为我们提供一条线索。他写道："荣誉是能够基于原则之上的唯一倾好，因为他人的公正

---

① Quell（源泉），Ⅳ 398.35，见Ⅳ 405.25，Ⅳ 407.37 和Ⅳ 426.2。康德正在暗示他的自法理论。道德行动的源泉是作为实践理性的人类意志。见Ⅳ 431-433 和下面Ⅳ 440。

的称赞基于原则，这就是为什么对荣誉的热爱与德性近似"（R 7215， XIX 287）。[①] 我们希望我们的行动得到他人的认可。普遍化是"被外在化的"，因为**我们**关注他人的**无私的**称赞。然而康德并不认为，道德性能够**基于**荣誉的东西之上。关心他人的公正的称赞导致与义务的文字相一致的行动、而非与义务的精神相一致的行动。

¶ IV 399.3　康德的**第四个**实例讨论的不是对一个人自己人格的一种宽泛义务、毋宁说首先是一种所谓"间接"义务：保证（不是"追求"！）一个人的幸福的义务。"间接"义务不是特有的或真正的、亦即自身具有道德约束力的义务。它不是与下面 IV 421.21-23 正式引入的完善的（严格的）或不完善的（宽泛的）义务并列的义务类型。当然，践履由义务间接命令的行动也是一个义务问题；但是由"间接"义务表达的禁止令（injunctions）仅仅偶然地颁布命令，作为用以实现某个直接命令的目的的单纯（准许的、可能的、适当的）手段。"间接"义务是由技术规则产生的，而不是由道德命令式产生的，因此基本上具有后果主义特征。服从"间接"义务（践履工具合理性所要求的某个确定的行动）并不具有道

---

①　亦见康德早期论"美的东西和崇高的东西的情感"的论文，II 217，《道德形而上学》VI 464（外在的荣誉［honestas externa］），以及其《道德哲学讲义》（Collins， XXVII 408-409）。正如在幸福和德性方面一样，康德几乎没有对古代（斯多亚派）高度道德化的荣誉（honestas）概念给予应有的注意。关于一种更令人同情共鸣的说明，见康德《道德哲学讲义》，Mrongovius II， XXIX 631.34-632.15。

德价值本身。在当前这个实例中，目的是一个人自己的道德正直，当一个人的幸福"处于许多忧虑烦恼的挤压中和未获满足的需要的包围中"时（Ⅳ 399.4–5），这种道德正直就陷入危险中。①

　　第四个实例的重构更加复杂，因为事实上康德似乎在两个微妙不同的意义上使用"幸福"这个词。首先，有一个对幸福的纯粹形式的"法规式的"康德式定义：作为由一个人的倾好的总和的满足（这需要明智远见）所产生的连续的感觉。其次，在本段中有一个在规范性方面受到更多指责的幸福概念，按照这个概念，例如保持健康仍然是幸福的一部分，即使一个人对自己的健康没有任何倾好。因此，我们能够设想两个不同的命令，要求一个人在面临"忽视自己的福利"的诱惑时"照顾自己的福利"。首先，不要变得如此贫穷、以至于可能产生不可克服的诱惑去偷窃他人的财物，这间接地是一个义务问题；其次，对那个患痛风（足痛风）的人来说，他还有"唯独出自直接义务而关心自己身体的福利"的义务。问题不是这个人丧失对自己长远福利的自然兴趣。毋宁说，因为对生理的、饮食的或医学的护理治疗获得成功没有把握，因而他的幸福在法规式的形式的意义上不再能够支持

────────────

　　① 见《道德形而上学》Ⅵ 388.17–30 论保持一个人的富裕、健康和力量的"间接"义务。这部晚期著作也包含着类似偶然"义务"（它们命令一些仅仅间接具有道德相关性的行动）的其他实例：同情（Ⅵ 457.26）、良知（Ⅵ 401.21）、以及像道德性那样对待动物的行为（Ⅵ 443.23）。关于一般"间接"义务，见附录四。

那种通常被看作明智的行动过程的东西。宁要当前的快乐而
不要身体的健康，对他来说，可能是完全合理性的（在工具
性的"手段—目的"合理性的意义上）。事实上，他很有希
望以那种方式把他的总体幸福最大化。然而，康德现在明显
赋予"关心自己的健康"（作为幸福的传统元素）以某种直接
的道德分量，① 他后来以同一种方式推荐"发展自己的自然才
能"（Ⅳ 423.13-16，参照 Ⅳ 430.10-17），完全不考虑这如何影
响一个人的倾好的总和或在忽视自己的福利时所招致的道德
危险（这些道德危险在康德关于患痛风的人应当做什么的讨
论中甚至没有被提及）。②

　　患痛风的人的实例再次证实"非偶然性原则"，消失的
第一个命题的最有希望的候选者。对一个行动来说要具有道
德价值，它的准则必须是这样的：符合义务的行动可靠地和
凭借必然性、不需要任何倾好或者甚至违反行为者的倾好可
能口授的无论什么东西而发生。

　　¶ Ⅳ 399.27 如果倾好是道德上不相关的，那么圣经上爱

---

　　① 健康是幸福的必要元素，这一点在 Ⅳ 418.19-21 遭到怀疑。当前这
个论证可能更有说服力，倘若康德引入那个痛风病患者有志从事的、但
在他寻求快乐来与疾病做斗争时倾向于忽略其他长远利益如财富或知识
的话。
　　② 康德关于对自己的义务的理论可能指向一种在直观上比他的纯
粹形式的幸福观念更充分得多的（如果彻底道德化的话）对人类繁荣的
说明。

37

邻人的命令①就必须被解释为出自义务原则的实践的爱的命令。②在缺乏仁爱的情感或者甚至面临例如对敌人的"自然的和不可克服的厌恶"（Ⅳ 399.30-31）时，只有实践的爱能够存续。③康德认为，一种单纯自然的情感至多能够通过一段时间而得到教化，但它不能直接地和无条件地被命令——这恰恰是道德命令式做的事。还有一些倾好和厌恶，它们除了被"只做义务命令的事"这个动因、不能被任何欲求所战胜。因此，人们掌管和负责他们按之行动的反思原则，而不（或无论如何不直接地）掌管和负责他们的情绪反应。

3. 命题二：行动的道德价值不在其意图达到的结果中，而在其［按照一个形式原则的标准来判断的］准则中

¶ Ⅳ 399.35　康德现在运用排除策略来向纯粹形式的道德原则这个理念前进。有三步。**首先**，正如前面的实例表明

---

①　见《马太福音》5，43-44，往回参照《利未记》19，18；参见《路加福音》6，27；6，35。要注意到，康德根据他自己的道德哲学对经文进行重新组合，是他把道德和宗教作为整体来研究的方法的特征；另一个好的实例是Ⅳ 408.35-37。在本段中，他不说"这是经文中说的话"，而说"毫无疑问""经文应当这样来理解"（Ⅳ 399.27），亦即以其他方式来理解经文是荒谬的。

②　关于"情理的"爱（以感觉、人类本性的被动部分、亦即倾好为基础）和"实践的"爱之间的差别，亦见《实践理性批判》V 82.18-84.21，在那里圣经中"爱邻人"的命令（V 83.3-4）以非常类似的术语得到讨论。

③　见康德《道德哲学讲义》，Collins，ⅩⅩⅦ 413-414和ⅩⅩⅦ 417，以及《实践理性批判》V 76.26，在那里爱这种自然情感是与对那条道德法的尊敬这个理性造就的动机对立起来的。

的那样，一个和同一个明显的意向或意图（诸如保存自己的生命或帮助他人）能够表现不同的"准则"（它们在它们的道德内容方面不同）。**其次**，这就是为什么行动的道德价值既不能在于一个所意向的意图，也不能在于这个所意向的意图的成功实现。（用当代哲学术语说，康德既摒弃主观的后果主义，也摒弃客观的后果主义。）行动的道德性质毋宁说必须被定位于那个首先规定"何种意图应当被意向"或"行动究竟是否应当被践履"的准则中。**再次**，康德超出已经得到明确陈述的第二个命题。由于一切质料（一切基于主观动机之上的具体意图）都已经失去资格，积极的道德价值就被认为是由这个事实来表征的：准则被"意愿本身的形式原则"（Ⅳ 400.14）排他地所规定，意愿本身的形式原则在后面一段中被简单地称为"这条法"。要注意到，关于这个原则或这条法，或者实际上关于人类行为者是否能够唯独为了它之故而行动，我们仍然不知道任何具体内容。

　　这是康德对第二个命题的论证的总体主旨。然而细节却因为他对"原则"（Prinzip）这个词的歧义用法而变得复杂。当谈到"意志的原则"或"意愿的原则"时，康德是指称行为者**事实上的确**按之行事的"行动的**主观**原则"（他的准则）、还是指称他的行动**应当**符合的"道德性的**客观**原则"（伦理命令，"这条法"），并不总是清楚的。① 上述重构提议，他最初

_____

　　① 见康德给后面一段添加的脚注，在那里最终"准则"这个术语得到定义并被与那条实践法区分开来（Ⅳ 400 脚注）。

指称主观原则，只有在 IV 400.14 临近第三步的结论时才转向客观原则。① "意愿本身的形式原则"这个短语清楚地指向那条客观的道德法。只有在那个阶段，准则为了使行动成为真正道德的而必须服从的这个客观条件，才被明确提及。②

康德关于意志处于驱动的赫尔库勒斯式的"十字路口"（IV 400.12）的讨论，简洁地说明这个论题：甚至自由意志也不能完全独立于起规定作用的法。关键的问题是，人们让哪个**种类**的法来规定他们的意志。

4. 命题三：义务是出自对那条法的尊敬的行动的必然性

¶ IV 400.17 要看出康德想要如何把"第三个命题"从前面两个命题推论出来（尤其因为他没有正式把任何命题称为"第一个命题"），并不容易。而且，开头的句子"我将会表达如下"（IV 400.17-18）这个谨慎的表述意味着，康德没有（像以其他方式看起来自然的那样）考虑把这个推论按照

---

① 由于围绕着本段中"原则"这个词的不确定性，帕顿在"形式的"和"质料的"准则之间觉察到一种区别（*The Categorical Imperative*, pp. 61, 71 及其后）。然而我怀疑这是否是康德心中具有的东西。一切准则在它们包含目的的意义上都是质料的，即使它们的目的在下面这个意义上是形式的：它们的目的首要瞄准**所意愿的**作为符合诸道德法的行动本身，而非瞄准将要实现的意图或意向。这个词的歧义性在下面第二章 V 412 再次引起解释上的困难，在那里，意志被正式定义为按照"原则"而行动的能力。

② 本段结尾处"一切质料原则"（alles materielle Prinzip, IV 400.15）这个表达是指瞄准某个具体对象之实现的主观动机。

一个具有两个前提和一个结论的整整齐齐的三段论思路来进行。那么义务作为"出自对那条法的尊敬的行动的必然性"[①]的定义如何就意味着是前面两个命题的"结论"呢？

（如上表述的）第一个命题没有解决"一个行动要具有道德价值、亦即一个道德上正确的行动要可靠地和独立于行为者当前倾好状态而被实现出来所必须满足的条件"这个问题。通过提出第二个命题，康德第一次把行动的道德价值置于其准则中，而非置于其意图和表面意向中，从而引入任何道德上有价值的准则所必须满足的形式要求。

当前这个重构的基本观念是如下：第三个命题通过参考对第二个命题的讨论中浮现出来的**形式**标准来回答第一个命题的**非偶然性的可靠性**要求；"纯粹形式的法规定意志"这个想法在我们心中激起对这条法的**尊敬**（一个只有在论证的这个阶段才被引入的新颖概念）。这个想法产生尊敬、而非单纯的倾好，因为它意味着**我**能够自由地、不依赖于任何倾好而规定**我自己**，如果我采取行动来满足理性的这条法（它完全

---

① 康德使用"必然性"（Notwendigkeit）这个客观术语，没有使用"强制"（Nötigung）这个主观术语。因此义务的正式定义并不支持伍德的这个论题：因为相冲突的倾好之故而难以出自义务而行动时，出自义务而行动才是必需的（*Kant's Ethical Thought*, p.43）。康德想要说，当义务的命令适用时，我们别无选择、只能按照义务的命令而行动，对一条（不久将要得到揭示的）法的尊敬将充当我们的道德行动的动因。当然，客观必然性需要一个有限意志中的强制元素，但这是一个原则问题（因为在与道德相关的事务中倾好被排除在意志的起规定作用的命令之外），而不限定于单个行为。参见《实践理性批判》中对义务的定义，V 80.25-29。亦见康德的"义务赞"，V 86.22-33。

是我自己的法）。（我们粗略见到只有在第二章结尾时才正式
引入的康德的自法学说。）在驱动的十字路口，尊敬是非道德
倾好在道德上的竞争对手。当那条道德法发言时，尊敬就像
倾好一样是作为起作用的动因而可利用的；但与倾好不同，
它基于一条客观的、纯粹形式的和普遍的法。因此，如果义
务的准则使对倾好的满足**从属于**对这条法的尊敬，那么道德
上正确的行动就非偶然地和必然地随之产生。简而言之，在
第三个命题的表述中，（1）"必然性"指向第一个命题，（2）"法"
指向第二个命题（的推论），（3）"尊敬"是完成义务的定义
所需的新的元素。原来如此！①

　　Ⅳ 400 脚注　康德终于把行动的准则作为规定行为者**事
实上**意愿什么的（描述性）原则与法作为关于行为者**应当**意
愿什么的（规范性）原则区分开来（亦见Ⅳ 420-421 脚注）。
如果我们赋有与道德上的善始终完全一致的神圣意志，我们
就会自动地（但仍然出自理性洞见、而非仅仅机械地）按照
客观原则而行动。把主观原则（准则）归于我们，就会空无
意义。这就是为什么在《实践理性批判》中康德说，准则的
概念、以及"动机"的概念和"兴趣"的概念只能适用于有
限的不完善的存在者（Ⅴ 79.27-35）。与此相对照，康德对义

　　　①　因此第一个命题和第二个命题分别隐含地围绕着先天东西的两
个传统属性即必然性和普遍性旋转。另有一种可能，人们可能保留传统
的第一个命题（只有当出自义务而做出时行动才具有道德价值），而搁置
第二个命题。一旦它们的涵义得到清楚说明，它们将会仍然（在一种较
弱的意义上）以上面描述的方式指向第三个命题。

务的定义基于人类意志的驱动机制。出自义务而做某件道德
的事的人，是**出自对那条法的尊敬**而这样做，不是因为他或
她希望无论如何要像赋有神性意志的存在者那样践履这个行
动。① 要注意到，正是从这个主要论证的一开始（Ⅳ 397.1），
康德就把道德上善的意愿与**出自义务**的行动等同起来；他把
后一个概念对前一个概念的"包含"看作一个概念分析问题。
单纯服从那条法的文字、而不按照那条法的精神而行动，决
不能是道德上充分的。然而，我们应当注意到，出自对"那
条法"的尊敬而行动的重要意义仍然是不清楚的，因为所讨
论的那条法至今尚未得到明确陈述。

¶ Ⅳ 401.3　这个新的段落对推进这个论证几乎没有
什么作用。主观的后果主义明确地被摒弃。康德貌似合理
地论证，如果行动的道德价值不在于它的结果，那么它就
不能在于任何一个从所期望的结果中借取其"驱动根据"
（Bewegungsgrund）的原则，亦即，它不能寓于一个使我们为了
某个预期结果之故而行动的准则中。而且，结果能够通过有
理性存在者的善的意志之外的能力来得到实现，例如通过某
个幸运的偶因，或单纯通过自然力量。因此，它们不能是**道
德上善**的。② 康德再次强调合理性的意志的特殊品格和尊严，

---

　　①　见意志的一般定义（下面 Ⅳ 412.26–413.8），客观意愿的理念
（Ⅳ 449.17）和 R 7201，ⅩⅨ 275。

　　②　这个想法强烈地使人回想起康德对道德上善的意志的特殊性格
的目的论论证；见 Ⅳ 394–396。

并因此把目前对出自义务的行动的讨论的结果与《道德形而上学奠基》的开篇句关联起来。只有那条法的表象（它激起尊敬）、而非行动的意图或所意向的结果（它可以基于相应的倾好）所引起的行动才是道德上善的。

IV 401 脚注　与此相对照，本段附带的脚注对我们理解康德的驱动理论是关键性的。它也容易受到误解。康德对"尊敬"作为不只是"一种模糊的情感"的辩护几乎丝毫没有驱散围绕在它周围的神秘气氛。然而，它的辩护特征证明这个事实：康德完全意识到他的道德心理学在哲学上的过度。

在《道德形而上学奠基》中我们较少了解到关于出自义务的行动的准确心理学机制的内容，这个事实容易通过它的意图得到解释。[①] 第一章和第二章致力于表述用以区分道德上善的行动和恶的行动的原则，亦即评判的原则（principium diiudicationis）；对道德心理学（执行的原则［principium executionis］）的任何讨论都必须被降级为脚注。然而，这两章的结果都是假设性的，因为它们都依赖于道德动机的实存。这就是为什么康德在第三章又回到这个问题：为什么我们对那条道德法感兴趣（IV 448-453）。道德命令是否"实存着"或是否"是实在的"，这个问题不能独立于"是否有可靠的道德驱动是行为者可利用的"这个问题来加以讨论。如果我们不能自由地对道德性感兴趣，直言命令式就不会适用于我们。由于"应当"

---

① 在《实践理性批判》中康德花费整个一章的篇幅讨论"纯粹实践理性的动机"（V 71-89）。

蕴含着"能够",因而它们事实上根本就不会是命令式,毋宁说将会是徒劳的愿望或美妙的想法。因此,我们对道德性的兴趣最终是不可解释的,这个事实是第三章辩护计划的严重局限。

这个脚注自然地分为三个部分。在第一部分(IV 401.17-30),康德强调这种被称为"尊敬"的情感的特殊例外的性质。为了引发这种情感,它不能依赖于欲求或厌恶的外在对象;它不像表示倾好或恐惧的动机那样对准行为者的意志之外的任何事物。[①]尊敬是在道德考虑中由那条道德法的表象所必然地和可靠地引起的。康德认为,在那种情形中,那条法(道德性的普遍法)直接规定意志。与此相对照,倾好规定具体的法,并促使意志按照它而行动,以便获得或实现某个对象。简而言之:尊敬是由法所产生的情感,反之不然,行动的法就是由情感、亦即倾好所产生的。

重要的是认识到,在这个阶段,康德是指在**立法**功能上的意志(Wille)。尊敬不是道德性的附带现象,而毋宁说是**驱动**道德行动的东西。能够赋予行动以道德价值的动因,既不是恐惧,也不是倾好,而"单纯是对那条法的尊敬",正如康德在下面 IV 440.5-7 非常明确说明的那样。这些是**出自**义务的行动。特殊的动机仍然是需要的,为的是通过**执行的**或"选

---

① "倾好"(Neigung)在这里具体用来表示对某物的某种积极的倾向,与被称为"恐惧"(Furcht)的厌恶或不倾好相对。当然后者也是一种更宽泛和更普通的意义上的倾好。

择的"意志（Willkür）来把立法意志的声明转化为行动。意志 43
的这两个功能一起构成人类欲求能力（Begehrungsvermögen）的
完备意义上的意志（Wille）。那条道德法的表象把动机（尊敬）
变成可利用的；于是行为者必须有意识地选择按照对道德行
动的这种异常直接的兴趣、而不按照倾好来行动。只有在这
个阶段，他的选择能力才是按照意志的命令而规定的。简而
言之，康德并不希望说，在道德意愿中，意志能够不需要任
何欲求或任何动机而活动，因为它是被那条法"直接"规定
的。出自尊敬的动因的行动，是执行的意志能够选择被法所
规定的最直接的方式；但是，正如任何其他行动一样，出自
义务（出自对那条法的尊敬）的行动仍然需要动机。这两种
情况之间的差别是，在由倾好所驱动的行动中，关于什么行
动将会是最好的（关于按照什么法而行动的）先行判断是由
倾好所规定的，反之，在道德行动中，这个先行判断凭借自
由地被那条道德法所规定而独立于倾好。于是，我们（不可
解释地，无论我们是否喜欢它）就对道德行动感兴趣。由于
尊敬可靠地出现，而且总是至少在原则上强烈到足够驱动行
为者道德地行动，因而"那条道德法如何能够驱动"的问题
在《实践理性批判》中就被等同于"人类意志是否自由"的
问题（Ⅴ 72.21-24，参见下面Ⅳ 458.36-459.2）。

其次，康德描述尊敬对自我的影响（Ⅳ 401.31-35）。这
个简短的心理学说明是他有时在两个不同的自我概念——行
为者的那个力图实现其倾好的"低级的"自我和那个"真正
的"或"高级的"自我即理性——之间来回滑动的方式的极

好实例。尊敬是基于人性的尊严（就它是道德的而言）的表象，人性的尊严侵害行为者的自爱，因为它漠视他的倾好所促使他去实现的一切具体目的。然而，尊敬却产生于这个事实：我们认识到**我们**出自我们自己的自由意志、却又必然地把这条法施加于**我们自己**。

第三，康德宣称一切所谓的道德兴趣都是对那条法的尊敬（Ⅳ 401.35-40）。尊敬的对象是行为者内心中的、而且同样也是一切其他道德行为者中的那条法。（非理性存在者或事物不像人格那样激起尊敬。我们不能对它们有任何义务；见 Ⅴ 76.24-27。）这就是为什么尊敬既是对一个人自己人格的道德行动的动机，又是对他人的道德上善的行动的动机。

四、那条义务的法，一般合法性本身，是自在善的意志的条件

¶ Ⅳ 402.1　对义务的概念的哲学分析旨在阐明人们一般持有的关于处于人类条件之下的善的意愿的价值的观点（Ⅳ 397.6-10），这种分析引起一个重要的中间后果。我们现在知道，当一个人出自义务而行动时，在客观上正是那条道德法、在主观上正是对那条法的尊敬规定他的意志。这正是使意愿和行动成为无条件善的东西。然而，康德的分析仍然是不完整的，因为我们还不知道这是一条什么种类的法，或者准确地说，那条道德法命令什么。哲学现在第一次尝试回答这些问题。康德给我们提供"道德性的最高原则"的第一个

版本，它在《道德形而上学奠基》的更具技术性的第二章中被正式命名为"直言命令式"（见Ⅳ 421.6–8）。

构成康德的论证之基础的基本思想如下。为了实现任何一个具体目的，我们必须服从那些采用某些确定的法（后面被称为"假言命令式"；见Ⅳ 414.23）的命令。例如，如果我想要制作一杯咖啡，我就必须碾磨咖啡豆，把磨好的咖啡粉放入咖啡壶，添加热水，搅拌这份混合物等等。我就必须注意那些能够使我实现我的这个目的（一杯咖啡）的具体的经验性的法。然而，前面对义务的概念的分析已经表明，道德上善的行动恰恰**不**是为了人们想要促进、实现或产生的某个特定目的之故而做出的行动。倘若如此，一切只适用于人们想要实现某个这样目的的条件之下的法，都必须被从我们的候选者名单中排除出去。它们不能是激起尊敬和驱动道德上善的行动的法。

然而我们也看到，这个意志必须被某个东西（被某条法）所支配而终究被规定去行动（Ⅳ 400.13）。理由就是，这个意志是一种因果性，一种产生结果的方式，而这必须以一种像法一样的方式而发生。否则义务和道德性就会不过是一种幻象。怎么能有不受这条或那条法所规定的行动呢？由于一切**具体的**法都已经被摒弃，剩余下来留给一条道德法位置的唯一候选者就是"行动的普遍合法性本身"（die allgemeine Gesetzmäßigkeit der Handlungen überhaupt，Ⅳ 402.6，参见Ⅳ 421.2–3）。康德将之表述为：人们在道德上应当按照这样一种方式而行动，即人们能够意愿他们按之行动的原则变成**普遍的**法。随后的实例说明这个新颖的标准将如何得到运用。①

　　¶ Ⅳ 402.16　考虑一下有意识地做出的虚假许诺。康德
和普通道德意见一致认为，一个人若没有遵守诺言的打算而
许诺做某事是不道德的，即使在困难处境中也是如此。与明
智性的事务不同，道德问题容许有清楚而毫不含糊的解答。②
理性没有必要从事复杂的和最终不确定的经验性研究，因为
它自身就包含着道德的和非后果主义的意愿的这个先天标准：

　　─────────

　　①　一切法本身都是普遍的，但只有一条法因为其范围不限制于具体
行为者而是"一般"（überhaupt）普遍的。排除一切这样的具体的法，康
德就只剩下行动（行动的准则，亦即行动的主观原则）与普遍法本身的
符合性，他完全合法地把普遍法本身与直言命令式的一个最初表述等同
起来。例如，前面描述的那种支配着咖啡的准备工作的规则性，对任何
一个想要利用上述器具制作咖啡的人来说，都具有规范力量。对我来说，
按照这个原则而行动是合理性的，当且仅当它能够同等地被任何这样的
人所意愿时。那些相当于具体的工具性的法的主观规则，就是在这个意
义上可普遍化的。如果每个想要咖啡的人都按照这同一个规则而行动，
那么情形将会怎样呢？每个人都将会得到咖啡！那条道德法必须是在一
种不同意义上普遍的。如果作为"第三个命题"的推论，我们把一切有
条件的法从我们对道德性的标准的寻求中摒弃掉，我们就达到这个理念：
那个正确地描述我们的行动的原则，只有当它能够普遍地被每个人不顾
其特定意图而意愿时，才是合法的。我按之行动的规则，不得符合某条
特定的、教导我如何实现某个确定意图的法，而必须符合像法那样的规
则性本身。于是问题就是，我能否意愿我所打算的行动使我采纳的原则
被每个人所意愿。（当然，这个思想实验能否产生任何实质性的结果仍然
有待观察。）直言命令式的推导中的所谓"裂隙"，将在下面 Ⅳ 420.24 的相
应段落的一个注释中得到更详细讨论。

　　②　这是康德实践哲学中的一个恒常主题；例如见《实践理性批判》
Ⅴ 36—37。

我可能意愿所考察的这个主观原则（通过有意识地做出虚假许诺来摆脱困难处境）不仅是我自己奉行的、而且是其余每个人都普遍采纳的吗？我不能。因为倘若一切其他行为者都与此类似赞同这个原则，那么一切许诺的基础就会遭到破坏。倘若如此，我就不会有条件通过做**虚假**许诺来实现许诺的目的（摆脱我当前的困难）。换一种稍微不同的说法，我必须依赖于其他人普遍具有的对像在当前这样处境中说真话的充分信心，而且更加必须依赖于他们对我说真话的信心。当然，我必须依赖于我正在试图说服的这个人的信心，而使用双重标准在道德上是错误的。①

46

¶ Ⅳ 403.18　康德论证，在道德的（作为与明智的相对的）事务上，普通人类理性具有（以上述形式法的形式出现的）清楚易用的标准。为什么人们必须给予这条法以一种远远超出倾好所喜爱的对象的价值的特殊评价，这个问题是一个高级的哲学问题，因此不属于第一章的范围。② 出自对这条法的尊敬的行动的必然性是义务，亦即一个超出一切其他事物之上而在本质上善的人类意志的条件。康德通过回溯到第一个句子而表明，我们已经达到《道德形而上学奠基》中第一个"过渡"的结论。善的意志的概念通过义务的概念而

---

①　在第二章中（Ⅳ 422.15-36 和 Ⅳ 429.29-430.9）说谎许诺的实例又被拾起，并得到更加详尽的讨论。

②　它在第三章中被重新拾起，在那里我们仍然被告知，我们缺乏对尊敬的源泉的**洞见**（Ⅳ 459.32-460.7）。但康德至少提供一种对于我们对道德性必定感兴趣之起源的最佳可能解释的说明。

与法的概念联系起来。

五、结语：普通的道德的理性认识与哲学的道德的理性认识

¶ Ⅳ 403.34　第一章的结语完成从普通道德思想向道德哲学的过渡。康德已经向我们呈现出对伦理思想的理性**原则**的明确陈述，正如这个原则在日常道德判断中始终呈现的那样；由于研究事物的先天原则是真正哲学的任务，[①]我们现在就坚定地站在哲学的辖域上。对道德性的最高原则的更具技术性的研究将很快在第二章中出现。

　　康德对这个新的原则的热情令人注目。鉴于仍然围绕在康德式伦理学周围的一些争论，我们可能怀疑，手持直言命令式的"指南针"是否就真的在任何时候都能非常容易地决定行动是正确的还是错误的。然而，我们应当记住，康德不是试图提出一种像西季威克式功利主义那样属于哲学精英特权的伦理理论。毋宁说，他正是解释一种一切理性行为者据以按照他们在自身中自然发现的原则而做出他们自己决定的做法。

47　在其论"理论与实践"的论文中，康德与此类似断言，在道德事务中每个人都是"专家"（Geschäftsmann，Ⅷ 288.33）。[②]

————————

　　①　明确地见《判断力批判》Ⅴ 174.3-5。
　　②　康德在 Ⅳ 404.4 诉诸苏格拉底式的做法是成问题的。康德很可能是指柏拉图的《美诺篇》，在那里苏格拉底教一个完全没有几何学知识的童奴把一平方面积增大两倍，这意在证明几何学的先天特性和（转下页）

　　康德注意到理论理性和实践理性之间的一个重大差别（"前言"Ⅳ 391.20—24 已经简要提及）。当**理论**理性脱离经验而冒险进入形而上学东西的领域时，它就陷入只有通过纯粹（理论）理性"批判"才能解决的幻相和矛盾中（见 A 2/B 6 及其后，A 293/B 349）。与此相对照，当**实践**理性抽离感觉和经验的世界时，它才繁荣兴旺。[1]的确，在倾好的影响下，实践判断力能够走入歧途，并试图像讼棍在法庭所做的那样灵巧地阻碍正当的要求（例如良知的要求）（刁难 [schikanieren]，Ⅳ 404.21）。[2]但是，普通实践知性也非常乐于对行为者及其行动的道德价值进行精微的批判研究。这就是为什么康德建议把对个体行为者及其行动的道德价值的讨论当作教育锻炼。[3]学院哲学家的帮助并不是需要的。更大可能的是，他或她将只会把事情搞复杂。[4]

――――――――――

（接上页）人类灵魂的预先实存；或者另有一种可能，康德是指《泰阿泰德篇》中苏格拉底自称的助产术方法。然而，大体上，更多苏格拉底式的柏拉图对话都遵循苏格拉底灵巧揭露其对话者的无知这个模式。关于苏格拉底式的方法，亦见《道德形而上学》Ⅵ 411.34 和 Ⅵ 479.10。在后面一段中，康德宣称这个方法不适宜于最初需要学习道德教义问答的幼儿们的教育。

　　[1]　这种把行动的纯粹理由和经验性理由区分开来的能力在"钙质土壤"的实例中得到优雅说明：《实践理性批判》Ⅴ 92—93；亦见 Ⅴ 36.3—8。

　　[2]　关于自爱在正义的道德法庭上的"诡辩术"，见 Collins，ⅩⅩⅦ 359.8—28。

　　[3]　关于实例在伦理学中的适当的和不适当的用法，见下面 Ⅳ 408—409。

　　[4]　见《实践理性批判》Ⅴ 155.12—22，在那里康德说，只有哲学家能够怀疑道德规范的有效性。

正如康德在本段临近结尾时注意到的那样，他对人类
实践理性的固有能力的乐观估计引起这个问题：为什么道德
哲学终究是必要的？根据最自然的解读，下面两段提供对第
一章做出的过渡的一种回溯辩护，这种辩护以普通道德意识
为开始点，并将之置于"一条新的研究和教育的道路之上"
（Ⅳ 404.35–36）。然而，下述思想或许包含着对"为什么哲学
不能满足于迄今已经确立的东西"的暗示。我们需要超出对
48　某个道德体系及其原则的阐明来解决下一段（Ⅳ 405.13）中提
到的实践理性的"自然辩证论"，并揭示第一章的分析已经揭
示出的（Ⅳ 405.25）那个原则的"源泉"。这就指向康德第二
章论述过程中提出的自法理论。

　　¶ Ⅳ 404.37　哲学伦理学毕竟是需要的，因为实践理性
有它自己的辩证论，亦即一种陷入矛盾的致命趋向。一旦我
们考虑**经验性的**因素，这样的矛盾就出现（与**纯粹**理论理性
的辩证论相对）。倾好植根于人类本性的物理方面，它们提出
不正当的要求并试图诱惑行为者去挑剔他的出自理性的严格
命令的道路（例如类似"这个行动不太可能造成任何损害！"
或"再多一次也不会造成任何伤害！"）。纯粹道德哲学能够
通过把诸道德法更牢固地基于人类意志来补救这个境况。在
其论"理论与实践"的论文中，康德与此类似提议，强调道
德命令的纯粹性和严格性正是伦理理论的适当任务；第二章
以对自足的人类意志的那种激励人心和振奋人心的**尊严**的形
而上学注释来结束（Ⅳ 434.20 及其后），在这里康德认为那种

尊严受到倾好的要求的威胁。康德在第二章结尾讨论直言命令式的各种不同变化时也回到哲学伦理学的实践用途这个主题（Ⅳ 437.1-4）。

¶ Ⅳ 405.20　对康德来说，对理性的"批判"（对理性能力的评估）由两个主要任务组成：对相关的先天综合判断的辩护，以及对理性内在固有的在某种确定的运用方式上的矛盾的解决。就实践理性而论，在第一章最后一段、而且与此类似在《实践理性批判》"前言"中，康德把焦点放在后一个问题；而《道德形而上学奠基》第三章则表现出他力图回答前一个问题。重要的是，对（纯粹）**理论**理性而言，这两个任务是交叠的：康德通过区分能够得到证实的先天综合判断与不能得到证实的先天综合判断来着手消除思辨方面的幻相和矛盾。然而，按照《道德形而上学奠基》纯粹**实践**理性不是"辩证的"，这两个任务在实践领域是分离的。这就是为什么一方面康德说**纯粹**实践理性并不迫切需要一个批判，另一方面却又自己致力于这个问题：在第三章的一个部分的、初步的"纯粹实践理性批判"的框架中直言命令式作为先天综合原则如何是可能的。对道德原理的**源泉**的揭示再次被归于道德形而上学（见上面Ⅳ 392.20）。其结果就是意志自身。道 49
德性的最高原则就是**自法**的原则。

参考文献

Ameriks, Karl. 'Kant on the Good Will', in *Interpreting Kant's Critiques*, 193–211 (Clarendon Press, 2003; first published in 1989).

Baron, Marcia. *Kantian Ethics almost without Apology* (Cornell University Press, 1995);

'Acting from Duty', in *Immanuel Kant. Groundwork for the Metaphysics of Morals*, trans. Allen Wood (Yale University Press, 2002), 92–110.

Benson, Paul. 'Moral Worth', *Philosophical Studies* 51 (1987), 365–382.

Henson, Richard. 'What Kant Might Have Said: Moral Worth and the Overdetermination of Dutiful Action', *Philosophical Review* 88 (1979), 39–54.

Herman, Barbara. 'On the Value of Acting from the Motive of Duty', in *The Practice of Moral Judgment* (Harvard University Press, 1993), 1–22 (first published in 1981).

Johnson, Robert. 'Expressing a Good Will: Kant on the Motive of Duty', *Southern Journal of Philosophy* 34 (1996), 147–168.

Korsgaard, Christine. 'Kant's Analysis of Obligation: The Argument of *Groundwork* I', in *Creating the Kingdom of Ends* (Cambridge University Press, 1996), 43–76 (first published in 1989);

'Two Distinctions in Goodness', in *Creating the Kingdom of Ends* (Cambridge University Press, 1996), 249–274 (first published in 1983).

Potter, Nelson. 'The Argument of Kant's *Groundwork*, Chapter I', in *Kant's Groundwork of the Metaphysics of Morals*, ed. P. Guyer (Rowman & Littlefield, 1998), 29–49 (first published in 1974).

Rickless, Samuel C. 'From the Good Will to the Formula of Universal Law', *Philosophy and Phenomenological Research* 68 (2004), 554–577.

Schönecker, Dieter. 'What is the "First Proposition" Regarding Duty in Kant's *Grundlegung*?', in *Kant und die Berliner Aufklörung*, ed. V. Gerhardt, R.-P. Horstmann and R. Schumacher (De Gruyter, 2001), vol. III, 89–95.

Stocker, Michael. 'The Schizophrenia of Modern Ethical Theories', *Journal of Philosophy* 73 (1976), 453–466.

Stratton-Lake, Philip. *Kant, Duty and Moral Worth* (Routledge, 2000).

Timmermann, Jens. 'Good but not Required? Assessing the Demands of Kantian Ethics', *Journal of Moral Philosophy* 2 (2005), 9–28.

Walker, Ralph C. S. 'Achtung in the *Grundlegung*', in *Grundlegung zur Metaphysik der Sitten*, ed. O. Höffe (Klostermann, 1993), 97–116.

第二章　从通俗的道德的世界智慧到
道德形而上学的过渡

　　为了改造道德哲学，康德在更具技术性的层次上重起炉灶。他再次借助于概念分析，经由对道德性的原则的一个熟悉的和（大约）三个新的表述，着手进行从意志的一般表征到自法概念的讨论。这个过程自始至终隐含地涉及"通俗的"道德的世界智慧［亦即通俗道德哲学］。它因为没有区分意愿的纯粹元素和经验性元素，并因为其因此而力图从实例、亦即从伦理角色模型中推导出伦理理论的糊涂尝试，而受到批评。

　　这一章的主要论证从康德对意志的定义开始。通过对不同类型的意愿能力的区分，以及对不同类型的给人类意志颁布命令的命令式的区分，这就引向第一章中已经熟悉的直言命令式的一般表述。在"前言"中康德宣称，意志的一般定义是道德哲学的不合适的基础。通过萃取人类意愿在道德上相关的部分，他现在证明，他能够在他的前辈们甚至还没有认识到必要的一项任务上取得成功。第一个变化式（"自然之法"公式）随后出现。它接受十八世纪后期康德的同事们当中仍然风行的斯多亚派"按照自然而生活"的理想。与此类似，第二个变化式使用目的论伦理体系所阐明的那样的"合目的的善"的定义。第三个变化式暗指莱布尼茨派"恩典王国"的观念。

这些变化式不是分离的、相互独立的原则——只能存在唯一一个道德性的最高原则。这些变化式是基于那些有助于使道德性更接近于直观的类比之上。在哲学修辞学层面，它们也是康德给予他的对手和追随者以希望战胜他们的人身批评（argumenta ad hominem），优雅的妥协。康德暗示，这些变化式保留着他法性的道德体系中包含的结构真理的颗粒，即使按照传统线索来解释，它们也是完全错误的。它们以纯粹实践理性的理念为基础，但由于混淆纯粹元素和经验性元素，纯粹实践理性的理念没有得到充分清楚的阐述。康德在《纯粹理性批判》中有一个著名说法：看到我们甚至比一位哲学作者理解他自己更好地理解他，这"根本不是不同寻常的"（A 314/B 370）。直言命令式的这些变化式就是这种情形。然而，这三种表述也标志着朝向处于核心地位的康德式自法概念的哲学进展，这个自法概念在晚期道德形而上学中将会不得不具有重要地位。道德存在者的特殊价值（它具有激励我们做出道德行动的力量）首先成为第二个变化式的推导中的焦点。最后，人类意志被揭示出是道德性的最高原则的最高源泉。

一、预备工作

1. 义务的概念的起源不是经验性的、而是先天的

¶ IV 406.5　第一章中分析的义务的概念是基于普通道德思想，但并不因此（康德警告我们）就是基于任何经验性的东西。日常道德性和经验不应当被混淆起来。经验在道德价值的事务方面沉默不言；它只教给我们事物如何存在，而不教给我们事物应当如何存在。而且，通过经验来决定道德价值问题（亦即行动是出自倾好、还是唯独出自义务感而做出的）也是不可能的。对于行动的准则是具有道德内容还是缺乏道德内容，无论行为者或外在观察者都没有任何确凿的证据。一切可观察的行动都遵循关于原因和结果的自然法。甚至对人类行为的最切近的经验性研究也只揭示以倾好为基础的驱动。道德价值不浮现在表面。

由此得出，"终究存在或能够存在道德行动"是较不明显的。毋宁说，经验性研究证实这种怀疑：一切行动都是行为者的倾好的表达，因而在某种罕见的意义上是"利己主义的"。在那种情形中，第一章中对义务的概念的分析作为分析而言将会仍然是正确的，然而"人类竟然可以出自义务而行动"这个想法将会是空想的。由于应当蕴含着能够，因而如果人类意志能够被表明是由自然力量规定的，那么就不可能存在任何道德命令的实例。康德非常认真对待这个危险。正是由于道德性的这种难以捉摸，过去和现在的哲学怀疑主

义者对义务概念的实在性、而不是对义务概念的意义提出挑战。①道德规范的约束性是第三章的核心问题。道德概念如何能够对我们有意义？

¶ IV 407.1　在（作为与法律事务相对的）道德性方面，重要的东西不是可见的行动，而是不可见的内在的行动原则，亦即行为者的准则。店主的行为没有揭示他是完全诚实的或仅仅是明智的商人。但是甚至当"明智的利益或某种更直接的倾好支持这个正确的行为"这一点较不明显时，无论旁观者或行为者自己都根本不能完全肯定他们已见证一个真正道德的行动。

为什么准则不能通过经验或内省的方式来认识，我们在《道德形而上学奠基》最后一章中了解到更多理由。经验局限于自然事件，但是人类按之而行动的准则是自由地、亦即**独立**于自然的因果作用而被采纳的。事实上，它们是人类行动的可观察特性的根据。此外，人类实践理性内在固有的辩证论使我们容易受到自我欺骗。我们恭维我们自己，我们的原则比它们实际所是的更加道德。与那条法的文字相一致的行动可能是以倾好为基础的准则的结果。

我们的本性的感性方面促使我们最大限度实现我们的倾好：我们想要幸福。当义务沉默不言时，我们自然就把倾好

---

① 见下面 IV 441-443。伊壁鸠鲁因为这种明确的幸福主义而经常受到批评；见《实践理性批判》V 24.15-25 和 V 40-41。然而此刻康德很可能心中想到的是加尔弗，加尔弗对西塞罗《论义务》（*De Officiis*）的评注据说激励康德撰写一部关于道德哲学的基础著作（见前面"导言"）。

52

放在首位；甚至当倾好与道德性背道而驰时，优先选择倾好也是非常富有诱惑力的。这就是为什么倾好反对"使它的满足以道德上准许为条件"的准则，尽管它有后果主义倾向而关心结果、不关心意愿行为。在冲突的情形中，倾好驱使我们为了从行为者必须同时意愿遵守的那些法中寻求偶然"破例"之故而考虑偏离义务的严格命令（见 IV 424.15-20），这又是"认为自己比实际所是的更加道德"这个倾向的表现。

¶ IV 407.17   把义务变成经验性的概念推动着道德怀疑主义者的事业。康德附带暗指理论理性的范畴或"知性的纯粹概念"（某些"其他概念"，IV 407.21），它们在特征上的普遍性和必然性两者没有一个能够通过经验得到说明。正如在义务的概念方面一样，经验主义哲学家有可能放弃传统上我们使用范畴时相伴随的那些主张，而代之以错误的理论。[1]简而言之，在理论领域和实践领域，放弃那些只能通过那种"揭示其基于先天综合判断的方式"的论证来得到证实的主张是富有诱惑力的。

康德对"我们的绝大多数行动虽然不是真正道德的、但至少与义务相一致"抱持典型乐观主义态度。这部分地归因于良序社会规范和人类本性。[2]然而，有经验的道德观察者

---

① 见康德对休谟的回答，《未来形而上学导论》IV 257-258。

② 在本段中，康德"出自对人类的爱"或"爱人类"（Menschenliebe，IV 407.23）而承认这种与义务的符合；"对人类的爱"臭名昭著地没有资格成为道德情感（例如见论"说谎的权利"的论文，VIII 425-430）。

很快觉察到自爱的那些使道德行动变得困难的诡计①。我们的"亲爱的自我"②试图驱逐理性的正当主张，而代之以倾好的主张。初看起来，这一切对道德哲学事业来说都是坏消息。然而，康德严肃呼吁不要放弃对真正自由的和道德的行动的可能性的信念。他在事实和规范之间，或者在"是"和"应当"之间做出一种独一无二地鲜明的区分。

¶ Ⅳ 408.12　由于经验只能揭示偶然真理，我们的这个确信"一切道德法都是对一切有理性存在者普遍地和必然地有效的"就不能通过经验得到辩护。它们必须（如果确实存在着的话）基于纯粹实践理性。③

2. 论榜样在伦理学中的有限价值

¶ Ⅳ 408.27　当康德把实例（Beispiele）作为通俗道德哲学中评价过高的东西予以摒弃时，他心中想到的是何种实例呢？作为理想而举出的示范实例；换言之，历史、文学或圣经中的角色模型和它们所展现的所谓榜样行为。他没有讨论

---

　　① Tichten（原文如此）und Trachten，或者说"图谋和追求"（帕顿的英文译法），当时的一个普通表达，在路德翻译的《创世纪》6，5和《以赛亚》59，13中出现过。

　　② 要注意到，在本段中这个与倾好联系着的"亲爱的自我"不是我们的"真正的"自我，我们的真正的自我是理性；按照康德，只有前者是自私的，因为它缺乏普遍性。

　　③ 康德回应"前言"中关于纯粹道德哲学的必要性的论述；见Ⅳ 388—391。

假设实例，诸如思想实验或示例（尽管通过成为某物的示例，它们几乎不能成为伦理理论中基础性的东西）。① 按照《道德形而上学》中提出的区分，康德本来能够使用榜样（Exempel）这个词、而不使用实例（Beispiel）这个词来避免使他的读者混淆不清。前一个表达指称我们"拿某物［或某人］作为榜样"的方式（这是当前这个语境中所需要的含义）。后一个表达是为了"澄清某个表达"而举出的实例（Ⅵ479 脚注）。②

54

康德拒绝十八世纪通俗哲学（见Ⅳ412.17-18）和两个世纪之后新亚里士多德主义"德性伦理学"倡导者喜爱的以榜样为基础的伦理学，因为任何榜样都隐含地指向我们最初将之评判为榜样时所预设的标准。康德反对这个事实：这些隐含的标准从来没有被承认是首要的、清楚陈述的或明确辩护的。③ 与此类似，在《道德哲学讲义》中，康德批评父母们把邻居的孩子的行为作为榜样。他认为这有可能培养忌妒和怨恨、而非培养德性。受到这样告诫的孩子将会认为："要是没

---

① 关于这种区别，见 O. O'Neill, 'The Power of Example', in *Constructions of Reason* (Cambridge University Press, 1989)。关于道德教育中的榜样这个一般主题，见 R. B. Louden, 'Go-carts of Judgment. Exemplars in Kantian Moral Education', *Archiv für Geschichte der Philosophie* 74 (1992), 303—322。

② 用虚构的示例（illustrations）来阐明原则没有任何不当；由于它们恰恰就是示例，因此几乎没有诱惑来把它们看作道德理论或道德实践中基础性的。也要注意到，在第一章中康德循着一些指向道德性的原则的含蓄暗示来对具体榜样行动的非示例性的（non-illustrative）实例作适当运用。

③ 要注意到，康德的这个反驳还牵涉到榜样人格有意识地运用某个确定的实践标准；这需要额外论证。

有马路对面的弗里茨被拿来做比较，**我**就会是邻居中最优秀的孩子！"[1] 我们再次缺乏适当的、非相对的标准。

圣经鼓励我们效仿基督的榜样。[2] 然而，甚至基督这位"福音中的神圣的存在者"也需要根据一个明确的原则来受到评判，以便我们承认他是他实际所是的那个完善的角色模型。[3] 按照惯例，康德根据他自己的道德理论来重新解释经文（《马可福音》10，18；《路加福音》18，19；参见《马太福音》19，17）（例如见 Ⅳ 399.27-34）。在《学科之争》中，康德

---

　　① *Collins*，ⅩⅩⅦ 437.18-438.20；亦见 ⅩⅩⅦ 359.29-39。在《纯粹理性批判》中，实例被称为"判断力的学步车（Gängelwagen）"（A 132-134/B 171-174）。它们从不完全符合例如医学或法理学的原则，因而对那些缺乏判断力的人来说是一个不完善的替代物。几乎不可能怀疑，在二十一世纪早期我们的"判断力的学步车"是要点。

　　② 例如见保罗致哥林多人的第一封书信［《哥林多前书》］11，1。

　　③ 康德因为新约的纯粹性和完善性而经常称赞它，例如在《道德哲学讲义》中，*Collins*，ⅩⅩⅦ 301.28-29。基督作为完善的榜样的作用在《单纯理性限度内的宗教》Ⅵ 54-60 得到详细讨论；见 *Collins*，ⅩⅩⅦ 250.14-20。就本段对宗教榜样的使用而言，康德的目标可能是鲍姆加滕（A. G. Baumgarten）。见其 1763 年的 *Ethica Philosophica* §§ 133-139（ⅩⅩⅦ 904-906）和 *Collins*，ⅩⅩⅦ 332-334 的相应章节，它在精神和用词方面都非常接近于《道德形而上学奠基》。在那里康德明确区分"效仿"榜样（Nachfolge）和"模仿"（Nachahmung）；亦见 ⅩⅩⅦ 322-323。康德偶尔推荐前者，但始终拒绝后者；例如见《从实用观点看的人类学》Ⅶ 293.3-13。差别是，在**效仿**一个榜样时一个人为了与该榜样人格相同的善的理由而行动，反之，**模仿**一个人格则是基于想要成为像那个人那样的单纯愿望。那条道德法作为原型（Urbild）、指导线索（Richtmaß）和模范（Muster）的必然性，亦在 ⅩⅩⅦ 294.31-33 得到强调。关于理想和榜样之间的关系，见《纯粹理性批判》A 569/B 597 及其后。

55　 捍卫他的这个确信：圣经解经必须总是受伦理原则指导。像
保罗的预定论那样道德上令人反感的学说应当被解释消除掉
（见 Ⅶ 41.14-22，Ⅶ 66.18-67.2 ）。而且，正如我们从《道德形而
上学》和《实践理性批判》中了解到的那样，道德教育必须
先行于宗教教育（Ⅵ 478.29-35 ）；对神实存的一切有价值的证
据基本都是道德上的（Ⅴ 124-132 ）。当康德在 Ⅳ 409.1 把神称
为"最高的善"时，他可能本着《道德形而上学奠基》开篇
句的精神（稍微随意地）意指神的善的意志的完善，但是神
也配享这个称号，因为传统意义上的最高的善（道德性和幸
福的合一）的实现要求神的干预。①

　　在本段中康德论证道德榜样中所隐含的标准亦即那条道
德法的伦理优先地位。然而，重要的是注意到：他对道德教
育（而非伦理理论）中的历史榜样或虚构榜样的态度不是完
全否定的。我们已见到纯粹实践理性在评价道德上善的或恶
的行动的具体实例时感到的兴趣（见 Ⅳ 404.16-28 ）。Ⅳ 454.21-22
的著名的冷静恶棍就是这种实例。当正派行为的榜样（！）
被呈现给他时，他不禁赞同并希望他也愿意这样做，不论对
他来说成为更好的人可能是多么痛苦。这个主题在《实践理
性批判》"方法论"中得到进一步发挥。对"这个或那个行
动"的道德价值的讨论被倡导为一种"展现人类理性的最精

---

　　① 见《实践理性批判》Ⅴ 125.22-25 神作为最高的"原始的"善与
最好的世界作为最高的"派生的"善之间的区别。这两种解读是相容的；
见 Ⅴ 131 脚注。

微和最好方面"的有用的派对游戏。康德推荐说，一个抵御
诱惑和威胁、拒绝出卖像安妮·博林①这样的无辜者的正派
人的实例，应该被推举为儿童道德教育中的榜样。按照亨利
的动机的渐变性质，康德描述四个相继的观察反应阶段：赞
同、钦佩、惊异、最后崇敬和热切愿望要成为这样一个人自
己（幸而他急忙补充说，自然地**不要**处于那个人的困境中，
Ⅴ 156.18-19）。看来似乎是，在 1780 年代的进程中，由于康德
日益相信（作为"理性的事实"被给予我们的）道德性的驱动
力量，榜样的重要性得到加强。当然，人类自法的纯粹性和 56
权威性及其标准、亦即那条道德法自始至终必须得到强调。

3. 道德哲学中的真通俗性和假通俗性

¶ Ⅳ 409.9　本段由于许多反事实的否定而变得复杂，
有些否定按照现代语法的标准来看是多余的。康德正是说，
倘若没有任何基于纯粹理性之上的道德性的原则，就会没有
任何必要来从事他的为道德形而上学奠基的哲学计划——但
是当然有这样的原则。此外，由于现在有如此众多的通俗道德
哲学支持者，他们混淆纯粹东西和经验性东西，我们就必须尝

---

　　① 安妮·博林（Anne Boleyn，1501/1507—1536），出生于英格兰，早
年生活在法国宫廷，后来回到英国，1522 年成为凯瑟琳王后的侍从官。
1525 年国王亨利八世开始疯狂迷恋她，为了能够与她结婚，想方设法与
王后离婚，最后于 1533 年与她秘密结婚。随着亨利八世对她热情消退并
恋上她的侍女，安妮·博林遭到冷落，并被指控犯有私通和叛国罪而遭
到斩首。——译者

试一下这个哲学计划（亦见《实践理性批判》V 24.25-31）。①

¶ IV 409.20 相当好辩地而且有趣地，康德再次为《道德形而上学奠基》的某些部分的晦涩难懂而致歉（见"前言"，IV 391-392）。纯粹道德理论必须首先出现，谨慎的通俗化其次出现。这使我们回想起西塞罗的《论义务》和加尔弗的《哲学注释和研究》（*Philosophische Anmerkungen und Abhandlungen*），这两者同等地是折中主义的和遍布历史榜样。很难相信，至少本段对当时通俗道德哲学的攻击不是由加尔弗1783年发表的两部著作激起的。然而，就像《道德形而上学奠基》第一个评注者蒂特尔一样，康德的现代读者们可能想要知道，他的长篇抨击是否真的是**纯粹理性**向他口授的。②

¶ IV 410.3 康德现在指摘通俗道德哲学中的不同思想流派任意混淆道德原则，这些道德原则大多数都被认为是从人类本性方面的事实中推导出来的。道德形而上学的计划对这些通俗哲学家而言是完全陌生的。具体而言，康德正是暗指休谟（"人类本性的特殊使命"）、斯多亚派（"有理性的本

---

① 最后这个从句（IV 409.18-19）的确切用词是不确定的。与第二版的"优势"（Übergewicht）不同，第一版有"真理"（Wahrheit），这个词完全没有任何意义。有可能康德原始手稿中是"选择"（Wahl）。

② G. A. Tittel, *Über Herrn Kant's Moralreform* (Pfähler, 1786), p. 25. 蒂特尔正追随着他的老师费德尔的足迹，费德尔曾经编辑过加尔弗为哥廷根书评杂志撰写的《纯粹理性批判》书评。在一封落款日期为1786年6月11日的书信中，康德的朋友比斯特把他称为"虚弱的费德尔的虚弱的影子"（X 457.25-26, No.275[255]）。

性自身的理念"）、沃尔夫及其学派（"完善"）、加尔弗和其他
幸福主义者（"幸福"）、哈奇森（"道德情感"）以及克鲁修斯 57
（"对神的恐惧"）。①

Ⅳ 410 脚注　康德强调作为与应用道德哲学相对的纯粹
道德哲学的优先地位。应用道德哲学包含着经验性知识（事
实上心理学知识），但仍然植根于形而上学的法，正如"应用
的"这个术语所指示的那样。关于作为与"经验性"逻辑学
相对的"应用"逻辑学的概念，见前面 Ⅳ 387.17–21.

4. 形而上学在道德哲学中的优先地位

¶ Ⅳ 410.19　康德回到"前言"的这个主题（Ⅳ 389.36）。
道德形而上学不仅满足我们的哲学好奇心，它也通过向人们
清楚展现甚至在面对倾好的最强烈反对时一个自由遵守诸
道德法的意志的尊严，来帮助把道德原则植根于人们的心
怀。第二章以对自法的注释作为结尾，它为下面这个观点铺
路：道德形而上学是非纯粹的、混合的道德理论所不能达到
的东西。

本段包含着对康德的道德意识学说的暗示，他的这个学
说在《实践理性批判》中得到更充分发展。对人的道德责任

---

①　关于"实践上的质料的（而非形式的）规定根据"的系统分类，
见《实践理性批判》Ⅴ 40；亦见 Ⅴ 64 和康德下面 Ⅳ 441–445 关于意志的他
法性原则的分类。在 Ⅳ 425.12–15，康德警告他的读者不要以自然主义精
神来错误解释自然的普遍法表述。

的意识是人类自由的认识理由（V 4 脚注）。与此类似，康德
在 IV 410.28-29 说，对那条道德法的纯粹表象造成理性"首先
意识到它也能够自行就是实践的"，亦即，它首先意识到它作
为**纯粹**实践理性的自法。康德在表征他反驳的观点时，把关
于作为与"亚物理学的"（字面意义为"低于自然的"）理论
相对的高于自然的"超物理学"的理论称为经院派关于隐藏
的或"隐秘的"性质的理论。①

IV 411 脚注　如果康德是指哲学家和教育家约翰·格奥
尔格·祖尔策（Johann Georg Sulzer，1720—1779）的那封唯一现
存的信（X 111-113，No. 62 [58]），那么我们不得不说，首先，
他的回答是令人羞愧地迟到的：那封信的落款时间是 1770 年
12 月 8 日，在《道德形而上学奠基》出版的日期之前祖尔策
已经去世五年多。其次，康德的这位通信者写道，他盼望不
久就读到"道德形而上学"。单单出版这部《道德形而上学
奠基》就耗费康德将近十五年时间。第三，而且或许最尴尬
的是，康德正在回答他的这位通信者甚至没有问到的一个问
题。他讨论的论题是：在教育上，举出许多异质理由来支持
某个单一道德行动是适得其反的。第一章的结果之一就是，
唯有基于道德原则之上的意愿才能并非偶然地导致与道德命
令相一致的行动。例如，如果除了一个道德行动的真正道德

---

①　康德在 R 3162，XVI 689 批评关于"隐秘"性质的假设是循环的：
有待解释的事物被当成是原因。迈尔（Meier）把"隐秘"性质定义为没
有清楚明晰地认识的和没有充分理由而假设的性质（XVI 688-689）。

性质之外，我们还参照一种可能的奖赏或某种其他可欲的结果来向一个孩子推荐这个行动，那么我们就是隐含地提议，一个同等责任性的、但不伴有这样令人愉快的结果的行动就分量较轻。与此相对照，如果我们唯独称赞道德上善的意愿的尊严，对那条法的尊敬这个道德动机与其他潜在冲突的动机相比就得到加强。①

¶ Ⅳ 411.8　这个总结包含着（除了对迄今已确立的结果的无数次重复之外）这个相当卓越的观念：纯粹实践理性的研究在言说方式上能够比纯粹理论理性的批判更纯粹。②这是由于这个事实：实践原则作为完全形式的原则不依赖于人类认识能力的特质（例如空间、时间、范畴）。只有当实践原则得到应用时才需要人类学（这种关于人类思想和能动性的研究）。这就指向关于作为自法理论的道德形而上学的高度抽象的观念。它也预示着神、自由和不死这些传统形而上学对象在《实践理性批判》中的复位。

¶ Ⅳ 412.15　在第一章进程中我们到达哲学领域。现在康德宣布他的这个意图：通过考察"理性的实践能力"亦即

①　关于纯粹实践理性的认识能力，见《实践理性批判》Ⅴ 92-93 的化学实例；关于康德式道德教育的理论和实践，见《实践理性批判》"方法论"和《道德形而上学》第二部分"方法论"；亦见关于实例的用途的论述（Ⅳ 408.28）。

②　但是见《纯粹理性批判》B 28-29 和 A 14-15，它强调道德哲学的基本上非纯粹的元素。

意志来清理和推进迄今一直严重依赖于榜样的道德哲学。因
而，第二章通过把同一个开始点选择为沃尔夫（意志的完全
一般的定义）并紧接着把纯粹意愿和受经验条件制约的意愿
区分开，来巧妙地拒绝通俗道德哲学；反之，沃尔夫没有认
识到把纯粹意愿和受经验条件制约的意愿区分开是必要的，
倘若他确实有对这个任务的清楚观念的话（见 IV 390.27）。在
一个更具技术性的层面上，康德现在从事一项与前一章的分
析类似的分析，基本上导致 IV 421.6-8（参见 IV 402.8-9）的同
一个结果。康德选择的方法也有助于以直言命令式的不同表
述的形式在一些犯有别的错误的"他法性的"通俗道德体系
中识别出真理的颗粒。

二、命令式学说

1. 意志作为按照法的表象而行动的能力

¶ IV 412.26　康德从一个非常平凡的论题来开始他对意
志以及支配意志的标准的讨论：自然中的一切事物都服从一
定的法、亦即自然之法，并隐含地提及从这第一个论题推导
出的另一个论题：就人是自然世界的一部分而言他们也按照
自然法而活动。第二个论题比第一个论题更成问题得多，因
为它要求自由和自然决定论之间的和解。

　　然而，人不仅是自然创造物，而且是有理性创造物——
这是拥有意志的必要条件，意志被定义为按照法的表象（nach

der Vorstellung der Gesetze, IV 412.27）而行动的能力，或者被定义为法的表象的结果；[①]按照法的表象而行动反过来又等于"按照原则"（nach Prinzipien, IV 412.27–28）而行动。[②]这个定义引出这两个问题：康德在这个阶段心中意指的是什么种类的原则或法，人们应当能够如何根据它们或按照它们的表象而行动。一种看法可能是，康德是指准则，亦即**主观**原则。[③]然而，这种解释必须被排除，正如这个论证的进一步过程揭示的那样。在这个阶段，康德谈论的仍然是一般"意志"。这个定义涵盖一切可能的意志种类——人的受感性刺激的意志和神的或完善的意志。（动物有意选能力（Willkür, arbitrium）但没有这个意义上的意志。）作为这样的意志，意志不能是按照主观原则或准则而行动的能力，因为神圣意志就没有准则。它也不按照利益而行动或利用动机。神圣意志根本不受到感性的影响（见 IV 413 脚注）。当然，神圣意志是由客观原则、严格意义上的法规定的（见 IV 414.1–5）。如果上述定义涵盖这个种

60

---

①　"观念"（帕顿，茨威格的英文译法）和"设想"（阿博特，贝克，埃林顿的英文译法）是太苍白的。这将会看起来我们必须把某些确定的法表象给我们自己以便能够按照它们而行动。

②　完全自然的过程和有意识遵循客观原则的行动之间的这种区分，体现着单纯与义务相一致的行动和出自义务的行动之间的早前区分（尤其见 IV 397.11–32）。出自义务的行动预设一个像人类意志这样能够按照道德原则而行动的意志。

③　这是帕顿提议的，*The Categorical Imperative*, pp. 81–82。亦参见 R. Bittner, 'Handlungen und Wirkungen', in *Handlungstheorie und Transzendentalphilosophie*, ed. G. Prauss (Klostermann, 1986)。

类的意志，那么康德此刻意指的就只能是这个种类的法：只有有理性存在者有能力遵从**客观**原则。他们把法表象给他们自己，然后按照它们的表象而行动。在这两个情形中，意志都能达到"与理性法的符合是非偶然的"。

重要的是注意到，康德把意志称为能力（Vermögen）。能力持续存在，即使（这正是人不能按照理性而行动时的情形）它暂时还没有被使用。① 与此相对照，赋有完善的或神圣的意志的存在者总是对它的意愿能力做最好的可能使用。康德把意志称为"实践理性"，因为把个别情形归摄在一般原则或法之下正是意志的任务。这些个别情形充当着实践上的三段论推理的小前提。结论就是将要产生的行动。在实践领域，正如在理论领域一样，推出结论是理性的任务。在《纯粹理性批判》中，理性一般说来被定义为"原则的能力"（A 299/B 356）。

康德于是转向这两个种类的意志，首先转向理性"完全无误地"规定的神圣的或完善的意志。在这样一个意志中，没有任何可以激起它偏离正确道路的竞争力量。赋有神

---

① "理性是一种能力"这个观念也解释这个明显的矛盾：在 Ⅳ 412.26-31 的几行文字之间，康德首先把实践理性与意志等同起来，然后把理性说成规定意志（见 Paton, *The Categorical Imperative*, p. 80）。意志是**实践**理性，因为行动能够被理性的标准所规定。（对实践事务的**思考**不足以称为"实践性"。）当理性成功时，它就是字面意义上实践的；当（正如人类行动方面经常出现的情形那样）理性失败时，意志的选择能力或意选（Willkür）就被并非理性的（non-rational）力量所规定。但是失败不是不可避免的，因而这种**能力**就继续存在。

圣意志的存在者总是通过理性之法而选择去做它承认是善的事情。理性之法既是客观必然的，也是主观必然的，内在冲突是不可能的。当我们转向理性在其中并非"唯独通过它自己"而始终不变地产生相应行动的意志时，事情就发生戏剧性的变化。这就是像人类意志这样的意志的情形，人类意志面临着各种基本上主观的、植根于人类本性的感性方面的、与客观理性潜在地不一致的动机。只有在这个情形中，主观原则和客观原则之间的区分才是有意义的。对这样一个存在者来说，善的行动在这个意义上是偶然的：**当它发生时**它不是不可避免的，因为出自倾好的行动也是真正的选择。这样一个创造物意识到这个事实：它不自动地（在主观上）意愿（在客观上）被要求的东西。它是由理性的客观法**强制**的。

2. 命令式强制不完善的意志按照法而行动

¶ Ⅳ 413.9　在引入命令式的概念时，康德又一次缺乏术语学的精确性。在前一段中，他把"意志"正式定义为按照法的表象、亦即按照原则而行动的能力（Ⅳ 412.26–28），而且表明这些原则是客观原则。现在，康德稍微重复地把命令定义为**客观原则的表象**（Ⅳ 413.9）。然而这种言说方式是由这个观念提示出来的：起强制作用的是原则（作为命令式）、而不是法本身。为了成为命令，法必须不仅在抽象方面是有效的，也必须对行为者具有规范力量。因此，在有限意志内部相当于"法的表象"的"起强制作用的原则"就叫作"（理性的）命令"，而相应的公式就是它的"命令式"。[1]

¶ Ⅳ 413.12 康德现在就暂时把实践价值的概念与命令式的观念联系起来：由命令式命令的行动在某种意义上是善的。他把命令式与短期快乐的吸引力对照起来，前者是一般而言理性的强制性的命令的公式，后者则趋向于阻止理性的强制性的命令在行动中得到实现。假言命令式和直言命令式的区分在两段之后进一步提出来。

Ⅳ 413–414 脚注 这个脚注回到意志的可能的不同种类这个主题，澄清倾好（Neigung）、需要（Bedürfnis）和兴趣（Interesse）的概念。倾好是"需要的源泉"（Ⅳ 428.14–15），因为倾好瞄准行为者可能有能力或者可能没有能力实现的某个外在对象：这样一个行为者不是自足的。只有在"偶然可规定的"意志（像人类意志这样容易受到外在感性影响的意志）中理性的原则才产生兴趣，在这种情形中行为者能够出自兴趣而行动或者不能出自兴趣而行动。任何（作为与动物性的欲求相对的）兴趣都包含着理性的贡献，[2] 即使这可能只反映出理性的偏颇的判断：当我们藐视道德性时，我们仍可能出

---

[1] 关于一般命令式，见康德《道德哲学讲义》，*Collins*，ⅩⅩⅦ 255–260 和 *Mrongovius* Ⅱ，ⅩⅩⅨ 605–609。关于命令式作为命令的**公式**的观念，见《实践理性批判》Ⅴ 8 脚注。

[2] 在 Ⅳ 459–460 脚注，兴趣被定义为"那种使意志成为实践的东西"。亦见康德在《实践理性批判》和《判断力批判》中提出的说明，Ⅴ 79.19–24 和 Ⅴ 205–209。

自兴趣而行动，尽管事实上全面考虑而言理性完全站在义务这一边。① 如果在这样一个意志中正是对某个对象的倾好规定着行动的理性法，那么行为者就是**出自兴趣**而行动。对行为者来说，对象必定显得是"快适的"（angenehm，Ⅳ 413.38）。我们不久将会了解到，这个种类的行动是按照假言命令式的行动。作为与这种"情理的"兴趣相对的还有"实践的"兴趣的观念；如果意志对理性的纯粹的法**感兴趣**，而不是由于倾好的驱使来这样做，那么"实践的"兴趣就出现。重要的是注意到，在前一种［情理兴趣］情形中，正如本段表明的那样，意志对"行动的对象"的实现、亦即倾好所瞄准的世界状态感兴趣。在后一种实践［兴趣］情形中，人们唯独对（道德的）行动本身感兴趣。这就是为什么当道德性和倾好相一致时，即使行为者唯独出自义务而行动，只要这个行动是成功的，倾好仍将会得到满足。与此相对照，如果一个单纯符合义务的行动只是间接地、为了满足某个友好的倾好而被意愿的，理性将决不会得到满足。在第三章中，康德讨论对行动的直接的实践兴趣的那种不确定的可能性，唯有对行动的直接的实践兴趣将会使直言命令式成为可能的（见Ⅳ 449.13–23 和 Ⅳ 459.32–461.6）。

¶ Ⅳ 414.1　同一些法能够既适用于完善的存在者、也适用于不完善的存在者，但它们对前者而言是描述性的，对

---

① 再次见《实践理性批判》中的化学实例，Ⅴ 93.5–6。

后者而言是命令性的。① 完全善的意志甚至不受诱惑去做善
63　的事情之外的任何其他事情。强制并不存在；它并不面对作
为命令的法。命令式，因而在善的行动和恶的行动之间做选
择的机会，是人类的不完善性的表达。

3. 假言命令式和直言命令式：技能性、明智性和道德性

¶ Ⅳ 414.12　康德现在引入假言地颁布命令的命令式和
直言地颁布命令的命令式之间的区分，简称"假言"命令式
和"直言"命令式之间的区分。正如前面的非简称表达所显
示的那样，命令式是通过它们颁布命令的方式来区分的：有
些命令式仅仅基于"某个以动机为基础②的目的是给定的"这

---

　　① 然而，要看出神的意志如何能够服从与假言命令式、尤其与具有
实用多样性的假言命令式相一致的法，是困难的。由于神缺乏倾好，他
也就缺乏满足一切倾好的总和的欲求，亦即幸福的欲求。这个困难可能
看起来较不成问题，倘若正如 Ⅳ 419.3-10 或许提议的那样，实用命令式不
被看作一个就其自身而言的命令式，而被看为了实现某个不确定的、
不坚定的和混合的（倘若明确给予的）目的的一个特别复杂的技术规则
的限制实例。技术规则能够较容易被看作适用于神的意志，很可能因为
甚至神也需要实现其目的。然而再次不清楚的是，神是否将会利用人按
照技术命令式而行动时所遵守的同一些规则性。最有可能的是，当康德
说善的东西的同一些客观的法同样适用于两种类型的意志时，他心中首
先和首要想到的是那条**道德**法。

　　② 我选择这个广义的表达，因为假言命令式不必为倾好服务，即使
它们总是预设目的。在第一章中康德经常提议，假言命令式依赖于倾好
给予的目的，因为他想要强调直言命令式的那个形式的和无条件的本性。
它对这个论证来说并不重要：为了通过把手段的使用间接变成义务问题
（见上面 Ⅳ 399.3 关于"间接"义务的论述）来实现尊敬的动机（**转下页**）

个条件而命令行为者做出一个确定的行动，其他命令式则不依赖于行为者可能碰巧具有的无论何种（更深层的[①]）意图而颁布命令。

康德对与命令式相对应的语言学表达的语法结构或逻辑结构很少有兴趣。[②]事实上，关键的是要注意到：康德对命令式的分类根本不是关于我们的言说方式的。[③]直言的命令能

（接上页）所支持的道德目的，技术命令式也是需要的。"技能性的规则"告诉我们如何实现**任何**被给予的目的而不考虑其源泉。

① 当康德说直言命令式把一个行动表象为"不参照另一个目的"（ohne Beziehung auf einen andern Zweck [不与另一个目的相联系]，Ⅳ 414.16–17；参见Ⅳ 415.3）、凭借它自身而客观必然的时，他表明道德行动包含它自身内部所追求的目的或意图。道德行为者直接对这个责任性的行动感兴趣，其次和间接地才对这个行动的对象感兴趣；见Ⅳ 413脚注。

② 与此类似，下面Ⅳ 417.11引入的命令式的"分析性"和"综合性"与我们从康德理论哲学中熟悉的分析判断和综合判断不是一回事，但它们在结构上具有类比性。见"导言"。

③ 富特（Philippa Foot）在其著名论文（'Morality as a System of Hypothetical Imperatives', in *Virtues and Vices* (Blackwell, 1978)）中陷入这种混淆的困境。礼仪规则可能看起来是直言的，因为我们通常期望每个人都遵守它们，而很少规定它们成为有效的规范要求的具体条件。然而在大多数情形中，它们能够毫无疑问地被还原为技术的或明智的命令式。某个没有任何愿望要被接纳进礼仪社会的人没有任何理由去坚持礼仪社会的规则。而且在某些罕见的情形中，礼仪规则可能得到道德要求（诸如"不要冒犯东道主"的义务）的间接支持。就它们自身孤立地来考虑，它们完全缺乏规范力量。这样的命令是否"适用"的问题是误导性的。假言命令式在"有条件的命令式是有效的"（例如，"如果你想要成为好的钢琴家就经常练习"是有效的规则，同样，"如果你想要成为好的钢琴家就服用烈性毒品"不是有效的规则）这个意义上普遍**适用**于每个人；但是它们只有在"驱动条件得到满足和我们有理由来实现那个目的"这个意义上才像（转下页）

够用条件句来表达，假言的命令能够用无条件句来表达。"如
果你想要做正派的人，不要说谎！"这个命令并不使说真话
变成有条件的要求，因为主角是非物质性的。明智的商人为
了其生意长期成功的意图而不对孩子们多要价钱，这个策略
并不使财务方面的诚实变成单纯有条件的善。与此类似，抑
制必需的条件来使单纯的规则性变成规范性的命令，这并不
会把假言命令式变成直言命令式。"弹钢琴！"这决不是直言
地和凭自身所要求的，无论发布这个命令的人可能多么有权
威。我们需要你给予我们更进一步的理由来看一看它是否正
当。例如，如果你辩解说你致力于成为钢琴演奏家这个目的，
或者如果你有很好的理由来折磨你的邻居，那么它就会是正
当的。事实上，任何一种命令式（无论假言命令式或直言命
令式）在定义上都是有效命令的公式，亦即它告诉这个人：
它是对他说"做某事！"。康德仅仅试图指出，某些命令服从
于驱动条件，反之（令人惊奇地和成问题地）其他命令则不
服从驱动条件。

　　本段暗指参照偶然目的、现实目的或必然目的而对命令
式的三分法（见 IV 414.32-415.5）。①

────────────

（接上页）真正命令式一样具有**规范力量**（它们变成"做某事！"的命令）。
与此相对照，直言命令式是有效的规范命令，因为我们（不考虑我们的
自然目的）就把那条道德法施加于我们自己。

　　①　关于假言命令和直言命令之间的区别，见《实践理性批判》
V 20.14-21.11，在那里一切假言命令式似乎都是技术的（虽然不是"或然
的"）。没有明确提供任何"实用的"命令式（见下面 IV 417-419 康德对它
们的可能性的令人担忧的说明）。

¶ IV 414.18 康德解释，一切命令式都把所命令的行动作为善的来命令它，因而使它对一个就其是由理性指导而言的意志是必然的。但这并不意味着，它们全都无条件地颁布命令。假言命令式明确规定达到某个预设目的的手段。它命令那些工具性地善的行动。这样的行动是有条件地必然的。直言命令式命令那种单凭自身就是善的和就是目的的行动。道德行动是绝对必然的。

¶ IV 414.26 像人类意志这样的有限意志至少在两种意义上是受限制的。首先，它并非总是知道各种不同的可利用的选项中哪个选项是善的。这个认识问题仅仅出现在假言的，亦即非道德的命令式中。行为者必须理解世界的运行方式以便实现给定的目的。① 与此相对照，直言命令式是不依赖于任何经验性信息的先天（综合）原则，它（至少部分地）解释人在道德事务中能够轻易地和准确地达到正确结论的那种所谓轻易和准确。

其次，像我们人类意志这样的意志面临着这个问题：它的准则、因而它的意愿行为并非总是与理性的命令相一致。我们全都太经常地违反理性的命令而行动。在道德命令式方面，这个危险尤其严重，因为道德命令式不是倾好所支持的。

¶ IV 414.32 康德现在把命令式的两重区分扩展适用于

---

① 见第一章中直言命令式的示例，IV 402.16–403.33。在实用命令式的情形中人类行为者面临着一个额外的困难：他或她还必须清楚地看到其不同目的之间的平衡；见 IV 418.1–419.2。

两种不同的假言命令式，它们依赖于行动是有助于人偶然追求的意图、还是有助于人非偶然追求的意图。与此相对照，直言命令式根本不涉及行为者的意图。康德参照模态范畴来描述这三种命令式中所包含的意图（可能意图—实在意图—没有进一步意图的必然意图），并因此按照相应的判断样式把它们称为"或然的"（problematic）、"实然的"（assertoric）、和"必然的"（apodictic）（分别见 A 80/B 106 和 A 70/B 95）。这些属性涉及到这三种命令式颁布命令的方式。与此相对照，"技术的—实用的—道德的"这种三分法定义它们各自的领域：技能性（Geschicklichkeit）、明智性（Klugheit）和道德性（Sittlichkeit）。

　　这个分类模式是太整齐而不能是正确的，正如康德后来认识到的那样。在未发表的《判断力批判》"第一版导言"中，康德把"或然的命令式"这个表达作为自相矛盾的予以废除（XX 200.11-17）。这样的命令式在《道德形而上学奠基》Ⅳ 416.29 将被称为"技术的"（属于"技艺"或"技能"：希腊文 τέχνη，德文 Kunst），一个与"或然的"并列使用的术语。理由是，当这样的命令式适用于它们预设的目的时，并非这些命令式本身是"或然的"（亦即依赖于具体问题的、偶然的）。只有当行为者欲求具体的、个别的、偶然的目的时，技术规则才变成命令式；与此相对照，实用命令式依赖于每个人都追求的目的：幸福。①

---

　　① 与此类似，"假言命令式"这个术语可能显得与"命令式就是**命令**，在这个情形中就是工具理性的命令"这个观念相冲突。它似乎提示着一个不确定性或选择的元素。这个表达已经引起误解：假言（转下页）

¶ Ⅳ 415.6　"或然的"技能性的命令式。许多技术命令式都有助于人们能够具有的某个可能的意图。因此，根据它们自身来判断，它们是"价值中立的"。它们并不提出这个问题：所追求的目的是否自身就是道德上（或者甚至明智上）善的，亦即它是否值得追求——这就是为什么康德论证在儿童教育中技能性的教育经常被高估。在《实践理性批判》开头一段中我们了解到更多。康德说，主观原则（准则）包括几个"实践规则"（praktische Regeln），一个在《实践理性批判》中用来表示技术命令式的术语（见《实践理性批判》Ⅴ 19.8）。行为者把这样的规则用作便利的规则。作为与他的准则相对的，这样的规则不是他的性格的表达。它们被限定于手段的选择，而不涉及目的的采纳。①

这就引出关于技术命令式的另一个哲学问题。正确看待基本上价值中立的技术命令式的工具性的善，是重要的。这些规则是在狭窄的、工具性的意义上"对某物而言善的"，这个事实并不要求：如果给定行为者想要追求的具体目的，这些规则就羽化成完全丰满的实践理性的命令。的确，康德经常把技术命令式与理论理性联系起来，因为它们遵循因果联

———————————

（接上页）命令式是一个导致"人们必须或者采取手段或者放弃目的"这个结果的理性原则。与"假言的"这个字面翻译相比，"有条件的"本来会是一个误导性较少的翻译。**假言的**自然对应于**直言的**，亦即，绝对的、无限制的、无条件的。

　① 对行动的道德上相关的描述必须总是涉及行为者的准则，而不涉及单纯的规则。正是**借助于**技术规则，人们做他们想要做的事。

系的方式。① 因此，即使技能性的规则可以教给我毒死我的
富豪叔叔是多么好，也不存在要求如此这般毒死他的任何合
理性的、全面考虑而言的命令（即使事实上我想要杀死他），
因为我追求的这个目的在道德上、并因此在理性上是不合法
的。这就是为什么在下面 IV 416.20-25 康德指出"只有道德命
令式严格地说才配叫作实践'法'"的一个理由。

　　康德本来能够避免这些困难，倘若他区分"技术规则"
67 和"技术命令式"的话，前者是与某个人拟做的行动可能相
关也可能不相关的像价值中立的法那样的规则性，后者只有
在（1）行为者事实上致力于实现某个具体目的，并且（2）这
个目的是道德上（而且或许明智上）合法时才颁布命令。②

　　¶ IV 415.28　实然的明智性的命令式。"按照某种自然
必然性"（nach einer Naturnotwendigkeit）③ 一切有限存在者都想要

———————————

　　① 例如见《实践理性批判》V 25.38-26.2，《判断力批判》V 173.11-17，
在那里技术规则被从实践的东西的领域中完全排除出去。

　　② 这样一种区别可能是《实践理性批判》V 26.1-6 想要做出的。它
将会相当于那条道德法（在抽象意义上）与直言命令式（亦即作为向有
限意志颁布命令的那条道德法）之间的类似区别。此外，技术规则和那
条道德法两者将会是它们各自不同的领域（自然和自由）中的因果法。

　　③ 康德使用不定冠词（上面译为"某种"）有两个理由。首先，他
不希望显得支持心理学利己主义。因为即使一切像我们这样的存在者都
拥有"达到幸福"的目的，这个目的也不自动转变为行动。当对幸福的
追求与道德相冲突时，我们有自由甚至牺牲我们的个人福利而成为道德
的。幸福的目的与道德性的目的竞争着，因此，在"如果有与之相冲突
的直言命令式，幸福的目的就必须让路"这个附加意义上，幸福的目的
是假言的。其次，由于实然的命令式在使人幸福方面有作用要（转下页）

达到幸福，这个论题来自康德对幸福的形式定义：幸福是行为者的倾好的总和的满足。人不可避免地赋有自然欲求。从长远观点看，他们能够形塑和教化自然欲求；当倾好与道德性相冲突时，倾好必须退居第二位；但是一切像我们这样的创造物都希望自然欲求得到实现，这将使它们感到幸福。按照工具合理性的标准，它们甚至合理性地致力于实现它们的自然目的。因此，"自然必然性"这个术语也能够意味着对幸福的欲求是人类本性（它既包含理性元素又包含感性元素）的必然部分。①

在有意识地把自己幸福最大化方面取得成功的人是明智的。然而，实然的命令式仍然是康德所要求的意义上"假言的"。它以行为者的特定倾好为条件。②一切人都共有"他们的倾好应当得到满足"这个"形式的"欲求，他们还拥有各自不同的倾好、并因此在他们个人关于幸福的观念方面各自 68

（接上页）发挥，康德就不能说，幸福作为我们的一切倾好的满足是一个在标准意义上的自然因果性问题，即使倾好本身是自然的。关于我们追求幸福的必然性，亦见《实践理性批判》V 25.12—14。

① 在《实践理性批判》中，康德批评斯多亚派把道德德性和幸福等同起来的做法忽视人类本性的感性方面（V 126.35—127.16）。颇有讽刺意味的是，这个段落非常令人回想起后来一些把他自己的理论视为非人道的和过于苛求的批评。正如这些段落表明的那样，康德并不希望排除我们感性本性的要求。他仅仅试图使它们安分守己不越界。

② 严格地说，而且以"在给定的境况中追求这个目的在道德上是准许的"为条件。再者，人们可能想要区分初步看来的理性命令和全面考虑而言的理性命令。像技术命令式一样，实然的命令式是仅仅以"所推荐的行动在道德上是准许的"为条件的理性命令。

不同。这就是为什么不可能存在任何单一的、普遍的明智命令式，而至多或多或少存在一般的明智指导线索。①

Ⅳ 416 脚注　康德论证人们在与他人打交道方面的灵巧性不应当叫作"明智性"，倘若他们不能将它用来促进他们自己的目的（这是明智性这个语词的首要意义）的话。因此，说"世界技能性"（Weltgeschicklichkeit）比说"世界明智性"（Weltklugheit）可能更可取。关于人类影响他人的倾好和能力，见《从实用观点看的人类学》Ⅶ 271-272。

¶ Ⅳ 416.7　必然的道德性的命令式。这个类型的命令式不预设实践目的。它选择和命令实践目的。直言命令式直接关涉行动本身，仅仅次要地和间接地关涉将要通过道德行动而实现的东西。某个把道德上正确的行动作为原则问题来意愿的人具有正确的道德态度或品格，亦即具有道德上善的准则。由于其形式本性，必定存在一个单一的、普遍的直言命令式，一切特定的（象征的）道德命令都产生于它。

¶ Ⅳ 416.15　这三个不同类型的命令式在它们的心理地位和规范地位方面不同。只有道德性的直言命令式才关涉一切同样作为有理性创造物的人，这就是为什么康德想要把"命令"或"法"这个敬称保留给这个命令式。与此相对

---

①　甚至它们也受到对人们现在和未来的目的的预测方面的不确定性的严重影响。在下面 Ⅳ 417.27-419.11，康德回到明智命令式的复杂性及其"可能性"。

照，实用命令式仅仅是明智性的"建议"（Ratschläge），因为尽管有对幸福的一般欲求，但使不同的人幸福的东西是相当不同的。这样的命令式仅仅建议，它们不能指望获得普遍赞同。事实上，这样的"建议"几乎根本不配称为命令式。最后，技术命令式完全依赖于无限多样的目的。这些规则，在（用康德自己的实例来说）"任何人想要配制一定的毒药都必须遵循同一种药理学程序"这个意义上，是普遍**有效的**；它们只涉及那些事实上想要使用这种毒药达到他们目的的人；正如我们上面看到的那样，只有当理性宣布该目的值得追求时，它们才配称为全面考虑而言的理性的**命令**。

Ⅳ 417 脚注　康德解释他对"实用的"这个词的选择，并按照他那个时代的用法把它与促进人类福利的东西联系起来；见《纯粹理性批判》A 806/B 834。在 A 800/B 828 我们了解到，"实用法"帮助我们实现的目的是那些由感官"推荐"（尽管并非强制）的目的。"实用条令"是皇帝或国王在国家事务方面的例外法规。"实用历史"这个表达是波里比阿铸造的（1.2.8）；它的原始意义有很大争议。康德自己在 1798 年出版《从实用观点看的人类学》。

4. 所有这些命令式如何是可能的？

¶ Ⅳ 417.3　康德现在第一次转向这些命令式如何是"可能的"问题，亦即，不考虑将要产生的行动是否有幸取得成功，"人们成功地**被驱动**去按照作为他们意志的理性命令的命令式而行动"如何是可能的。"法规定意志"的可能性是法的规范性之条件。

技术命令式呈现的困难最少，因为它们是某个人只要欲求实现该目的、就有理由去诉诸的规则。对康德的"无论谁合理性地意愿这个目的，他也就意愿必要的手段"这个论题，有三点应当注意。[①] 第一，这不是一个属的"假言命令式"的公式，而是对"技能性的命令式如何是可能的"，亦即"一个人如何能够按照技能性的命令式而行动"这个具体问题的回答。康德论证，这里没有什么大的问题。例如，我磨咖啡豆，能够很容易根据我想要制作一杯咖啡然后来喝它以及一条"技能性的规则"而得到解释。制作咖啡就在于（在各种事情中）磨咖啡豆。就理性对人们的行动具有"决定性的影响"而论，如果我打算实现某个目的、并知道有助于我实现这个目的的规则，我就能采取那个手段来按照我的意图而行动。如果人们优先选择当前快乐而不选择实现他们致力于达到的目的，他们就违反技能性的命令式。[②]（正如下面一段揭示的

---

① 与 Thomas Hill 相反，'The Hypothetical Imperative', in *Dignity and Practical Reason in Kant's Moral Theory* (Cornell University Press, 1992)；亦见 Christine Korsgaard's 'The Normativity of Instrumental Reason', in *Ethics and Practical Reason*, ed. G. Cullity and B. Gaut (Clarendon Press, 1997) and Bernd Ludwig's 'Warum es keine "hypothetischen Imperative" gibt', in *Aufklärung und Interpretation*, ed. H. F. Klemme, B. Ludwig, M. Plauen and W. Stark (Königshausen & Neumann，1999)。关于另一种观点，亦见 Mark Schroeder, "The Hypothetical Imperative?", *Australian Journal of Philosophy* 83 (2005), 357–372。

② 然而人们可以把这个实例重新描述为优先性的变化：现在一个目的（直接的快乐）以另一个目的为代价而受到优先选择。看来我们现在需要召请高阶的考虑（诸如明智性或道德性）来确定行动是否是合理性的。

那样，在实用的假言命令式的情形中，回答是更复杂得多。）

第二，这个命令式既不命令采取手段，也不命令放弃目的。一般假言命令式并不命令任何事物（Ⅳ 420.24-26）。甚至于它并不命令我们采取手段或放弃目的。"把选择留给我们"不是假言的或任何其他的命令式的意图。[1] 毋宁说，它命令**当**该目的将要得到实现**时**就采取手段。康德是否认为人们能够放弃自然（撇开理性不论）为意志设定的目的，是值得怀疑的。目的只能被直言命令式拒绝。明智的指导线索是否能够使我们忽略倾好设定的某个目的，完全是值得怀疑的。

第三，技术命令式经常利用综合知识的结果。这并不影响它们作为**实践上的**分析命题的地位。按照康德，对如何平分一个角的数学教诲在知识上是综合的，正如投毒者的配方一样，它利用关于自然世界及其法的知识。实践上的分析命题是那些（在关于一个人应当做什么的判断中）已经把意愿包含在行为者的目的中，亦即把意愿与行为者的计划和倾好直接关联起来的命题（见下面Ⅳ 420 脚注）。

¶ Ⅳ 417.27　实用命令式比技术命令式更复杂得多，而且不仅因为人们经常缺乏对于他们想要实现的目的，亦即使他们总体幸福的东西的清楚设想。我们的欲求的经验性起源引入一个不可预测的元素——实用命令式是一条一般劝告（consilium）、而不是一个严格命令（praeceptum）。即使在某个

---

[1]　Hill, 'Editorial Material', p. 50.

给定的时间（从理想的、全知的观察者的观点看）存在着为某个个体行为者的倾好量身定制的单一的"实用命令式"，那个行为者也不会领悟到它。

此外，与技术命令式相比较，当明智的指导线索与当前的快乐相冲突时什么东西驱动我们遵从明智的指导线索，这个问题更紧迫得多。存在一种高于人们当前感受到的个体倾好的专门对总体的和长远的幸福的一般欲求吗？在《人类学反思录》1028（1776-1778）中，康德诉诸明智性固有的、类似于尊敬的道德动机的动机。他非常清楚地表明，甚至认识上的完善或全知也不足以产生明智的行为（XV 460.31-461.6）。这样一个动机将会使实用命令式成为实践上的综合原则。然而，很难看出，理性如何能够产生一个不仅适用于道德性（这至少是理性自己的产物）、而且适用于某种"植根于幸福和倾好的异域中的"东西的动机（见 IV 418.36）。① 换言之，如果明智性没有固有的合理性的动机，那么这个裂隙能够通过对那条道德法的尊敬来填补吗？正如我们在前面 IV 399 看到的那样，促进自己的幸福能够"间接地"是道德性的事务；患痛风的人最终决定遵从出自义务的明智命令。然而似乎不太可能，义务将会推荐我们在一切没有直接义务要照顾的情形中都促进我们自己的幸福。义务在驱动方面的"备用功能"

---

① "明智性的命令式是否真正是分析的实践命题"这个相关问题，无论在本段或其他地方都没有得到令人满意的回答，虽然事实上"这样一个命令式如何是可能的"这个问题应该参照它的分析性来加以解决。

将会看起来被限制于严重的苦难情形，这些情形引起它们自己的道德难题。

康德的假言命令式理论似乎有缺陷，但是我们必须始终心中牢记：提出这样一种理论不是《道德形而上学奠基》的意图。毋宁说，康德需要**假言**命令式的概念，唯独是为了阐明他关于"纯粹实践理性的无条件的**直言**命令"的新颖观念。康德对假言命令式的兴趣局限于表明道德性不是什么，正如第一章中道德行动的本性是基于"主观的限制和障碍"（Ⅳ 397.7-8）这个背景而得到揭示一样。如果读者们想要阅读《道德形而上学奠基》是期望从中找到对于驱动的精致说明或关于工具理性的完整理论，那么他们将会感到失望。

¶ **Ⅳ 419.12**　独立于一切倾好的道德行动的可能性是一个特别复杂的问题。直言命令式是无条件的，不能像实践上的分析原则那样涉及行为者自然想要追求的目的。它命令的东西（唯独为了其自身之故的意愿行为）不是先前就包含在行为者的意志中。与此相关联，道德行动也是自由行动，而作为这样的行动，它不依赖于一个在时间上先于它的原因。由于其缺席不能通过经验得到证明（就经验所及而论，一切行动都**是**由先前事件引起的），因而怀疑主义者主张，唯独由理性和它自己的法所驱动的道德行动是不可能的（见Ⅳ 406.14-25）；换言之，这种道德行动决不是行为者通过理性而感兴趣的行动，而总是行为者受倾好所制约的结果。康德完全意识到第一章和第二章中隐含的"这样的道德行动是可

72

能的"这个假设的成问题的性质。

¶ Ⅳ 419.36 道德行动的可能性不能通过经验得到解决，这个事实要求对"直言命令式如何是可能的"这个问题进行先天研究（推迟到第三章）。康德重复他的这个论题：只有直言命令式在严格意义上是适用于人类意志的**法**（见 Ⅳ 416.20–23）。"实用的"假言命令式的可能性是否已经得到解释并不清楚，但目前足以说，在某种意义上，假言命令式是不成问题的，而直言命令式是显然成问题的。

¶ Ⅳ 420.12 像康德哲学中一切伟大的和善的东西（算术和几何学中的命题；尤其范畴）一样，直言命令式是一个先天综合原则。它需要借助于第三章中的"演绎"来得到证实。

Ⅳ 420 脚注 康德说，**实践上的**先天综合命题是由这个事实来表征的：所命令的意愿行为不受行为者想要追求的目的的限制。因此，它与理论领域中的综合原则之间存在一种结构类比。理论上的综合命题给我们提供（或者至少声称给我们提供）某个认识对象的概念中先前并不包含的新的**信息**。与此类似，直言命令式**命令**某种新的东西，意志中先前并不包含的某个实践目的。那条道德法的综合特征依赖于人类意志的具体本性。这样一条实践法"分析地"适用于不受倾好的诱惑所影响的合理性的意志（诸如神的意志）。对神来说，道德性不是命令性的。它产生于他的"本性的"（natural）意图。

三、直言命令式

73

1. 从直言命令式的概念推导出它的一般公式

¶ Ⅳ 420.18　康德明确宣布他想要把无条件的命令式的可能性问题推迟到《道德形而上学奠基》的最后一章。然而，即使行为者**遵从**这样一个苛刻标准的可能性不能从它的概念推导出来，我们或许仍然能够揭示某种关于一条绝对的和形式的实践法（一条不预设任何具体目的的法）的**内容**，亦即关于这条法所命令的东西的内容。

¶ Ⅳ 420.24　假言命令式是有条件的。为了作为理性的命令而发挥效力，假言命令式依赖于行为者想要追求的、由某个动机所支持的目的。这就是为什么假言命令式本身根本不命令任何东西。行为者需要等待，直到某个具体目的被给予出来。只有在这时，行为者才能够开始决定在该境况中按照何种因果规则性而行动，亦即决定他**应当**做什么。与此相对照，康德论证，无条件的和普遍的直言命令式所命令的东西被限定于它的概念。当意志服从直言命令式时，规定意志的不是任何具体的法，而是法**本身**的普遍性；当且仅当行动的准则能够始终一致地被意愿为普遍有效的时，法本身的普遍性才出现。①

---

　　① 然而甚至在直言命令式的情形中它的概念也不产生个别的象征的命令，毋宁说产生法，法允许我们在具体境况中选择具体内容。（事实仍然是，只有在直言命令式的情形中，形式性的限制导致质料性的命令。）

　　直言命令式的这个公式的推导已经激起很多批评。[①] 评注者们经常诊断说在论证的这个时刻有一个不可沟通的"裂隙";[②] 他们论证说康德过于轻率地从那条关于人的意愿的法的普遍性进展到道德命令式的这个一般表述;不可否认,并不完全明显的是,那条作为无条件的道德命令式而显现给人的普遍法只能采取上述思想实验的形式。例如,难道人们不可以将"不偏不倚地把效用最大化"这个原则变成普遍法,并出自道德确信来为了这个原则之故而行动吗?[③] 有几

74

---

　　① 以及第一章中平行的推导,见 IV 402.4–9;亦见《实践理性批判》V 29.14–22。

　　② 见 Paton, *The Categorical Imperative*, p. 72, B. Aune, *Kant's Theory of Morals* (Princeton University Press, 1979), pp. 29–30, and Wood, *Kant's Ethical Thought*, pp. 78–82。基本上,这同一个问题已经在 1786 年被蒂特尔提出来,蒂特尔问,为什么以例如对普遍幸福的兴趣为基础的意愿将不适合于普遍立法 (*Über Herrn Kant's Moralreform*, p. 51;参见 p. 54)。关于最近的综合性的讨论,见 S. Kerstein, *Kant's Search for the Supreme Principle of Morality* (Cambridge University Press, 2002), esp. pp. 73–94。

　　③ 此刻,另一条经常被视为直言命令式的竞争者的"普遍法"是一个赞同"他人可能是同等自私的"的利己主义者的原则。然而可能看起来将会是,这个利己主义者的挑战在当前这个语境中是不相关的。利己主义者(几乎在定义上)出自倾向而行动,亦即为了某个他喜爱的将要实现的(自私的)结果之故,而**不**为了意愿行为本身之故;而且已经确立起来的是,在道德意愿方面情形必定如此。第一章中平行的讨论(IV 397–401)为我们提供丰富的资源来摒除目前这个论证阶段利己主义者对道德上准许的主张。单纯与某条普遍法相一致是不够的。(一个不是单纯符合、而是为了自私**原则**之故而行动的利己主义者,将会是一个哲学上令人好奇的问题,而且可以争论甚至根本不是任何可承认意义上自私的。)然而,即使我们接受康德把普遍规则性**本身**(universal（转下页）

件事应当注意。首先，即使效用原则与第二章中迄今论述的内容相容，它也一定不能从康德此刻的论证推导出来，反之一直有迹象显示出自始至终可能看起来像直言命令式的东西。因此，引入这个新的候选者似乎是刻意安排。其次，很难看出，有理性创造物如何能够意愿一条"**应当存在普遍幸福**"的**法**，而不为了普遍幸福之故而甚至意愿普遍幸福本身。在功利主义中，作为善的而被意愿的东西仍然必须是幸福的结果、而不是按照某个确定的原则的行动——如果为了一条功利主义的法之故的行动没有实现所（间接）意向的结果，那么彻底的后果主义者难道真的能够称赞那些行动吗？但如果结果是所直接意向的，那么行为者遵循的这条法就是工具性的，而不是一条为了它自身之故而被意愿的法。在这个时刻，行为者意愿一个道德行动，不能**因为**它是善的（没有任何价值被预设）。行为者意愿它，必须因为它是那条道德法所命令的。正是那个意愿行为才随后具有道德价值。**为了它自身之故**而意愿一个像效用原则那样的**后果主义**原则，将会是"规则崇拜"的尤其精神分裂的情形。第三，与此相关联，效用原则的价值将会不得不从幸福的普遍可欲性、亦即某种积极价值推导出来。它自身丝毫得不到理性的赞同，如果我们接受康德的（纯粹实践）理性概念（这个概念是现

（接上页）regularity überhaupt）和直言命令式的"形式"表述等同起来，康德伦理学是否能够成功拒绝自私原则这个问题，仍然没有得到回答。剩下来有待表明的是，这些原则没有通过康德普遍化检验程序的检验。见下面 IV 421-424 的实例。

在能够提供的唯一概念）。感官喜爱幸福；但理性并不尊敬幸福。

　　为了沟通这个裂隙，我们应该首先注意到，康德感兴趣的不再是意志的具体的法（它们必须是普遍的，如果它们受具体目的的限制而不是形式的话），而是规则性、"合法性"[与法的符合性]本身。康德在这段中自始至终都是在单数上谈论"法"。我们将不是从单一性进展到普遍性，而毋宁说是从一个普遍性层次进展到另一个普遍性层次：从有条件的普遍性进展到无条件的普遍性。① 康德的想法只是，如果不存在任何**具体的**（质料的）法，而又必须存在一条规定道德行动中的意志的法，那么这个意志（它的准则②）就必须符合形式的③法**本身**（überhaupt）。但这是什么意思呢？

─────────

　　① 他正在寻找某条与工具性的规则性不同的法来规定意志，这个事实通过另一个事实得到阐明：由于意志是一种因果性能力，它必须总是符合某条法而成为能动的（见 Ⅳ 446.15-21）。在上面 Ⅳ 412.27-28，意志被定义为按照法而行动的能力。因此，命令式作为意志的合理性原则必须包含某一条或另一条法。

　　② 康德现在明确把普遍规则性本身与行动的**准则**、而非与行动本身联系起来，这一点在上面第一章 Ⅳ 402.6 只是隐含的。规定我们做什么的东西，对行动的相关描述必须涉及的东西，在道德性实例中是准则，在工具性实例中是规则。这些是客观标准的主观类似物；最终，没有意愿行为是没有其准则的。

　　③ 直言命令式是形式的，不是在它能够从它的单纯概念被推导出来这个意义上，而是因为它不预设任何我们想要达到的目的。毋宁说，它规定我们应当将之纳入我们据以行动的准则中的目的。由于我们不需要任何质料来开始，我们就能够把内容从一条单纯的法、亦即从**命令式本身**的概念推导出来。

正如康德给这一段添加的脚注显示的那样，他正是假定，在按照命令式而行动时，我们主动使主观标准符合客观标准。当我们按照假言命令式而行动时，我们使关于我们的意愿的法符合我们为了我们意向的结果而遵循的经验性规则性。这样的行动只在一种有限的意义上可普遍化：我必须能够按照对每个追求该目的的人都具有规范力量的**规则**而行动。然而，直言命令式的普遍性在定义上是无限制的；我必须问我自己，我想要做的事情中所隐含的这个原则，我的**准则**，能否符合普遍性本身；亦即，它能否不仅被那些同样对将要促进或实现的目的感兴趣的人采纳，而且被**一切**像我自己这样的有理性行为者采纳。① 如果我们接受康德道德心理学的基本原理，那么就不存在任何裂隙。当然，与普遍法**本身**（überhaupt）的符合性的标准把我们引向何种行动（甚至它究竟能否起指导行动的作用）仍然有待考察。

Ⅳ 420–421 脚注　康德用更具技术性的术语来重述他 76
在主观原则（**准则**）和客观原则（对按照准则而行动的意志而言：**命令式**）之间的正式区分，这适合于第二章的意图（参见 Ⅳ 400 脚注）。准则能够而且应当符合命令式，但这需要自由选择的行为。准则是一个人按之而**实际行动**的原则。

① 工具性的规则不能通过普遍性本身而被告知，因为普遍性单独并不帮助我们达到想要实现的意图。准则不能（刚好）符合具体的普遍规则性，因为那将会使这些规则性得不到终极的、非后果主义的辩护。我们不能使用工具性的法来评价我们的根本目的。

准则涉及第一人称单数的行为者，它们在把行动的目的具体化时，表现着一个人所致力的价值。重要的是注意到，直言命令式关涉准则，亦即行为者的那种决定他做什么的根本态度，而不关涉单个的外在的行为。后者的道德性质是中性的。

2. 一般表述

¶ Ⅳ 421.6　现在我们就通过一条更具技术性的路线而达到标志着第一章结束的这个观点：在一个给定的境况中，我们被允许按照一个能够有助于规定我们意志的因果性能力的主观原则而行动，**只要**我们能够始终一致地意愿我们通过这个行动①来实现普遍采纳的和按之行动的原则。康德把这称为**唯一的**（the）直言命令式。

正如"只要"这个词揭示的那样，这个命令式首先和首要是"道德上准许"的标准。我们必须再次参考康德道德心理学的观点来理解这个命令式的作用方式。正如上面Ⅳ 397.11-21表明的那样，康德假定实践上的选项在任何给定的时间都是有限的。一切可能的行动都是为了某个动机所支持的目的之故而发生。我们能够为了直接的快乐之故而行动，为了某个更高阶的目的（最终而言幸福）之故而行动，或者在道德行动中为了行动本身之故而行动。规定我们现实

---

①　这看起来是Ⅳ 421.7-8"通过它你能够同时意愿"（durch die du zugleich wollen kannst）这个笨拙的表达的意义。参见《实践理性批判》Ⅴ 30.38-39对直言命令式的表述。亦参见《道德形而上学》Ⅵ 255.6-13。

选择的正是我们的准则。① 如果在一个相关境况中一个可利用的准则通过这个检验，那么我们就**可以**、而非**必须**按照这个准则而行动。正如康德的示例表明的那样，如果在一个具体情形中只有一个准则既是相关的、又是道德上可能的（准许的），那么一个具体义务就产生出来。

康德非常清楚地表明，本段包含直言命令式的一个法规式的和一般的表述。他说，"只有一个单一的直言命令式，它就是：……"。其他的明显无条件的命令式，或者是这个原则的变种，或者是个别的"直言命令式"，亦即这个原则的特定运用，例如"不要说谎"的无条件命令。② 这个一般表述的唯一性的地位在下面 Ⅳ 436.8-10 康德对三个变化式进行概括时得到证实。紧随这个表述之后的自然之法公式及其四个示例是三个变种中的第一个变种。"只有一条最高的法"这个事实又是它作为无限制的实践法的本性的后果。③

77

---

① 它并不命令"我们按照准则而行动"；它假定"我们按照准则而行动"，于是命令"任何我们按之行动的准则都符合普遍法本身"。

② 令人好奇的是，康德选择以实例来说明三个变化式而非说明一般公式。对此有几个潜在互补的理由：首先，康德认为对一般表述的运用在第一章中（Ⅳ 402.16-403.17）就已经得到论述，其次，他乐观地认为一般表述能够被每个人轻易地运用，而不需要详尽示例（见 Ⅳ 403.18-33）。第三，本章的这些变化式实现双重意图：战胜哲学对手和朝着一门新颖的道德形而上学中的自法概念前进，这个自法概念可以说使通过示例来说明这些变化式的计划变得更加紧迫。

③ 当然，如果这种寻找产生出不止一个道德性的"最高"原则，那将会是颇为不幸的，但现在道德性的最高原则已经被表明是一条纯粹形式的法，那么这个危险就已经被避免。与此相对照，有一些在（转下页）

¶ Ⅳ 421.9　康德再次指出，他现在只是探讨从义务的普通概念推导出来的东西。仍有可能的是，义务的这个概念是"空洞的"，它不对应于任何实在的东西，亦即，直言命令式不适用于人。然而，即使现在康德已经给我们提供直言命令式的正式表述，这个分析计划的一部分仍然存在。康德必须建立这个新的原则与通常承认的象征的责任之间的联系。因此，紧随直言命令式的各个变种表述之后的几个示例证明，不同种类的义务如何受到直言命令式的公式的限定。康德着手进行的不是发现迄今未知的新的义务，而是从一个新的单一的原则推导出已知的多样的义务。

四、第一个变化式：自然的普遍法

1. 自然的普遍法表述

¶ Ⅳ 421.14　康德现在做出从一般公式到三个变种中的第一个变种①，亦即所谓"自然之法表述"的过渡。我们在实质上而非在风格上超越第一章。在《纯粹理性批判》中，康德认为自然在**形式的**意义上是"一个事物的诸规定性按照一种内在因果性原则的联系"。②人的意志是一种因果性，因为

（接上页）实质上不同的技术命令式，它们依赖于它们预设的目的；明智命令式则因人而异，没有任何单个的明智建议是普遍有效的。

①　这个表述只是一个变化式，因为它像另外两个变化式一样是基于一个类比：普遍法作为自然之法的类比。见 Ⅳ 436.15-18 的概述。

②　A418-419/B446 脚注；亦见《实践理性批判》"模型论"和 Ⅴ 43.13-14。

它在这个可见世界中按照一定规则性而产生变化。人的行动，无论准许的行动或不准许的行动，如果被视为自然事件，就按照自然法而发生。①

　　为了弄清一个可能的准则在道德上是合法的还是不合法的，我们必须进行下面这个思想实验。想象一个世界，在其中我们将要按之行动的准则不是自由采纳的，而是这个世界的因果结构的一部分。（否则在这个世界中生存的创造物就是像我们这样的。）那么这个原则就自然规定他们在一切（过去的、现在的和未来的）相关境况中的行动，其方式类似于本能能够规定动物行为的方式（见Ⅳ 423.13）。康德论证，如果我们拿来检验的这个准则是不道德的，那么这样一个世界就会在某种程度上是有缺陷的、不一贯的、不可能的。当然，在我们自己的世界中，人面临着不同准则之间的选择，这些不同准则于是就可见地表现在可观察的行动中，亦即表现在服从自然法的因果过程中。人有理由按照某个准则而行动，只要当人**普遍地**像那样通过他们的因果行为而行事时那个行动将会仍然是可行的。② 这个观念不久将通过四个实例来说明。

---

　　①　康德的告诫"要这样行动，好像一个人的准则将要变成'自然的普遍法'"，并不是同义反复。

　　②　又出现这个问题："一切人类行动都是作为显象而被这样的因果法所规定"如何是可能的；换言之，意志的道德自由性与自然决定论如何能够被调和起来。

为什么康德（试探地、谨慎地①）提出这个新表述？因为像直言命令式的另外两个变化式一样，它反映出一种在其他方面犯有错误的通俗伦理理论中包含的真理的颗粒。第一个变化式的表述针对的目标容易识别。它就是斯多亚派的这个观念：道德上善的生活是与自然和谐一致的生活；②这个观念在像鲍姆加滕③和加尔弗这样的哲学家那里仍然是流行的，1783年出版的这两位哲学家对西塞罗《论义务》的译注被认为激励康德撰写《道德形而上学奠基》。早在1770年康德就说，按照自然而生活并不意味着"按照自然的冲动而生活，而毋宁意味着按照构成自然之基础的那个观念而生活"（R 6658，XIX 125）。他继续说，自然和自由是相互对立的，那条道德法不是自然之法。在对直言命令式的目前这个自然之法表述的阐明中，康德系统利用这个观念。

正如在非哲学家们（non-philosophers）普通持有的道德观点中一样，在非康德式的（non-Kantian）伦理理论中普遍的纯

① 在IV 421.17-18，这个变化式是用这些语词引入的：义务的普遍的命令式"也可以陈述如下"（因此义务的普遍的命令式也可以这样来陈述 [so könnte der allgemeine Imperativ der Pflicht auch so lauten]）。

② 见 Long and Sedley, *The Hellenistic Philosophers*, vol. I, pp. 394–401, vol. II, pp. 389–394, especially Stobaeus 2.75, 11–76, 8 (63B) and Diogenes Laertius 7.87–89 (63C)。

③ 例如见鲍姆加滕的《第一实践哲学原理》（*Initia*），§45和§46。这个原则在《道德哲学讲义》中被批评为至多是明智性的原则，而不是道德性的原则（*Collins*，XXVII 266.10-19），亦即按照《道德哲学讲义》的康德，斯多亚派像康德之前的所有道德哲学家一样混淆纯粹实践理性和经验性实践理性。

粹的实践理性能够被人们模糊感觉到，即使这样一种理论明显犯有"把道德行动的原则置于物理自然的作用方式中"的错误。久经世故能够败坏道德；道德哲学经常比普通伦理思想更加败坏（见Ⅳ 404.23-28），这恰恰是为什么前两个"过渡"是必要的。因此第二个过渡起着双重作用。它不仅代表康德自己的通向道德形而上学的进程，而且代表通俗道德哲学家为了能够接受康德的理论而不得不搭建的通道。

2. 把这个公式应用于义务的四个实例

¶ Ⅳ 421.21　康德把义务划分为对自己的义务和对他人的义务、完善的义务和不完善的义务，他把他的这个分类称为"通常的"（gewöhnlich，惯例的）；然而这个分类并不是沿袭惯例，因为它没有包括对神的义务。在《道德形而上学》中康德论证我们只能有对我们熟悉的类似道德创造物的义务（见Ⅵ 442.16-18）。目前这个分类的理论依据在Ⅳ 423.36-424.37得到进一步讨论。

Ⅳ 421 脚注　这个脚注已经引起一些误解。三点评论。第一，这个分类不是"随意的"（见阿博特，帕顿，贝克，埃林顿，茨威格的翻译），正如随意的（beliebig）这个词向现代读者提示的那样。康德仅仅希望说，他采纳这种划分是因为它适合他当前的目的。在《纯粹理性批判》中"可能的"（möglich）是作为随意的（beliebig）的同义词而被给予的（A 74/B 100）。义务的上述分类是合法的，但是是相当粗糙的和不完备的。

例如，它没有具体细分这四个范畴的每一个范畴中义务的次
一级划分；它没有重视晚期《道德形而上学》中占主导地位
的法权和伦理之间的区分；而且它模糊这个事实：例如通过
说谎许诺而违反对他人的义务也根本违反对行为者自己自身
的义务（见康德论说谎的论文，Ⅷ 426 脚注）。这可以有助于
解释康德此刻的保留态度。第二，康德给人一个误导性的印
象：为了一个人的倾好而对宽泛的义务做出**破例**或许是准许
的。① 它很可能参照这段文字：在《道德形而上学》中康德说，
甚至宽泛的义务也不得为了倾好之故而被放松（Ⅵ 390.9–14）。
善的意志不能给任何倾好让路；在下面 Ⅳ 424.19–20 "违反义
务" 正是根据 "为了倾好而做出破例" 来定义的。康德想要
说的是，完善的义务不允许为了我们想要促进的任何实质
性目的（道德目的或其他目的）之故而破例，反之，不完善
的义务最初允许在各种有道德价值的目的（或者 "责任的根
据"；见《道德形而上学》Ⅵ 224.9–26）之间进行权衡。第三，
康德违反一个至少追溯到普芬道夫1672年出版的《论自然法》
的惯例，引入对一个人自己的人格的完善的义务。康德偏离
传统，是因为对自己的完善的义务虽然具有作为完善的义务
的特征，但并不能得到外在执行。②

---

① M. Gregor 在 *Laws of Freedom* (Blackwell, 1963), p. 96 得出这个结论；亦见
T. E. Hill, 'Imperfect Duty and Supererogation', in *Dignity and Practical Reason in Kant's Moral Theory* (Cornell University Press, 1992), p. 148, and 'Meeting Needs and Doing Favors', in *Human Welfare and Moral Worth. Kantian Perspectives* (Clarendon Press, 2002), p. 214。

② 关于义务的划分，见《道德形而上学》Ⅵ 240 和 Ⅵ 390–391。

¶ IV 421.24　第一个示例：自杀。那个想要自杀的人的实例揭示，直言命令式远远超出"普遍化"这个术语的现代标准意义。这个实例没有关注"如果每个人都共有那个不幸的人的态度，这个世界将会是什么样子"的问题。行为者之间的"人际"普遍化产生对他人的义务。现在康德正试图确立对行为者自己的义务，这种义务依赖于这个观念：意愿一个作为非时间性原则的准则必须是可能的。如果一条法不能适用于一切不仅在现在、而且在过去和未来都密切类似的环境，那么它就缺乏普遍性。（真正普遍的法不能改变。）这就是为什么在下面 IV 424.19 康德说，某些行动违反义务的命令，因为行为者擅自为了倾向而"仅此一次"对普遍有效的法做出破例。①

这第一个实例旨在证明，基于基本上自私的根据（例如因为一个人对生活感到厌倦）而自杀是不道德的。它拒绝的准则是一个基于倾向的准则。康德并不希望把"禁止自

----

① 康德这部著作自始至终都有这种观点的标志。按照《道德哲学讲义》中对道德原则的表述，我们的行动必须一致（übereinstimmen）于"在任何时候和对每个人"（*Mrongovius*，XXVII 1427.1–4）都有效的规则。（这段话在 *Collins* 中是缺失的。）亦见《实践理性批判》V 36.15。一切义务（而且对一个人自己的自我的义务特别如此）都依赖于它们能否终生得到维持，这个观念已经受到赫费（O. Höffe）的强调，见 'Kants nichtempirische Verallgemeinerung', in *Grundlegung zur Metaphysik der Sitten. Ein kooperativer Kommentar* (Klostermann, 1989), p. 221. 关于一种广泛的讨论，见 J. Glasgow, "Expanding the Limits of Universalization: Kant's Duties and Kantian Moral Deliberation", *Canadian Journal of Philosophy* 33 (2003), 23–48, 他也正确地注意到，直言命令式总是利用非时间性的普遍性，甚至在对他人的义务的情形中也是如此（p. 40）。

杀"作为这样的命令确立起来。在《道德形而上学》中他暗示，在特殊罕见的情形中自杀可能是合法的、或者甚至是责任性的（Ⅵ 423-424），这就引起它自己的一些问题，尤其是在第二个变化式的这个禁止令"决不把自己作为单纯的手段来使用"的语境中。运用第一个变化式时，康德毋宁想要表明，一种普遍接受的"不要抛弃自己的生命"的道德义务能够从这个叫作"直言命令式"的新发现的原则推导出来。[①]"当生命的更长延续预示着包含的痛苦大于快乐时就缩短生命"，这个自杀的准则是受倾好驱动的。[②]它是"自爱的原则"（Ⅳ 422.7），自爱的原则不能变成自然的普遍法。促使行为者延长其生命通常是快乐感觉的任务。康德觉察到一个想象的、现在正使用这种快乐感觉本身来毁灭生命的自然秩序中的某种不一致性。

上面被翻译成"任务"的这个词，任务，使命（Bestimmung）（Ⅳ 422.9-10），可能提示着，合目的的自然在康德关于道德性的基础论述中起着过于突出的作用。康德在这一点上是否应当或实际能够利用目的论前提，是根本不清楚的。然而或许

---

① 他目前正在"列举"（herzählen）通常得到承认的义务；见 Ⅳ 421.21。

② Ⅳ 422.4-7 的这个似乎使自爱成为准则的一部分的现实表述，是"驱动的虚空中并不出现准则"这个事实的好示例。准则总是与具体动机联系在一起，具体动机提供相应行动中所隐含的一般原则来作为评价的理由。如果行为者缺乏相应的驱动，他就不能按照纯粹思辨的准则而行动。更不用说，人不能把他们的准则调整得适应于具体环境来使它们成为"可普遍化的"。行为者用任何这样的故事来为针对他自己的行动辩护，都不过是自欺的行为。

还有另一种可能性。"为快乐而奋斗"这个"使命"或"任务"可能不是自然设定的，而毋宁是行为者自己设定的。快乐在规范性方面是非决定性的，但是行为者对待它的态度必须是始终一致的。那时观念将会是，某个人通常把"为快乐而奋斗"当作"促进其生命兴趣"的理由，现在突然应该把它当作"毁灭其生命"的理由。这将会至少是一个可承认的矛盾。 82 一个人不得使其生命面临属于损益分析的偶然事件。正如康德在《实践理性批判》中表述的那样，这将会使"自然的持久秩序"变成不可能的（Ⅴ 44.11）。

¶ Ⅳ 422.15　第二个示例：虚假许诺。幸而这个实例比第一个实例更明显成功。正如在前一个实例中一样，那个想要做出虚假许诺的人是由倾好促使的，他的相应的准则再次被称为"自爱的原则"（Ⅳ 422.24）。倾好首先使自己被感觉到，但是它并不当然地自动产生它喜爱的行动。行为者有自由暂停下来并自问：倾好提议的行动是否符合理性的要求，亦即，他能否意愿这个隐含的准则被普遍采纳。"虚假许诺将带来有益后果"是可能的，但决不是确定无疑的，正如第一章中对这个实例的第一次讨论揭示的那样（Ⅳ 402.16-403.33）；但是，行为者在行动中将会确定无疑地自相矛盾，因为他的准则不能作为自然的普遍法而存续。

为什么康德认为存在一个实践上的矛盾？不仅因为现在考察的这个准则作为一条自然之法的普遍有效性将会使许诺成为不可能的，或者因为"损害这个许诺制度"可能具有不可欲的结果。毋宁说，当行为者做出虚假许诺时，他必定隐含地依赖于这个制度以便能够达到他的目的，亦即逃避他的财务困难。行为者不仅想要说某件他相信是虚假的事情。他还想要另一个人（某个并不知道他的许诺是不真诚的人）信任他。他正试图对他想要他人遵守的原则为他自己做出破例。[①] 如果他的准则应当以一种类似机械的方式普遍地和自然地支配人类行为，那么他就甚至不会能够成功**做出**许诺，因为另一个人不会相信他。另一个人将会根据经验而知道，许诺是不受信任的。[②] 换一种稍微不同的说法："虽然人们不接受许诺但某个人却成功做出许诺"的这样一个世界是**不可设想的**。

有两点要进一步注意：首先，行为者也不能**意愿**他的准则的普遍性，因为这将会使他的目的落空。如果行为者不能做出许诺，那么他就更不能通过虚假许诺来获得借款。如果准则不能符合"设想中的矛盾"（contradiction in conception）

---

① 这标志着"后果主义的普遍化标准"和康德式的道德性之间的差别。"康德的隐含的后果主义"这个错误提法最早追溯到蒂特尔在1786年发表的《论康德先生的道德革命》（*Über Herrn Kant's Moralreform*）。蒂特尔问，"难道这条法本身不指向这样一个准则按照其普遍性将会对我自己和他人具有的后果吗"（p.14）；亦见 p.33，在那里他认为，这条法如果不涉及经验性的"后果和结果"，就是"一个空洞的和不结果的概念"，不能得到运用；蒂特尔还抱怨，他不能理解这条法的"空洞的形式"，p.88。

② 与此类似，小偷并不仅仅破坏产权制度。他想要**保有**偷来的东西，这就是矛盾出现的情形。我们或许能够意愿一个没有产权的世界，但我们不能意愿这样一个世界而又同时想要自己拥有产权。

（人们不能设想一个拟定的准则作为普遍法在其中有效的世界）这个较强的标准，它因此也就不能符合"意志中的矛盾"（contradiction in the will）这个较弱的标准（人们不能按之而意愿这样一个世界）；参见 Ⅳ 424.1–14。其次，要注意到，正如第一个示例一样，这个示例依赖于普遍法的无时间性，即使它也利用那种更熟悉的、涵盖一切行为者的人际普遍化。"在行为者说谎许诺的时候许诺就开始受到损害"并不是充分的（他不会损害他自己的行动，也不会出现实践上的矛盾）。与此相对照，如果这个准则是人类本性的一条无时间性的法，那么许诺制度就不会形成。"当需要时就做出虚假许诺"这个试图就会是可预测的，正如当医生的榔头敲在我的膝盖的适当位置时我的腿的晃动是可预测的一样。

　　某个人违反对他人的严格的义务的一个重要标志是这个事实：如果另一个人意识到行为者的意图，那么他就不会合作。显然，在康德的这个实例中，这个人必须保密他的许诺的真正意图以便取得成功。如果另一个人准备出借他的钱，甚至不指望在一定时间内拿回他的钱，那么将会没有任何必要去欺骗：他能够单纯向他要钱。①

---

　　①　关于"对意图的预知和知识"的标准，见 R 6734，XIX 144："就倘若他人预设我们心中有这些原则（例如说谎）、那么一个行动就是不可能的而言，这个行动是不正当的（unrecht）。欺骗某个知道别人想要欺骗他的人，或在契约事务中违背信用，是不可能的。意愿和宽恕诸如一般准许这样的行动，也是不可能的。"

¶ Ⅳ 422.37　第三个示例：发展一个人的才能。康德试图把懒散的准则斥责为不道德的，这是四个示例中最弱的一个示例。这不是巧合。浏览一下《道德哲学讲义》就可以看出康德难以下定决心，发展一个人的才能究竟是否是一个具有道德意义的问题；在《道德形而上学奠基》中他的犹豫不决仍然是明显的。① 1786 年《道德形而上学奠基》第二版包含着一个罕见的修订：康德补充说懒散的人的能力"有助于他〈而且被赋予他〉适合于一切种类的可能意图"（Ⅳ 423.15–16），这就引起这个担忧：康德不得不依赖于目的论原则来使所谓纯粹形式的伦理理论有效。②

为了使这个论证有效，康德因此必须避开两个孪生的危险：依靠没有根据的目的论前提和以明智论证代替道德论证。后一个危险尤其明显。他推荐的准则是，面临短期享乐的诱惑时促进和发展一个人的自然才能，因为存在着一个人可以希望在人生后期追求的"一切种类的可能意图"。这就使"自我发展"看起来像一个长期的明智计划的事情、而非一个义务的命令，但是这两种要求却可以截然不同。康德式的明智性仅仅要求我们培养我们才能中的那些有助于我们自然兴趣的才能。毕竟，实用命令式以行为者的倾好的总和作为其

---

①　在《道德哲学讲义》中，康德批评其伦理学教科书的作者（鲍姆加滕）把一个人的才能的完善算作对自己的道德义务。它们在道德上仅仅是间接相关的（见 *Collins*，ⅩⅩⅦ 363–364）。他已改变他的观点。

②　这种担忧在帕顿的著作《直言命令式——康德道德哲学研究》（*The Categorical Imperative*）中起着突出的作用，p. 17。

条件。至于我们应当培养的我们个人的才能，将会有相当大的不确定性；但是明智的劝告依赖于人类本性的偶因，这个基本事实仍然没有改变。

与此相对照，发展一个人的才能的义务必须像一切其他道德命令一样是无条件的。临近本段结尾时康德说，"作为一个有理性存在者"，行为者"必然意愿他自身中的一切能力得到发展"（Ⅳ 423.13-16）；这不是因为**一切**能力都可以是未来需要的，而是因为如果要选择"发展一个人的才能"的原则或"忽视一个人的才能"的原则，那么只有前者才能够始终一致地被意愿。由此招致的矛盾与最后第四个实例中的矛盾类似：一切行为者都致力于实现他们的目的，而这与系统地忽略他们基于不断重复的瞬时损益分析所需要实现的目的并不始终一致。这个论证是形式的，而且正如在第一个实例中一样，这种应用于该准则的普遍化检验方法是时间性的。此外，它不依赖于一个宏大目的论框架中给人的能力安排的意图。行为者有其自己的一些意图，这就完全足够。

即使细节仍然是模糊的，然而第三个实例仍然像后面第四个实例一样证明，积极的义务如何能够从一个基本上消极的标准推导出来。如果准则不能作为普遍法而得到维持，人们就必须采纳与之相反的态度。但是恰恰因为这个更加间接的程序，它与行动的联系就更加遥远。宽泛的义务不像严格的义务那样直接命令我们克制一定行动。它们驱使我们采纳"在一定场合按照一定方式而行动"的准则，亦即，它们要求（正如康德在《实践理性批判》中表述的那样）我们对某个事物是否是"我的准则的情形"(见 V 27.26)做出判断。此外，宽泛的责任的准则能够在某些一定场合（虽然并非准则本身）相互冲突并要求做出裁断。

¶ IV 423. 17 第四个示例：慈善。想象某个人（例如我们在第一章中遇到的那个冷漠的、但诚实的人（IV 398.27-36）天生就对其人类同胞的事务缺乏任何兴趣。他没有欲求去侵犯他们的权利，但是他也没有倾好去帮助任何一个需要帮助的人。无可否认，如果某个人既没有帮助他人的直接意图，也没有接受他人帮助的直接意图，那么他就没有犯那些"期待其人类同胞帮助他们、而他们自己却不准备帮助他人"的人所犯的那种粗鄙的不一致。① 为了确立一种关心他人的义务，康德论证这种"思想方式"（Denkungsart）若被普遍采纳就会导致这个人的意愿中的矛盾。

这个冷漠的人的准则远不是无害的。康德假定（并非难以置信），人类的需要提出这些不能被简单拒绝的主张。例如，饥饿不能被推理消除掉。饥饿的人欲求吃，希望得到那些能够轻易帮助他们的人的协助，对他们来说是完全合理性的。这个假定在某种程度上能够解释"不关心他人疾苦"这

_____

① 这将会基于一个或两个准则吗？它将会正如第二个实例一样算作产生一种"设想中的矛盾"吗？它将会包含某种自欺吗？或者是一种道德上的精神分裂吗？康德没有展开说明。他也没有说，这样一个关于自私、而非关于冷漠的准则，如果被拒绝，将会如何导致一种行善的义务的确立。

个原则的不可能性。如果我们禁不住欲求那些比我们更幸运的人的帮助，那么我们拒不协助现在处于那种困境中的人就是不一致的。然而，当这个准则被设想为自然的普遍法时，它导致的意愿中的矛盾（contradiction in willing）（虽然不是思想中的矛盾（contradiction in thinking））也归因于那种态度赖以为基础的自私。康德正是再次攻击自爱的原则。如果境况被颠倒过来，不仅这个冷漠的人需要他人的帮助，而且因为他赞同自私，他就再次承诺他想要他所需要的东西。现在他不能放弃倾好和慷慨拒绝他人的帮助，即使这在心理学上是可能的。他的思想方式在本质上是非慷慨的。[①] 这个实例有助于我们理解，全面幸福如何能够是普遍采纳道德准则的结果（而非普遍采纳道德准则的存在理由 [raison d'être]）。[②]

¶ IV 423.36 "道德上不准许"这个一般标准在于"准则产生'意志中的矛盾'"，这种矛盾是第三个和第四个实例所示例的。此外，**某些**准则（那些违反严格的义务的准则）甚至不能被**思想**为自然的普遍法。它们产生通常被称为"设

---

① 要注意到，像前一种义务一样，这种义务不能被还原为一条实用的劝告。康德这个实例中的这个人格不是被驱使去帮助他人，因为他认为事实上如果他现在不帮助他人，他人将来就可能不帮助他。他被要求去采纳一种不偏不倚的道德的观点。这个场景完全是假设的。

② 见《道德形而上学》VI 453.5-15 反驳"自私准则"的方式。康德对冷漠（"它与我何干？"）这种情感的反驳瞄准斯多亚派"圣人"显露出来的那种著名的"缺乏同情"[亦即"不动情"]；见《道德形而上学》VI 457.10-12，以及《道德哲学讲义》，*Collins*，XXVII 421.25。

想中的矛盾"的东西：我们甚至不能设想这个准则在其中普遍规定人类行动的世界，康德现在补充说，人们"远不"能够"**意愿**这个准则**应当**变成如此"。这就解释完善的义务的优先地位。行善和其他不完善的义务，只有在完善的义务设定的限度内才适用：例如人们不允许做虚假许诺来获取帮助他人的手段。"设想中的矛盾"是仅仅影响某些不道德行动的实例的严格标准，反之一切道德上不合法的准则都制造"意志中的矛盾"。因此直言命令式的现实表述总是使用这个更一般的标准："能够**意愿**一个作为普遍法的准则"。严格的义务的直言命令式表述如下：只按照你由以能够同时**思想**它变成（自然的）普遍法的准则而行动。①

¶ Ⅳ 424.15　现在我们就从（严格的或宽泛的）"责任的种类"转到义务的"对象"（行为者自己或其他行为者）。

87

---

①　有两个理由怀疑哈腾斯坦（Hartenstein）的猜测：Ableitung（推导）。Abt(h)eilung（分类），由于原始版本就有它（Ⅳ 423.37），很可能应当作为 lectio difficilior ["越难的解读"，意即根据"越难的解读越准确"这个校勘原则而做出的"最难的解读"]而保留下来。首先，康德在这一段和下一段解释，已得到承认的义务（关于自杀和说谎许诺的禁令和关于促进自己才能和帮助处于困境中的他人的命令）如何能够根据直言命令式的活动方式（modi operandi）而区分开来，亦即，他提出一种与他当前意图（随意的（beliebig），Ⅳ 421 脚注）相适合的对义务类型的系统分类。其次，康德本来就会使用 Abtheilung 的旧式拼法，增加 h，这就使这个错误出现的可能性比它今天发生的可能性更小。不过，在 Ⅳ 421.10 和 Ⅳ 429.8 康德的确分别说过，个别义务能够从直言命令式的一般表述和第二个变化式中被"推导"（abgeleitet）出来。保留 Abtheilung 并不减弱康德式伦理学的理论抱负。

一切义务都需要这样一个对象；一切义务都必须是对某个人的义务。康德说，在违反义务时，我们发现，"我们并不真正意愿我们的行动应当变成普遍法，因为对我们来说［正如已经表明的那样］我们的准则的对立面应当一般成为一条法是不可能的，只有我们擅自对它做出**破例**以便我们自己（或仅此一次）达成我们倾好的利益"（Ⅳ 424.16–20）。在违反义务的行动的情形中，行为者使自己豁免于一条他想要在其他情形中仍然完好无损的法。因此，行为者使自己豁免的这个标准是隐含地承认的。换言之，行为者使用双重标准，他妄图赋予他自己以特殊地位，他放纵倾好并藉此行为而否定他人有权做同样事情。[①]**这就是使其态度不道德的东西。**

像前述实例一样，本段非常清楚地表明，康德的这个原

---

① 在一篇富有影响的论文中，托马斯·波格（T. Pogge）论证对康德的普遍化检验方法的一种"非典型"重构。他论证说，我们必须自问我们能否意愿一切行为者能够被**准许**来采纳这个正在考虑的准则，而非自问我们能否意愿他们**现实地**采纳这个准则（'The Categorical Imperative', in *Grundlegung zur Metaphysik der Sitten. Ein kooperativer Kommentar*, ed. O. Höffe (Klostermann, 1989) p.173）。波格的解读正确地强调"准许性"这个方面，但这种解读完全相容于、而且甚至蕴含着波格所反驳的传统解释。按照康德，当倾好驱使我们采取一个确定的行动过程，关于这个确定的行动过程的准则将要被拿来进行检验时，我们在道德规范是否应当限制我们的选项方面就面临着选择。如果我们此时决定藐视道德性，我们确实就必须（违之则矛盾）**允许**一切其他行为者在密切类似的境况中、亦即当他们具有类似的倾好时采纳我们的以倾好为基础的准则。倘若如此，**他们**就是被**他们的**倾好所驱使来采纳这个不合法的准则，正如我们是受我们的倾好所驱使一样，而一旦道德限制被解除，他们就**意愿**采纳这个不合法的准则。

则涉及理性和倾向之间的冲突。^① 在违反对自己的义务时，人们想要使自己**仅此一次**豁免于普遍法；在违反对他人的义务时，人们想要对在其他情形中一般有效的法**仅为自己**（而且也仅此一次，因为准则的无时间性在对他人的义务的情形中也必须得到满足）做出破例。这次康德没有得出"一类义务（对他人的义务）压倒另一类义务（对自己的义务）"这个结论。然而在《道德形而上学》中康德论证这个观念：对一个人自己的义务在哲学上先于对他人的义务，因为没有对自己的义务就根本不会有对他人的义务（Ⅵ 417-418）。对这个谜一般的论题的最貌似合理的解释是，一切义务（包括对他人的义务），在"它们被归于自法性伦理学中将要在行为者中找到的那个进行约束的自我"这个形式意义上，都部分地是对自己的义务。这非常适合于这个观念：一切义务都依赖于时间性的普遍性，反之只有对他人的义务包含着涵盖一切行为者的普遍化。^②

---

① 在一部"奠基"著作中，没有任何空间来讨论不同的理性根据之间的冲突；甚至在《道德形而上学》（Ⅵ 224）中，这个主题也仅仅简要地被提及。

② N. Potter, 'Duties to Oneself, Motivational Internalism, and Self-Deception', in *Kant's Metaphysics of Morals*, ed. M. Timmons (Oxford University Press, 2002), 371–389, at p. 376, and my 'Kantian Duties to the Self, Explained and Defended', *Philosophy* 81 (2006), 505–530, at pp. 512–515.

五、插曲

¶ Ⅳ 425.1 下面五段服务于双重意图。首先，康德扼要概述和澄清他迄今已经确立的东西。这几页显示出像第一章"结语"那样的康德式章节结尾的所有特点，而且实际上它们总结第二章的那个与第一章论证大体相一致的部分。其次，康德做出向第二章的更具形而上学特点的部分的过渡，这个部分实质上超出第一章论述的内容。康德开始把焦点置于道德存在者本身以及支配他们意志的法。为了成为形而上学的法，它们必须是关于**某物**的法，这个某物（纯粹意志）现在还没有进入视野中。这最终引向自法的发现，自法是第三章为直言命令式辩护所必需的道德性的概念。

论证在 Ⅳ 427.19 从这个意志的定义推导直言命令式的新的变化式来重新开始。本段包含着对迄今已经达到的观点的概括。我们现在拥有的是对道德性的意义的更加清楚的说明，而不是对道德性的有效性的证明（见 Ⅳ 419.36-420.11）。一条实践法"自行地、绝对地和不需要任何动机地"颁布命令（Ⅳ 425.9-10），康德的这句名言必须完全从字面来解释：这条实践法不需要任何动机就作为命令而适用于人的意志。人的意志不需要任何外在诱因就把这条法施加于它自己；在承认这条法的权威时一个动机就被创造出来：**对**这条法的尊敬。

¶ Ⅳ 425.12 康德重复他的警告：道德性不能从关于人的物理本性的事实推导出来，以免［直言命令式的］自然之 89

法表述被按照自然主义路线做出错误解释（见 IV 389.24-35，
IV 406-412）。道德性坚定地独立于一切自然性的东西，尤其
是倾好。

¶ IV 425.32　为纯粹道德哲学奠基的计划是不完备的，
因为我们还不知道它以什么（如果有的话）为基础。[1]神和自
然（"天"和"地"，IV 425.33-34）能够被排除掉。道德哲学必
须是她自己的合理性的法的"至高无上的女皇"[2]（女独裁统
治者（Selbsthalterin），IV 425.35），而不只是自然之法的传令者，
因此不能依赖于任何自然性的或经验性的事物。但是我们现
在还无法欣赏到这种解决，亦即在道德判断中我们把我们自
己设想为纯粹理智世界的成员，这是我们在道德上的至高无
上性的基础。

¶ IV 426.7　康德再次警告我们，不要把道德理论和道
德实践中合理性的东西与经验性的东西混淆起来。他间接提

---

[1]　这个关于道德哲学的"观点"（Standpunkt，IV 425.33）被认为是不
幸的或不确定的——当然是对第三章（IV 450-453）提出的两个"观点"
的学说的暗示。

[2]　希腊文 αὐτοκράτωρ（"独裁统治者"）的字面翻译，这个称号被归
于俄罗斯女沙皇。参见 IV 395.1 的 Regiererin（女统治者）。在所有英译者中，
只有阿博特的译法"独裁者"（dictator）得其真义。根据同样精神，往下几
行理性被说成"口授"（diktiert）原则。或许为了避免这个词从十九世纪后
期以来获得的邪恶涵义，丹尼斯代之以相当苍白的"指导者"（director），这
个译法遮蔽康德（以及阿博特）的观点。埃林顿的译法"创作者"（author）
是成问题的，因为康德并不认为哲学或理性发明那条道德法。"维持者"
（Sustainer）这个译法是完全错误的。

及塞萨利国王伊克西翁的神话故事①，宙斯设计让伊克西翁拥抱的不是他的妻子赫拉，而是云朵。伊克西翁与这个云朵生下第一个半人半马的怪物，亦即由人的躯干和马的肢体（用康德的短语来说）"拼凑起来的杂种"②；例如见品达:《德尔菲颂》(Pindar, *Pyth. Ode*), 2.21–50。③ 上面 Ⅳ 409–410 提示，康德心中想到的是他的哲学对手们的理论。这些理论对未经训练的眼睛来说似乎具有吸引力，或许甚至包含真理的颗粒，但是那些目睹过"德性的真正形式"的人则容易承认，它们是它们实际就是的荒唐的混合物。

Ⅳ 426 脚注　康德强调道德行动的价值；如果人们忽视道德行动的有用后果，它的这种价值就更加明显。一切能够使用其理性能力的人、甚至心肠冷酷的恶棍（见 Ⅳ 454.21–22 ）都能够轻易看出这一点。康德在这里是与他在第一章中预想

90

---

①　按照希腊神话学和传说，伊克西翁是塞萨利的拉庇泰人的国王。他为了得到邻国美丽的公主而使用卑劣手段谋杀邻国国王，因此激怒全国人民，不得不逃到宙斯那里。宙斯宽恕他并让他进入奥林匹斯山。在奥林匹斯山上，他开始竭力追求宙斯的妻子赫拉。宙斯为了惩罚他，用云朵造出一个赫拉的假像，他受骗上当与之结合，于是生下半人半马的怪物；宙斯还将他罚入地狱，绑缚在火轮上永转不停。——译者

②　见《未来形而上学导论》Ⅳ 257.34 对"因果性概念可能与此类似是想象力的不合法的产儿、而不是理性的产儿"这种担忧的说明。关于康德在其批判计划中醉心于谱系学隐喻的讨论，见 I. Proops, 'Kant's Legal Metaphor and the Nature of Deduction', *Journal of the History of Philosophy* 41 (2003), pp. 219–221。

③　见 *Mrongovius* II, XXIX 626, 以及关于德性的表象的纯粹性，R 6917, XIX 206。

的那个强调道德性的有用性，以便把注意力引向善的意志的价值的策略（Ⅳ 394.27-31）相矛盾的吗？他不是。目前这个脚注中提出的检验方法意在为了"专家们"，正如康德在前一段中称呼他们的那样，专家们利用他们自己的合理性的判断。有用性至多不过是一个工具或诱饵，一旦人们在道路上进展到道德形而上学，它就失去它的吸引力。在道德事务中，每个人都能够是专家。

¶ Ⅳ 426.22　康德现在开始为直言命令式的第二个变化式准备基础。与一般表述和第一个变化式不同，第二个变化式明确地把道德性的概念与有理性存在者（亦即人，我们必须当作因其道德能力而是自在目的的有理性的本性；见Ⅳ 428.21-33）的概念联系起来。这标志着（正如第二章标题中宣称的那样）一种初步的形而上学研究的开端，这种初步的形而上学研究通向道德王国的概念，并最终通向自法概念的阐明。它是形而上学的，因为它的焦点现在在于存在者，而非在于其起源是未知的法，尤其道德存在者的非经验性的本性及其法。① 我们也终于摆脱对明智性、技能性和人类心理学特有的其他因素的考虑。②

---

① 康德有些自相矛盾地提议，"自然学说"（Naturlehre）有两个部分，一个部分是自然的（在"经验性的"这个意义上），一个部分不是自然的。

② 令人惊奇的是，康德似乎把准则的选择视为"经验性的灵魂学说"的一部分（Ⅳ 427.10）。如果准则的产生和采纳能够完全以经验性的方式进行探索，它就不会是我们的意志自由的表达。康德很可能想要说，在一个人的经验性的性格中有一些规则性符合于或表达着自由选择的准则。

六、第二个变化式：作为自在目的的有理性创造物

1. 从意志的概念推导出"作为自在目的的人性公式"

¶ Ⅳ 427.19 正如引向一般表述和第一个变化式的论证一样，第二个变化式的表述的推导从这个意志的定义开始：它是有理性存在者按照法而行动的能力（参见 Ⅳ 412.26–28）。然而，[一个差异是，]康德现在不是采取对人的意志能够遵循的不同种类的法进行区分这个形式路径，而是转向意愿的质料或者说意愿的"目的"（参见 Ⅴ 58.37）。第二个差异是，正如前一段中宣称的那样，康德现在强调诸道德法对**一切**有理性存在者的有效性，一个在"前言"中首次引入（Ⅳ 389.13–16）和在第三章中作为论证有理性存在者的自由的前提而再次采纳（Ⅳ 447.26–27）的形而上学论题。

不幸的是，后面这些区别比前面定义产生的区别更不清楚得多。例如，"目的"应当是这个世界中的对象、并因此是"客观的"，而不是行为者想要实现的主观意图，这个想法是相当特殊的。正是在这个字面意义上，康德把目的说成自己规定的**客观**根据 ① （Ⅳ 427.22）。当然，这样一个客观根据，在

---

① 帕顿在其译文中敢于用"主观根据"代替"客观根据"。这个观念是，一切目的都必须是主观选择的，而决不能是外在施加的。按照这个图画，某些目的（那些唯独由理性给予的目的）就变成客观根据。于是第二个变化式就标志着重点从道德意愿中客观的东西（法）向主观的东西（目的）的变化。必须承认，下面 Ⅳ 431.9–18 达到第三个变化式的论证使帕顿的这个修改变得更有吸引力。

一切单纯主观根据至多能够通过倾好而影响意志的外在规定
这个意义上，也是行为者的**自己规定**的基础。

　　有三个考虑可以帮助我们解释康德的这个用法。首先，
这个表示"目的"的德语词 Zweck 原来意指弓箭手想要射中
的靶心，亦即，某个外在的和不依赖于行为者的、并且在这
个意义上"客观的"（客体般的）东西。其次，目的是为了它
之故而做出行动的东西（继续用弓箭手的例子，它就是行动
瞄准的东西）。从行为者的第一人称观点看，目的能够很容易
是过程或外在对象（金钱或满足能够是一个人工作的目的，
并在这个意义上能够是"自己规定的客观根据"）。在仁爱的
道德行为的实例中，我们经常以一种康德式的方式说，行为
者做出这个道德行为是为了另一个人之故。第三，"目的是某
个种类的事物或对象"这个观念也是通过手段和目的之间的
对立而提示出来的。①

　　本段的论证基于两个看待人类行动的视角之间的艰难的
术语学区别（Ⅳ 427.26–27）：我们欲求某个事物的主观根据叫
作它的"动机"（Triebfeder）；与此相对照，我们为什么意愿某
个事物的客观根据是它的"驱动根据"（Bewegungsgrund）。康德
似乎正在假定，尽管一切人类行动既包含动机、又包含驱
动根据，然而某些行动（那些单纯追求主观目的的行动）以

----

　　①　要注意到，几乎没有把手段"主观化"或内在化的诱惑，或许因
为作为行为者我们把手段作为纯粹工具性的来看待，当我们需要它们时
就利用它们，反之，目的则是适当采纳的。我们自然地把目的称为"我
们自己的"，但我们并不（在哲学相关性的意义上）说"我们的手段"。

动机为**基础**，而另一些行动（那些包含客观目的的行动）则是驱动根据占主导地位。① **主观目的**把它们作为目的的地位归于就行为者而言的主观的赞成态度，而**客观目的**则对一切有理性存在者都有效。② 在后一种情形中，驱动根据影响意志，更多地是通过客观的、普遍的目的在得到理性承认和评判时所产生的吸引。在 Ⅳ 437.23‑30 两类完全不同的"目的"之间的这种区别再次被采纳，在那里康德区分"将要实现的"目的和"独立实存的"目的。

实践原则（命令式）被定义为"形式的"，当且仅当它们不依赖于动机，亦即感性的、自然的欲求或动机（Ⅳ 427.30‑32）。因此，这些命令式能够采纳"驱动的根据"和客观目的，虽然它们具有形式性。"驱动根据"本身不是现代心理学意义上的"动机"（某种欲求），而是激励行为者的新颖的兴趣和动机的客观根据。康德想要区分依赖于一定主观条件的原

---

　　① 因此没有任何理由认为，康德在其后期著作中不得不把他关于动机的设想"扩展到"包括纯粹理性激发出来的驱动（见 Wood, *Kant's Ethical Thought*, pp. 360‑361）。康德是说，主观目的**基于**动机，反之，客观目的则不。在《道德形而上学奠基》中，正如在《实践理性批判》中一样，尊敬（驱动的纯粹合理性源泉）是"动机"，事实上是能够使行动具有道德价值的唯一动机；见 Ⅳ 440.5‑7 和 Ⅴ 81.20‑25。

　　② 完整引用这个句子："欲求的主观根据是**动机**；意愿的客观根据是**驱动根据**；因此，就有基于动机的主观目的和依赖于对每个有理性存在者有效的驱动根据的客观目的之间的区别"（Ⅳ 427.26‑30）。像伍德，茨威格和帕顿一样，与格雷戈尔相反，我把最后这个关系从句当作定义性的，把前面两个平行的关系从句当作非定义性的，正如译文显示的那样。德文原文是歧义性的。

182 康德《道德形而上学奠基》评注

则和不依赖于一定主观条件的原则。按照同一种精神，康德
在《实践理性批判》和下面 IV 440.5-7 把**尊敬**称为道德行动
的"动机"（尽管它当然不是传统意义上的动机）。它不影响
意志的命令，而是最初产生于意志的命令。正如本段最后一

93 句显示的那样，我们正在跨越（如果在不同的道路上）基于
主观目的的假言命令式和要求客观目的的直言命令式的熟悉
辖域。

¶ IV 428.3 按照形式原则而做出的道德行动，必须是
为了某个目的之故而做出的，或者出自对这样一个目的的尊
敬而做出的，即使它不能基于单纯主观的目的。现在我们就
进入对客观目的的寻找过程。客观目的是一个这样的目的：
它凭借它自身不仅拥有对行为者而言的主观价值，而且拥有
一切有理性存在者都应当承认的绝对价值，不论他们可能碰
巧具有什么（主观）目的。

然而有一件事情已经是清楚的。客观目的不能是那种通
过行动来促进或实现的目的。这样一个"目的论意义上的目
的"是完全不适合的，因为正如第一章中已经证明的那样，
我们的行动的外在结果从来不是完全在我们的控制中。道德
性的目的必须是特殊的。它必须在种类上是不同的。康德清
楚意识到他的论题在哲学上和术语上的过度。但是由于对这
种意义上的道德目的的鉴别并不依赖于主观偏爱，因而康德
没有打算放弃他的纯粹形式的伦理理论的计划，不论它最初

看来可能多么自相矛盾。①

　　对绝对目的的寻找能够通过示例说明如下。我们从一个视角看作一个**目的**的某个事物，能够很容易变成达到一个更进一步目的的**手段**。如果我的倾好的对象是一杯咖啡，我的倾好就使这杯咖啡在我看来是可欲的，其他对象如咖啡豆、碾磨机、水壶、咖啡壶、过滤器和水都是我用以实现这个目的的**手段**。这杯咖啡，作为我想要实现的目的或对象，与我内心中促成我做出价值判断的主观动机形成对照。当有一杯热气腾腾的咖啡放在我面前的桌子上时，我就达到我的目的。重要的是，这杯咖啡是我烧水壶、磨咖啡豆等的目的，它本身又是达到一个更进一步目的的手段：我喝它（而且现在把一杯咖啡、或者为了这杯咖啡而把咖啡碾磨机、水壶、咖啡豆当作**单纯的**手段，没有什么不妥）。一旦我实现某个确定的目的，这个目的就能够变成达到一个更进一步目的的手段。倘若如此，它作为我的行动的目的的最初地位就不再维持。我们能够不断重复玩这同一个游戏。我把咖啡豆倒进碾磨机的目的是咖啡粉这个产品，一旦水烧开，咖啡粉又反 94 过来变成手段。于是，某些叫作目的的对象是单纯主观善的；一切能够通过我的能动性来达到或实现的目的都属于它们之列。其他叫作目的的对象在下面这个意义上是客观善的：它们必须被公正地和普遍地看作有价值的。我们为了某个并非

---

　　① 亦见康德在下面 IV 437.21-30（在那里其形式主义得到重申）对第二个变化式的概述中的相应区别。

由倾好所支持的事物之故而行动的能力，依赖于我们对后面这种目的的实存的承认。何种存在者能够具有这个崇高地位呢？现在康德正在接近于这个问题：何种对象**决不**应当单纯作为手段来使用，而必须毋宁作为自在目的以不同方式来对待。

¶ Ⅳ 428.7 在本段的过程中，康德通过系统地排除一切其他可能的竞争者来论证他喜爱的候选者适合于客观目的的地位："人（der Mensch）和一般而言每个有理性存在者"（Ⅳ 428.7-8）。康德以这个说法来开始他的考察：这样一个目的必须在任何时候都被当作自在目的，而从不单纯被视为达到其他单纯主观目的的手段。

三个候选者很快被摒弃。首先是倾好的对象，它们只有在我们性情喜爱它们时才拥有对我们而言的价值；其次是作为这些对象的主观价值之条件的倾好本身。这个回溯过程背后的观念是简单的。某个对象诸如一杯咖啡只有在我喜爱并欲求喝咖啡时才具有对我而言的价值；但是如果我的欲求的对象不是绝对有价值的，人们就可能考虑那个**使**之有价值的条件：倾好。但是康德也摒弃这第二个候选者。倾好是我们需要事物的理由（它们是"需要的源泉"，Ⅳ 428.14-15）。如果可能的话，有理性创造物宁愿希望自己没有倾好。[①] 人们使

---

　　① 这个论证不应当被看作康德敌视人类本性的感性方面的表达。康德不是要求根除倾好，而只是倾好必须受到教化和隶属于理性；例如见《单纯理性限度内的宗教》Ⅵ 58.1-6。摆脱倾好而完全自由决不能不只是一个愿望。

自己摆脱倾好的一个方法（事实上通常的方法）就是让它得到满足。有争议的是，我们拥有需要得到满足的倾好，这个事实本身就是一种缺点，因为它使我们较不自足。然而如果我们被给予选择的机会，我们真的宁愿选择没有倾好而存在吗？如果另一个选项是让它们得不到满足，那么我们当然会选择没有。至于"我们希望完全摆脱倾好"这个更强的主张，康德大概将会论证，任何一种对于保持倾好（或许对生活中善的东西的倾好）的欲求本身必须以倾好为基础。如果我们只能希望它们消失，我们就不会看不到它们或判断我们的生活变得更糟。①

第三，康德考虑非理性动物。这样他就从能够通过人类意志来实现的实体、它们的价值及其条件，进展到独立实存着的对象。动物不能是自在目的或拥有绝对价值，这一点由这个事实所证实：与人格不同，它们不激起尊敬（见《实践理性批判》V 76.24-27）。康德把动物称为"事物"，宣称人有权为了他们自己的意图而将它们作为单纯手段来使用。正如第二个变化式显示的那样，义务必须在任何时候都针对人

---

① 见 1784—1785 年《道德哲学讲义》："我们对之具有倾好的事物令我们感到快乐，但倾好自身并不使我们感到快乐，因为否则［如果没有该倾好］我们就将没有如此众多的需要"（*Mrongovius* II, XXIX 610.6-8）；亦见《实践理性批判》V 117-118，在那里康德宣称与道德行为相伴随的满足归因于同时出现的对盲目倾好的独立性。在《判断力批判》中，美的愉悦的崇高地位是基于"它是完全无兴趣的"来辩护的。这类审美赞同既不预设也不产生需要（去行动），因此它是唯一一类完全自由的判断；见 V 209.21-25。关于需要，亦见上面 IV 413-414 脚注。

格，或者一个人自己，或者他人。因此不能有任何对动物的直接义务。此刻，康德不是为他的对动物作为事物的有争议的分类提供论证（例如见《道德形而上学》Ⅵ 443）。

一旦非理性动物被排除掉，那么只剩下第四个候选者：人格——有理性的独立实存着的存在者，他们与事物不同，不能被任意交换。只有人格是"自在目的"。

¶ Ⅳ 428.34 康德现在从迄今已经论述的内容得出他的结论。直言命令式得以可能所需要的特殊目的是人，人类存在者（或任何像人类存在者这样的有理性创造物）。直言命令式的根据是："有理性的本性作为自在目的而实存着"（Ⅳ 429.2-3）。

这个陈述很容易受到误解。"有理性的本性"看起来指称人拥有的一种性质或能力，但根据更切近的考察，这种解读不能成立。首先，当康德说有理性的本性（die vernünftige Natur）作为自在目的而实存着时，本性（Natur）是与一定种类（或本性）的"存在者"同义的：有理性创造物，人格。其次，定冠词（die）被用来表达一个一般陈述：**任何有理性创造物本身**都是自在目的。第一点对康德德文原著的当今读者来说并不明显；① 然而由于翻译之幕，这两点都几乎完全被模糊。②

---

① 然而，这个意义上的本性（Natur）在当代德语中仍然偶尔被使用，例如像 eine heitere Natur（或 Frohnatur），"一个天生快乐的人"这样的短语。

② 回顾一下第二章的几段文字可以确证这种解读。首先，在第二章刚开始时，康德质疑尊敬（它似乎与人类条件密切相关）作为 （**转下页**）

在论证他喜爱的候选者之后，康德给出直言命令式的第二个变化式。由于我们的特殊地位，我们应当在任何时候都把我们自己和他人中的"人性"同时作为目的、而决不单纯作为手段来使用（Ⅳ 429.10-12；见《实践理性批判》Ⅴ 87.13-30 和 Ⅴ 131.20-24）。在直言命令式的这个表述中，"人性"指称人的理性能力。在我们自己和他人"之内"，我们应当尊敬和促进那种使我们成其为人的元素或能动性。① 在

（接上页）"对一切有理性的本性都适用的一般箴规"（Ⅳ 408.21-22）的作用；要注意到那个量词［"一切"］。康德在那个段落自始至终都使用"有理性存在者"这个短语。有理性的本性（Vernünftige Natur）不过是一种文体的变化。其次，借助于四个通常的实例来说明第二个变化式之后，康德断言"人性和每个作为自在目的……的一般有理性的本性这个原则不是从经验中借来的"（Ⅳ 430.28-431.2）。在这里"有理性的本性"听起来非常奇怪，以致帕顿决定把它翻译为"有理性存在者"。第三，再往后几页他能够同样这样做："自法是人类本性和每个有理性的本性的尊严的根据"（Ⅳ 436.6-7）。第四，"有理性的本性使它自己区别于其余的本性（den übrigen, sc. Naturen［其余的东西，亦即其余的本性］），因为它为自己设定目的"（Ⅳ 437.21-22）。在最后这句引文中，正如在其他地方一样，定冠词（die vernünftige Natur）是以单数来表示这个陈述句的一般性。本性（Natur）不是一种特殊性质，而是一个属于某个确定种类的存在者或对象。这种用法，或者具体地说这个全称量词，将会是几乎不可理解的，倘若康德谈论的不是个体创造物、而是抽象意义上作为能力的"有理性的本性"。这个词的德文和英文都是以拉丁文 natura（本性）作为它们的根源，正如在类似的哲学语境中使用的那样。

① 康德预先使用《单纯理性限度内的宗教》（Ⅵ 26-28）做出的动物性、人性和人格性之间的后来区别，他或许是指称我们的一般理性能力，而非仅仅指称我们的道德能力。从直言命令式推导出来的义务的范围似乎证实这一点。

《道德哲学讲义》中，康德明确区分"恶棍"（Bösewicht；参见
Ⅳ 454.21-22）和他的"人性"（Menschheit）——使我们对前者、
亦即那个作为整体的人格感到很不满意，但是我们能够对后
者、亦即他的人性感到满意（*Collins*，ⅩⅩⅦ 418.17-19）。

　　对这个新表述的三点更进一步的注释。首先，康德不是
说我们决不应当把其他人作为手段来使用（我们不可避免地
这样做）。事实上，我们把他人当作手段是对他人的义务的重
要源泉。当我到外面吃饭时，我就把厨师和餐馆服务员用作
达到我自己美食一顿这个意图的手段。康德是说，我们不应
当把他们（或任何其他人）**单纯**作为手段来使用，亦即把他
们视为单纯工具。我们是否给予人作为自在目的的地位以适
当注意，这一点具有实践后果。我们的态度，无论它是漠视
的还是尊敬的，都将影响我们的行为。对他人的道德行动的
标志是，他人能够理性地赞同一个人的原则，倘若他们知道
这个人的原则的话。

　　其次，把人"在任何时候都作为目的、决不单纯作为手
段"来对待，这个禁止令不是由两个独立的、必须总是结合
起来加以运用的标准组成的。它们是两个分明不同的标准，
但是它们仅仅在严格的或"必然的"义务的情形中交叠在一
起（参见 Ⅳ 430.10-13）。在那个情形中，不赋予某个人以其
作为独立的、客观的目的的适当价值，是把他作为单纯手段
来对待的直接后果；在宽泛的或"偶然的"义务的情形中则

并非如此。① 如果我拒绝帮助那些处于贫困中的人，我就没有对他们作为人类同胞的地位给予适当注意，因而违背可嘉的义务而行动，但是我没有把他们作为达到我自己目的的工具来使用。像第一个变化式一样，第二个变化式包含着道德行动的狭义标准和广义标准。在狭义的义务的情形中，两个标准都适用；在宽泛的义务的情形中，只有较弱的标准才适用。再者，这必定是为什么（正如康德现在表述的那样）"必然的"义务优先于"偶然的"义务的理由。"这样行动，以使你把你自己人格中的人性和任何其他人人格中的人性决不单纯作为手段来对待"，这将会是关于"必然的"义务的直言命令式。

第三，当康德把第二个变化式和第一个变化式等同起来时，他如何设想目的和法、质料和形式之间的相互关系，这

----

① 我们应当注意到，向直言命令式的第二个变化式的过渡以一个术语学上的变化为标志。康德不再说"完善的"（或"严格的"）和"不完善的"（或"宽泛的"）义务，而毋宁说"必然的"（或"应尽的"）和"偶然的"（或"可嘉的"）义务。宽泛的义务是"偶然的"，因为它们为了作为象征的义务而发挥效力，依赖于特殊的偶因，诸如在行善的实例中另一个人的困境。当然，它们是偶然的，并非因为行为者对符合义务的行动的倾好。这将会把这些义务变成假言命令。此外，它们被称为"可嘉的"，这不应当被看作意味着，一旦它们适用，它们就在任何意义上都是较少责任性的。（任何象征的义务都把所要求的行动变成必然的；见 IV 400.18—19 对义务的正式定义。）然而，接受我们帮助的人不具有要求我们帮助他的权利，如果我们拒绝帮助他，我们也不是对他行不义。他确实具有我们归于他的一些权利，诸如不被欺骗的权利、不被剥夺财产的权利或不被谋杀的权利。我们的帮助对他是恩惠并令他感激。

一点不是完全清楚的。承认我们和他人是自在目的，就迫使我们按照严格普遍的形式法而行动吗？或者，我们心中的那条道德法首先使我们能够承认其他人格是自在目的，然后这种承认反过来使我们按照普遍标准而行动吗？第二个进路有利于使"第二个变化式隐含地依赖于道德规范"这个反驳无效，并且也显露出它的局限性；形式仍然是首要的。

正如在前一个情形中一样，我们将要问，为什么康德向我们给出第二个变化式。他可能把它仅仅设想为达到第三个变化式的核心概念"在道德王国中自己立法"这个形而上学理想的另一个步骤，他宣称第三个变化式产生于前两个变化式的结合（Ⅳ 436.8-26，参见 Ⅳ 431.9-13）。康德心中有针对的具体目标吗？他一定意识到作为"客观的"自在目的的人格这个概念在哲学上的新颖性，作为"客观的"自在目的的人格在种类上完全不同于哲学家们通常视为目的的东西。在 Ⅳ 436.12-13 我们了解到，直言命令式的这三个变化式全都基于"一个确定的类比"。在目前这个情形中这个类比就是"把人性作为一个非常特殊种类的'目的'来对待"。康德很可能正是针对关于传统意义上的目的的伦理理论，亦即古典目的论。

再次，康德向"作为自在目的的人性公式"过渡的驱动是不清楚的。他可能仅仅设想一种目的论的世界秩序，在其中人是最终目的，一切其他事物都是为了人之故而实存着。然而哲学史上有一种特别引人注目的平行观点，这就是把最终的和完满的目的表征为：一切事物都是为了它之故而被创造的，反过来它不是为了任何他物之故而被创造的。这个定义在古典古代自始至终都存在着，而且答案也始终是同一个——幸福（εὐδαιμονία），虽然在古代幸福的实质经历过重大变化。

比较一下从《尼各马可伦理学》中摘录的下面这段文字：

> 现在我们说，因为其自身而值得追求的东西比因为某个他物而值得追求的东西更加完满，从不因为某个他物而可欲求的东西比既因为其自身、也因为某个他物而可欲求的东西更加完满；**无限制地**完满的东西是始终就其自身而言和从不因为某个他物而可欲求的东西。最重要地，幸福看起来就是这样的东西；我们总是因为它自身和从不因为某个他物而选择它（1097a31–b2）。

这种类似性是引人注目的。如果康德心中想到亚里士多德式的目的论（几乎没有迹象显示康德是如此），① 那么第二个变化式就会正式提议：古典目的论在最终目的的结构方面是正确的，伦理学的确能够根据目的来建构，但是当古代人相信最终目的是幸福时，他们不幸错识真正的最终目的。事实上，

---

① 康德（从表面来看）熟悉的亚里士多德式伦理学的唯一元素是中道学说；例如见《道德形而上学》Ⅵ 433 脚注，以及 *Collins* 的讲义的注释，XXⅦ 277.5–6。康德有希腊文和拉丁文的《亚里士多德著作全集》，但是《尼各马可伦理学》没有列入他的"亚里士多德的最优秀著作"的书目："逻辑学、修辞学、自然史"（R 1635，ⅩⅥ 57，1750 年代早期）。

最终目的是人性。①

Ⅳ 429 脚注　康德是指星号前面的两个句子，即**每个**人都把自己视为自在目的这个理念。康德用这个论证来支持他的这个形而上学论题："有理性的本性作为自在目的而实存着"，亦即第二个变化式的客观原则的根据。人们以这种方式看待自己和其他有理性存在者，这个事实导致对自己和他人两者的义务，这就是为什么这两种义务的对象于是在上面文本中被区分开来。这种"自己把义务归予自己"的主观的和客观的必然性，是基于只有在 Ⅳ 450.30 才被引入的"每个人在理智世界中的成员身份"。这个新的变化式的举证责任也是基于第三章中讲述的辩护故事。

2. 把这个公式应用于义务的四个实例

¶ Ⅳ **429.14**　康德又使用 Ⅳ 421-423 首次引入的得到广泛承认的道德义务的四个实例。

¶ Ⅳ **429.15**　第一个示例。在道德上，没有一个人能够被另一个人随意处置，甚至被他或她自己随意处置。康德论证，某个人因为对生活感到厌倦而想要自杀，他就将他自己作为达到逃避他的艰辛状态的单纯手段来对待。康德认为，

---

　　①　事实上甚至蒂特尔也承认这个原则：一个人应当总是把人性当作目的；但是随后他先于黑尔（R. M. Hare）和库米斯基（D. Cummiskey）的工作而问道：这是否并不相当于康德拒绝的那个原则："幸福的原则，亦即自爱和慈善的原则"（*Über Herrn Kant's Moralreform*, p. 46）。

这样的行动与"人是自在目的"的理念相矛盾。康德的这个禁令扩展到"总体性的"自杀之外的自残和自我堕落：我们必须从不把人（包括我们自己）作为达到我们以倾好为基础的意图的单纯工具的意图的单纯工具。肢体和器官是人的部分。

然而，康德澄清，直言命令式并不禁止一切种类的侵扰身体的活动（见 IV 429.25-28 括号中的说明）。一如既往，行为者的态度是决定性的因素。第一个示例针对的目标又是"自爱的原则"，亦即由倾好提议的准则（参见 IV 422.7）。在《道德形而上学》中康德说，甚至一个人理发也"不是完全无罪的"，倘若理发是为了把头发卖给假发制作者之故、而不是为了个人卫生的理由（见 VI 423.13-16），紧接着他对几个明显合法的自杀实例进行简短的讨论。这些复杂情形没有一个构成道德形而上学的"奠基"的部分。

¶ IV 429.29　第二个示例。康德论证，某个人想要通过虚假许诺来获得借款，他就侵犯出借人作为自在目的的地位，具体地说：他把出借人仅仅作为资助的源泉、作为单纯的工具或手段来对待，而没有对他或她的合法利益给予适当注意。他对之说谎的这个人更不可能共有他的谎言的目的（亦即骗取他或她的钱）。他们两人不能作为平等伙伴而合作或追求共同目的。一个人负有一种诸如"不要对他人说谎"这样的必然的义务（IV 429.29），另一个人有一种"不要受到这样对待"的相应的权利（IV 430.5）。

IV 430 脚注　康德给这个在精神上最接近于金规则的示

100

例添加他对于直言命令式和金规则之间的差别的脚注。直言命令式和金规则显然是类似的，因为它们两者在这个意义上都是形式的：它们都不依赖于任何特定的目的或意图；而且它们两者都基于一个"实践上的同意"的概念而活动。金规则是以否定方式来陈述的：你不想要他人对你自己做的事，不要对他人做（亦即"己所不欲，勿施于人"）(quod tibi non vis fieri, alteri non feceris)（见 Thomasius, *Instit. jurisprud. Divinae*, I, 4, § 18; II, 3, § 21），亦即不要如同你不想受到对待的那样对待他人（见 Tob. 4, 5）。人们不希望被他人作为达到他们目的的单纯手段来对待（并因此使他们的权利受到侵犯），这个事实给予任何一个有理性存在者以一个理由来以他期望受到对待的方式对待他人：正派得体。① 此外，当康德说对自己的义务和对他人行善的义务不能从上述金规则推导出来时，他显然是正确的；反之，罪犯能够用金规则来反驳法官，论证说毕竟法官也不会希望被罪犯关进监狱，这个论证似乎是虚假的。难道法官不能赞同，如果他犯有他现在没有犯的这同一个罪行，他就会不得不受到同样对待吗？纵然如果他是有罪的，难道他不会想要受到惩罚吗？② 康德也没有想到，他对直言命令式的这个新表述可能具有类似的不确定性和遭到类似的反驳。

① 在《道德哲学讲义》*Mrongovius* II 中，康德赞同把金规则的同一个表述作为"目的王国"中的第二层原则；见 XXIX 610.36–37。

② 见 R 7994, XIX 576："惩罚的权力（potestas puniendi）的基础是什么？不是每个人都同意受到惩罚，而是每个人都愿意惩罚其余每个人。"

¶ Ⅳ 430.10　第三个示例。为了确立勤劳的义务，康德再次引入目的论原则，于是再次出现这个问题：他这样做是否是有根据的。康德认为，我们的能力或禀赋（Anlagen）是"我们主体中的人性方面的自然意图的一部分"；他假定，让我们的才能生锈是与保存人性相容、但与促进人性的事业不相容的。他没有给予任何更进一步的论证。很可能，人的才能的发展似乎获得其价值，是因为作为有理性创造物我们能够不依赖于我们的倾好而检验和追求目的。①

¶ Ⅳ 430.18　第四个示例。他人的幸福是义务的对象。一切人都自然希望幸福。而且，他人的幸福不能是一种唯独

---

①　本段第一个句子包含着对违背第二个变化式而行动时所涉及的两类道德缺陷的隐蔽描述。这些道德缺陷相当于第一个变化式的"设想中的矛盾"和"意志中的矛盾"（见 Ⅳ 424.1–14）。康德说，在对自己的可嘉的或宽泛的义务的情形中，如果我们的行动不与我们自己人格中作为自在目的的人性相矛盾（widerstreite, Ⅳ 430.12），亦即我们不把我们自己单纯作为手段来使用，是**不够的**。我们的行动必须**也**与人性的特殊地位相一致（dazu zusammenstimmen, Ⅳ 430.12–13）。因此，有两种不能恰当地对待人们的方式：一是把他们作为工具来使用，在这种情形中更不用说他们没有被作为自在目的来对待；二是不积极促进他们的目的。因此，在 Ⅳ 429.17–19（第一个示例）和 Ⅳ 429.31–33（第二个示例）使用两个标准，反之，在 Ⅳ 430.10–17（第三个示例）和 Ⅳ 430.23（第四个示例）则仅仅使用"与作为自在目的的人性的积极一致"这个一般标准。这一点具有重要意义。在对他人的义务方面，当两个人中一个人把另一个人作为达到他自己意图的单纯手段来对待时，这两个人就不能是平等的合作者；但**不**把另一个人像工具一样来对待就不能达到相互合作，就不能达到分享另一个人的目的。消极义务是首要的，但我们在道德上必须超越单纯的不干涉。

以倾好为基础、需要他人协助的欲求，而毋宁说事实上人（有理性创造物，作为其他目的之主体的客观目的）能够做出客观地（道德上或明智上）善的行动。这就是为什么"认真地把某个人当作自在目的"就蕴含着"把他的目的当作自己的目的来承担以便与他合作、帮助他"。这种义务，像一切其他义务一样，基于作为人的尊严之根据的实践理性**能力**（如果忽略我们经常不明智地或不道德地行事这一事实）。义务、尤其积极的义务在多大程度上扩展到道德上恶的人们，不是完全清楚的，但是没有任何责任去支持他们的恶行，却是确定无疑的；见《道德形而上学》Ⅵ 480–481。

¶ Ⅳ 430.28　为了总结对目前这个表述的讨论，康德再次（如果毋宁说更简洁地）尝试区分他的路径与通俗伦理理论（参见 Ⅳ 425.12–31）。他现在瞄准幸福主义体系，幸福主义体系根据行为者的主观目的来定义最终目的。康德的"客观"目的"人性"在种类上不同于一切这样的日常目的。他的这个新公式不是从经验推导出来的；首先是因为它的普遍性，其次是因为这种目的并非基于主观条件，因而不能以经验性方式加以研究。客观目的合理地**限制**一切主观目的的选择。要注意到，直言命令式把我们的**选择**自由限制于与作为自在目的的人性相一致的行动。我们的**意志**自由恰恰就在于我们能够服从直言命令式。

七、第三个变化式：目的王国中的自法

1. 从另外两个公式推导出自法公式

¶ IV 431.9 [①]　康德现在开始进行第三个变化式的表述。与一般表述和第二个变化式不同，"第三个实践原则" [②] 不是从意志的定义直接推导出来的。毋宁说，它把迄今呈现的直言命令式的诸个陈述的特征结合起来。这是非常清楚的。通往自法概念的论证细节是远非明确的。根据 IV 436.8-28 对诸表述的概述，下面的重构看起来将会是很有希望的。

任何一个意愿行为都包含着形式元素和质料元素。前者是（客观地）支配该行为的法，后者是行为者（主体）自由采纳的目的。 [③] 在"实践的"（亦即道德的）立法中，"规则"

---

①　像特奥多尔·瓦伦丁纳（T. Valentiner）一样，我此刻想要插入一个分段符。

②　严格地说，康德不应当把这些变化式的表述称为"原则"。一切表述都是同一个原则的表现或变化式；见 IV 436.8。

③　当康德说实践立法的根据主观上在于目的（IV 431.12）时，他的意思是（1）一切目的都需要在主观上得到有理性行为者的赞同？还是（2）按照第二个变化式道德行动瞄准自在目的？还是（3）尽管那条道德法具有客观性，但那条道德法是基于"目的"、亦即作为其主体的有理性存在者？论证的这个细节仍然是模糊的。这个推导将会因为帕顿用"主观的"替换 IV 427.22"客观的"而得到增强。在那种情形中，第一个表述将会强调一条普遍的道德法的客观方面，反之，第二个变化式将会从个体行为者的主观视角来表现道德性。与此类似，在 IV 400.32-33，意愿的客观规定与那条法联系在一起，主观规定与尊敬的动机（它使我们能够自由地把道德目的纳入我们的准则中）联系在一起。

（准则）就是能够被意愿为普遍法的东西，正如最初的那些表述揭示的那样。此外，正如我们从第二个变化式中了解到的那样，存在着作为主体而包含一切其他目的的自在目的，每个有理性存在者都是这样一个目的。当把前面的那些表述的客观方面和主观方面结合起来时，康德因此就达到这样一个"理念"（理性的一个必然的、不准许在经验中有适当对象的概念，A 327/B 383）：**每个有理性存在者**（见第二个变化式）都可以从事**普遍法**的颁布（在一般表述和自然之法变化式中所预想的）。康德反复强调**每个**有理性存在者都能够制定普遍法，他的这种反复强调把我们引向"目的王国"的理想；见下面 IV 433.16。

2. 普遍立法的意志独立于一切兴趣

¶ IV 431.19　像一般表述和自然之法公式一样，（迄今仅仅被暗示的）第三个变化式有助于消除道德上不准许的准则。（第二个变化式通过拒绝那些对人作为自在目的的地位不给予适当尊敬的准则而隐含地这样做。）但是尽管自法公式与一般表述相似，而且在 IV 434.10–14 甚至看起来直接产生于一般表述，然而立法主体的明确引入揭示出康德式的自法的典型特征：每个有理性行为者通过制定普遍法而使自己服从这条普遍法。否则，这条法就不会是普遍的。那条道德法就是基于行为者的理性自我，完全独立于任何外在影响。我们决定站在道德性一边，**因为道德性的法在本质上是我们自己的法**。道德性的法是一个人自己的法，一个人在不道德行动中使自己豁免于自己的法，这一点在第一个表述中至多是隐含的。在下面段落中自法得到更进一步解释。在 Ⅳ 440.14 一种形式的讨论结束第二章。

¶ Ⅳ 431.25　在揭示那条道德法的源泉时，自法公式也清楚地揭示出直言的（亦即无条件的）命令式的前述表述中单纯隐含着的东西：道德性必须独立于一切人类兴趣（一切人类兴趣都基于倾好）。这种独立性的可能性只有在第三章中才得到解释：我们是一个更高的具有自己自身的法的理智世界的成员；见 Ⅳ 451.24-36。

¶ Ⅳ 432.5　那条法不能依赖于任何兴趣，因为意志自身必须是最高立法者。（否则那条法就会基于某种兴趣、而不基于意志，正如在出自倾好的行动中一样。）然而，意志能够随后**产生**一种对道德行动的兴趣：对那条法的尊敬。①

¶ Ⅳ 432.12　在一个双重论证中康德推断说，通过其无条件的本性，这个新发现的原则为人类意志提供直言命令式；与之相反，在提到从意志的概念推导出直言命令式时（Ⅳ 420.24-421.8）康德说，直言命令式是自法的命令，它不预设任何兴趣。

Ⅳ 432 脚注　康德鼓励他的读者参照自然的普遍法表述之后的四个实例（Ⅳ 421-423）来举例说明这个新的变化式的

104

---

① 不可能解释这是如何发生的，再次见第三章，Ⅳ 458.36-460.7。

作用方式。康德已经论述第二个变化式导致同一些结果；见
Ⅳ 429.14。这三个变化式的表述显然意味着它们在实践上（而
非在哲学上）是等价的。星号的位置表明，康德把星号所依
附的"原则"思想为第三个变化式的法规式的表述，尽管它
没有被表述为命令式。①

¶ Ⅳ 432.25　康德回到他对先前道德哲学体系的批判。
就先前道德哲学体系的一切差别而言，它们犯有同一个根本
错误。它们忽视人的意志的自法。如果法不是基于人的意志
105　自身，那么它就是有条件的和依赖于外在的制约和制衡，诸
如神的认可。因而，一切命令式最终都将是有条件的亦即假
言的和根本不是真正道德的。自法和他法是两个不同种类的
意志的首先的和首要的属性，延伸而言，也是两个不同种类
的伦理理论（它们分别明确地或隐含地预设人的意志的不同
模式）的首先的和首要的属性。康德在 Ⅳ 441.25 再度开始他
对其他哲学体系的批判。

---

　　① "直言命令式及其公式"这个表达是引人兴趣的。它可能似乎分
别指称一般表述和第一个变化式。四个实例仅仅间接说明一般表述——
它们附属于自然之法表述；一般表述经常被作为"直言命令式"区分开
来。"公式"这个词也（在事实上）指称下面 Ⅳ 436.9 对直言命令式的三
种改述。然而这种解读并不完全令人信服。直言命令式的基本陈述本身
就是一个公式（见 Ⅳ 413.10）；如果康德正在谈论的是一个公式"和它的
公式"，那将会是不幸的。根据这个脚注隶属于其中的那个主要段落的论
证，看起来更有可能的是，正如 Ⅳ 420.19 提议的那样，"直言命令式"指
称无条件的命令本身，"它的公式"指称它的早前表述之一（这碰巧就是
第一个变化式）。

3. 自己立法、道德性和目的王国

¶ Ⅳ 433.12　这个简短的段落不过是一个许诺：自法的概念可以通向另一个紧密联系着的概念："目的王国"的概念。①在往后两段某些准备性评论之后，这一点得到很好阐述。

¶ Ⅳ 433.17　康德把"王国"（Reich）定义为"不同的有理性存在者通过共同法的系统结合"。为了创造这样一个王国，其成员的私人意图（他们的倾好和他们的幸福）就是非质料性的。（他们可以在道德上准许的东西的限度内实现这些私人意图，但这不是一个共同立法问题。）然而，由于目的王国既包含作为自在目的的有理性存在者，也包含这些有理性存在者自由选择的（道德）目的，因而它也包含对他人的准许的私人目的的形式支持。每个成员被号召去行善和帮助他人实现他们的追求。正如第二个变化式显示的那样，不同成员的目的之间的消极相容是不够的（见 Ⅳ 430.22）。

¶ Ⅳ 433.26　目的王国的理想现在也包含那些运用直言命令式的行为者的行动所影响到的其他人格。目的（ends）把（它们自己以及）它们的同胞目的（their fellow ends）作为它

---

①　关于"王国"（kingdom）和"领域"（realm）作为 Reich 的翻译的各自优点，见 Paton, *The Categorical Imperative*, pp. 187–188。我赞同帕顿的观点，"领域"是过于随意的。它没有传达出康德清楚地与 Reich 联系起来的那种结构和秩序的意义，它还遮蔽对神的王国（kingdom of God）的隐含的指称。另一方面，"自然王国"（Reich der Natur，Ⅳ 436 脚注）可能有它自己的不受欢迎的涵义。没有完美无瑕的翻译。

们配作（deserve）目的来对待。康德显然把这些指称自法和目的王国的直言命令式表述，视为一个和同一个"第三"公式的不同陈述，这一点可能看起来是令人惊奇的。然而，如果我们适当重视下面这个事实：正如上面 IV 431.16-18 首先引入的那样自法隐含地指称众多作为行为者的"目的"，那么康德的态度就完全可以理解。如果我们强调普遍立法这个方面，系统的和谐的王国的理念就容易来到心灵。

冲突被从这样一个王国中排除出去，因为这些行为者按之行动的法按照定义就是普遍法。康德把目的王国称为"理想"，因为它不能被我们这样的有限存在者完全实现。但是它是那个驱动和激励我们达到我们自法的形而上学故事的一部分。理由是，它提醒我们（只有在第三章中才正式引入和辩护的）我们的理智世界的成员身份。我们是那个［理智］世界的一部分使我们有能力按照道德规范来塑造这个［感性］世界。如果每个人在其行动中都遵从那个［理智］世界的法，目的王国的理想就在这个［感性］世界中得到实现。

像前面两个变化式一样，目的王国中的自法公式也起着修辞学作用。在 1784—1785 年的《道德哲学讲义》中康德表示，他考虑用"恩典王国"这个莱布尼茨的表达来表示他称为、而且事实上就是"目的王国"的东西（*Mrongovius* II，XXIX 610.35-36）。① 当然，康德没有把莱布尼茨看成是最先表

---

① 见莱布尼茨：《形而上学论》§36、《单子论》§87，以及那里提及的《神正论》的段落。康德《道德哲学讲义》以同一个注释来（**转下页**）

述直言命令式的人，或者相信这门新的道德形而上学能够因为一门旧的形而上学而变成不必要的。他正试图通过提议莱布尼茨派的形而上学像斯多亚主义和目的论伦理学一样包含值得保存的真理颗粒，来战胜莱布尼茨派。

¶ Ⅳ 433.34 目的王国像恩典王国一样以神为首脑。[①] 像十八世纪国家中的主权者一样，他不服从（unterworfen）他立定的法，只是他们的理由稍微不同。目的王国的首脑不豁免于法。与克鲁修斯的意志主义相对立，他是有理性存在者的总的道德共同体的一部分。但是法适用于他是以描述性方式，而不是作为命令式。他不需要约束自己，因此也不是受约束的（见《实践理性批判》Ⅴ 32.17）。此外，人被要求想象，他们使他们自己和其他像他们那样的行为者（不是首脑）服从他们自己立定的普遍法。这就是当康德说首脑"不服从另一个有理性存在者的意志"（Ⅳ 433.37）时想要表达的意思，这句话从字面上解释适用于**一切**凭借其自法［而是成员］的有理性存在者。同一条道德法也适用于神，但神没有被纳入这个普遍化的思想实验中。

道德主权者的理念需要进一步分类。按照《道德形而

（接上页）结尾。他表达他的这个希望：可能有朝一日人性的使命得到实现，"神的王国在尘世"得到实现（*Collins*，ⅩⅩⅦ 471.33）；亦见《纯粹理性批判》A 812/B 840。

① 我们能够把目的王国设想为神的王国在尘世的实现，至少部分设想为至善的实现；见《实践理性批判》Ⅴ 128.1 和 Ⅴ 137.2。

上学》（Ⅵ 227.10—20），[1] 我们必须区分立法的两个方面。存在着（1）法的给予者或立法者，那个施加法的人。他被认为是"责任的创作者"（Urheber der Verbindlichkeit），亦即他对这个事实负责：有适用的法，有实存的责任。我们已经看到，任何一个自法性的行为者都必须把他自己当作他自己的（道德）法的立法者，因而相应的责任的创作者。然而，立法者并不总是（2）"法的创作者"（Urheber des Gesetzes），那个发明法、亦即规定法的内容的人。并不存在那条道德法的创作者，因为那条道德法不是随意的。它除了是它所是，不能以其他方式而存在。就像几何学的法一样，那条道德法既不在我们的意志中有其起源，也不（就这件事情而言）在神的意志中有其起源。[2] 此外，基于理性、而非基于启示的宗教哲学教导我们，诸道德法得到作为（3）"这个世界的道德统治者"（moralischer Weltherrscher，道德的世界统治者）的神的认可。这是一个分明不同的观点，这个观点在康德《单纯理性限度内的宗教》中是引人注目的（例如见 Ⅵ 99），但在康德《道德形而上学奠基》对目的王国的首脑的说明中是尚未蕴含的。这

---

[1] 凯恩（P. Kain）最近把这个区别追溯到康德落款时间为 1762—1763 的 R 6513（ⅩⅨ 48），一种对鲍姆加滕的《第一实践哲学原理》中的 § 100 的回应；见 'Self-Legislation in Kant's Moral Philosophy', *Archiv für Geschichte der Philosophie* 86 (2004), 257–306。亦见 *Moral Mrongovius* Ⅱ, ⅩⅩⅩ 633.26–634.2 和 R 7089, ⅩⅨ 246 中的说明。

[2] 参见 *Collins*, ⅩⅩⅦ 283.1–14。这些讲义中的这个区别与《道德形而上学》中后来的区别基本上是同一个，有一点例外是，这些讲义甚至没有包含一个暗示：人可能是他们自己的道德法的立法者。

样一个统治者在上面讨论的意义上既不创作任何责任，也不创作任何责任的法。康德论证，道德统治者不能施加法，因为那将会使一切责任都成为法律责任，从而不给道德性留下任何空间。[1]外在权威能够施加**符合**义务而行动的命令；但是它不能命令我们出自道德**态度**而这样做。我们不得不自己这样做。自法既是道德性的充分条件，也是道德性的必要条件。

¶ IV 434.1　成员和首脑同样是自法性的立法者，但目的王国必须通过成员的自由的行为来实现，首脑是没有生理需求、因而没有限制或者甚至主观原则（准则）的存在者。

108

¶ IV 434.7　康德现在解释，严格地说甚至目的王国中的自法公式也像前面那些表述一样提供一个否定性的标准。只有当准则能够被自法性的意志作为严格普遍的法而给予我们时，我们按照准则而行动才能够得到辩护。康德把自法当作完善意志和有限意志的特征，这个事实是一个强有力的标志：我们现在已经到达纯粹道德哲学或道德形而上学的领域。与此相对照，那条道德法对我们而言具有的命令式特征就是完全无意义的。

4. 道德存在者具有尊严、而非具有价格

¶ IV 434.20　康德从对抽象法的描述转向对价值的讨论。他引入一个在实践事务中坚定独立的和依靠自己的有

---

[1]　见康德在上面 IV 432.25-433.11 对他法性的体系的批评。

理性存在者的尊严的**理念**，因为这个有理性存在者"除了
服从它自己同时给予它自己的法之外不服从任何其他的法"
（Ⅳ 434.29-30）。①理性牢固掌权，不被倾好的诡计所打动。
康德正在说的显然是一个践履自法的命令式的创造物（见
Ⅳ 439.35-440.13）。在《道德形而上学》对奴性的讨论中，康
德明确提议，不道德的行动使人丧失其尊严。不过他也提议，
每个人中都有一种激起自尊的"不可转让的"尊严的剩余物
（Ⅵ 434-436；亦见 Ⅵ 462-465）。此外在下面 Ⅳ 440.10，康德明
确认为，尊敬是由自法的**理念**激起的。

¶ Ⅳ 434.31　在理想的康德式的王国中，**事物**被赋予相
对价值，因为它们在本质上是可互换的；反之，**人格**拥有绝
对价值，在道德上不能与另一个人格相替换。比较一下失去
朋友和失去雨伞。如果你失去朋友，你就不会仅仅耸耸肩并
让自己结交新的朋友；或者如果你像目的王国中的成员那样
行事，你就至少不会如此。②

¶ Ⅳ 434.35　富有诱惑力的是，在"市场价格"（Marktpreis）、
"感情价格"（Affektionspreis）和"内在价值"或尊严中看出

①　康德反复强调实践理性的尊严和义务的命令；见 Ⅳ 405.12，Ⅳ 411.2
和 Ⅳ 425.28。

②　价格（Preis, pretium）和尊严（Würde, dignitas）之间的区别在起源
上是斯多亚派。康德的来源一般相信是 Seneca, Letters, 71.33。关于物和人格
之间的区别，参见 Ⅳ 428.18-25。在下面 Ⅳ 438.14-16，人格状态被与纯粹实
践理性能力联系起来。

Ⅳ 414-416 由三种类型的命令式所定义的价值。然而从随后的讨论来看，情形似乎是，技术命令式和实用命令式两者都涉及具有市场价值的事物，感情价格则是一种保留给审美事物的价值。①

¶ Ⅳ 435.5　道德行动（服从一个人自己施加于自己的法）打开通向目的王国之门；符合法的准则激起尊敬，并不依赖于准则产生的行动是否有幸取得成功。在这个段落自始至终康德把道德性、技能性、勤奋、机智和诙谐②这样一些性质作为成功的术语加以使用。我们的反应是由这些能力的**运用**、而非由这些能力的潜在性所激起的。③

¶ Ⅳ 435.29　人的尊严的基础能够得到进一步具体说明。它就是我们具有的普遍立法的参与权和我们在一个可能的理想的道德王国中的成员身份。自法为人的这个特殊地位、以及我们尚不熟悉的一切其他有理性创造物的这个特殊地位奠基。

---

　　①　关于这种三分法，亦见康德《从实用观点看的人类学》Ⅶ 292 和 R 1498，ⅩⅤ 774-781。

　　②　"诙谐"（Laune）指称那种随意呈现出不同心情的娱乐才能；见《判断力批判》Ⅴ 336.1-5。

　　③　"道德性和就其能够具有道德性而言的（so fern sie derselben fähig ist）人性"具有尊严（Ⅳ 435.8），这个论题似乎与此相矛盾，但康德也可能正是假定，正如谚语说"布丁的证明在于吃"一样，一个人格就其能够过（亦即成功地过）道德生活而言具有尊严。

八、对直言命令式的诸变化式的表述的反思

1. 直言命令式的三个变化式之间的联系

¶ Ⅳ 436.8　这个简短而又关键的段落是翻译者的噩梦。它包含着几个语言学上的绊脚石。首先，康德说，这三种表现道德性的原则的方式，在根本上是那条法的（eben desselben Gesetzes，完全同一条法的，Ⅳ 436.9 ①）、亦即在Ⅳ 421.7-8 陈述的那个单一的、法规式的直言命令式的只有这么多（三种）的公式。恰好存在一个这样的原则，但是它能够以不同方式得到重新陈述。康德正是警告他的读者，不要把这三个变化式误当作它们是各自不同的原则。在《道德哲学讲义》中康德谴责其他伦理理论的多元主义："哪里已经有多个原则，哪里就一定没有任何原则，因为只能够有一个真正的原则"

110

---

① "完全同一条法的"，一个同样古老而又同样模糊的表达。它能够意指、而且一直被康德著作的翻译者们当作意指，诸表述是表现一条和同一条具有重大哲学意义的法的三种方式。然而，根据后面一个句子所蕴含的对照关系，更有可能的是，这个代词往回指称"道德性的原则"，那个以三种不同方式来表现、表象和描绘（vorstellen）的一般的直言命令式。完全同一个（Eben derselbe）通常作为关系代词用于表示它自己的；当与名词连用时，它在上面描述的方式上是模糊的。关于这种关系结构，例如见落款日期为 1791 年 10 月 24 日的康德致希普尔（Theodor Gottlieb von Hippel）的信（Ⅺ 300，No. 493 [461]）。康德受宫廷教士舒尔茨（Schultz）牧师的邀请于下周三去参加午宴（zu Mittagsmahlzeit），他写道，"霍夫普雷迪格林夫人"（Frau Hofpredigerin）要求他邀请希普尔一道去赴"完全同一个宴"（zu eben derselben Mahlzeit）。我们应当假定他们吃一盘和同一盘食物吗？

（ *Collins*，XXVII 266.8–10 ）。①

其次，这三个表述中的一个表述自然地和容易地（von selbst，自行地）在它自身中把"另外两个"（die anderen zwei）结合起来："目的王国中的自法"公式把前面两个变化式中的形式特征和质料特征结合起来，正如在它的推导过程中显示出来的那样（IV 431.14）。因此，这些表述的那种有争议的"等价性"不应当被看作是基于某些翻译者归之于康德的这个主张：这些变化式中的"每一个"或"任何一个""在它自身中把另外两个结合起来"，但愿因为康德没有提出过任何这样的主张。② 这些表述是**等价的**，因为它们被运用于给定的境况时导致同一个结果。毕竟，这三个变化式全都是直接地或间接地从同一个关于人类意愿的概念推导出来的。

然而第三，直言命令式的那个基本的、一般的表述与这三个其他的表述之间存在着一种差异。③ 这种差异是"主观

---

　　① 有趣的是这处于斯多亚派自然法理论的语境中。在前面 IV 411 脚注康德对祖尔策的"答复"中，规定根据的多样性已经被摒弃。与此类似，在《纯粹理性批判》"方法论"中康德警告我们，在哲学问题上只能有一个证明，带着十个证明进入哲学舞台的独断论者一定根本没有任何证明（A 789/B 817）。

　　② 帕顿，埃林顿和伍德提供正确的第一种解读，阿博特，贝克，格雷戈尔和茨威格提供第二种解读。后一种解读将会是对这些表述的等价性的糟糕证明，亦因为它只涉及诸变化式而不涉及一般表述，在下面 IV 437–440"评论"中，一般表述被明确地与诸变化式中的每一个变化式关联起来。

　　③ "直言命令式的一般公式"与诸变化式（见 IV 436–437）之间存在着差异，而非像原文可能看来提示的那样三个变化式的任何变化式之间、更不用说第一个变化式和另外两个变化式之间存在着差异。

实践的、而非客观实践的",亦即,它们命令同样的行动但它们以不同的方式影响我们。这三个变化式中的每一个变化式都为了使一个理性理念更接近于直观而运用"一个确定的类比",亦即"一种在……完全不类似的事物之间的完全的类似性"(《未来形而上学导论》Ⅳ 357.28-29)。类比对我们对于对象的认识没有贡献。它们仅仅规定对于对象的反思方式,这恰好是直言命令式的这三个变化式所做的事(参见《逻辑学》Ⅸ 132)。在与道德意愿类比时使用的三个概念是:始终一致的、形式的"自然体系",作为确定的"自在目的"的人,以及"目的王国"中的自法。这个主题在 Ⅳ 437-440"评论"中得到说明。

¶ Ⅳ 436.15   当提到道德准则的**形式**(它的普遍性)时,康德没有使用普遍法的一般公式,而使用自然之法表述中所运用的类比(Ⅳ 421.18-20)。自然之法表述显然被当作像另外两个变化式那样的变化式;康德需要这个变化式、而非那个一般表述来产生作为"颠倒的目的论"的第三个变化式,这个作为"颠倒的目的论"的第三个变化式把那个一般表述引入道德形而上学的领域。这一点经常被人们忽视。

¶ Ⅳ 436.19   准则的**质料**① 是它的目的。这就是为什么直言命令式也能够在其所命令的目的方面得到表述(见

---

①　原始版本有准则(Maxime)而没有质料(Materie),但阿诺尔德的猜测显然是正确的。"一切准则都有一个准则"是说不通的。

Ⅳ 429.10–12）。然而，第二个变化式指称的"目的"不能是行为者所欲求的目的。它们是客观目的，作为一切主观目的的限制条件。

¶ Ⅳ 436.23　一切准则的**完备的（形式的和质料的）表征**。像康德现在使用的三个量的范畴（单一性、复多性和总体性）一样，直言命令式的第三个变化式也被认为产生于另外两个变化式的结合。① 那条法作为向一切其他有理性存在者说明自在目的的**复多性**的命令，其形式的**单一性**导致"一个由一切这样的目的组成的系统的、和谐的王国"这个**完全周延的**理想。自然之法表述就充当这个形式的变化式。尽可能按照理想自然的形象来塑造现存自然，正是人的使命。第三个变化式是通过"完备的规定"来表征的，这个论题解释为什么"自法公式"和同源的"目的王国公式"不能算作两

112

---

①　关于范畴，见《纯粹理性批判》A 80/B 106；关于"第三个范畴能够被解释为另外两个范畴的综合"的提议，见《未来形而上学导论》（1783年）Ⅳ 325 脚注的第一个"迷人的评论"，康德 1784 年与舒尔茨的通信（Nos. 208–211 [190–193]，X 348–354，尤其 No. 221 [202]，X 366–368），以及《纯粹理性批判》第二版，B 110。第一版中没有它的踪迹。在一封落款日期为 1784 年 2 月 17 日（康德正在撰写《道德形而上学奠基》；见门策尔的科学院版注释，Ⅳ 626–627）的信中，康德警告舒尔茨不要把每组范畴中前两个范畴的结合视为纯粹机械的混合过程（Zusammennehmung，X 366）。第三个范畴不是多余的；直言命令式的第三个变化式也不是。在这两个情形的每一个情形中，综合行为都是必需的。这能够算作更进一步的证明，倘若需要更进一步地证明直言命令式的三个变化式的表述不应当"相互"包含的话。

个不同表述。这种三分结构也反映出康德的这个论题：形式
通过限制质料来起引导作用。

康德为了实践意图而推荐那个"一般公式"①的"严格方
法"，但这三个变化式都可以被用来确保接受那条道德法。这
三个变化式运用生动的类比，使道德行动的优点更接近于直
观。尤其是，一个坚定自立的"自在目的"之尊严的概念（只
有在第三个最具形而上学特点的变化式中这一点才变得完全
明确②）能够增强我们对那条道德法的尊敬，并因此增强我们
对过一种道德生活的欲求。回想一下在第一章结尾，一门新
颖的"道德形而上学"的任务被认为是，通过以苏格拉底式
的方式给我们的道德能力指明它自己的原则，来保护和恢复
我们的道德能力的自然纯朴性（Ⅳ 404.4）。这一点现在已经完
成。因此，对康德来说，他的这种新型的伦理理论的意图不
仅仅在于提供一个"决策程序"，尽管那个一般表述的"指南
针"（Ⅳ 404.1）在某种程度上可以实现这个功能。从来没有读
过《道德形而上学奠基》、更不必说第二手研究文献的人们，
完全知道他们应当做什么，只要他们对他们自己的道德判断

---

① 当康德谈到"一般公式"时，他是指 Ⅳ 421 第一个和基本的表述，
而不是指自法公式，正如伍德提议的那样（*Kant's Ethical Thought*, p. 188）。康
德说，准则必须能够使"它自己同时成为普遍法"，亦即，它必须能够避
免上面 Ⅳ 421-423 所描述的那种方式的自相矛盾。一般表述不能指称自法
公式，因为意志（照康德看来意志具有自法）甚至没有被提及。此外，直
言命令式的"一般"公式几乎不能指称诸具体变化式中的一个变化式。

② 通过第二章的诸变化式因而就有一个朝向形而上学的"进展"
（Fortgang）。

力给予适当注意。毋宁说，道德形而上学旨在强调我们的理性自我的纯粹性、崇高性和尊严，鼓励我们在面临倾好的诡计和不良道德哲学的危险时能够践履我们本性中这个更好的部分。实质上，正是关于人的使命的这幅激动人心的形而上学图画，把《道德形而上学奠基》第二章与第一章区分开来。在第二章中，康德从可应用的东西进展到形而上学的东西。①

Ⅳ 436 脚注　康德宣称道德哲学是一种"颠倒的"目的论，因为道德行动有意识地把合目的性的结构置于自然之上。这个类比在下面（Ⅳ 438.8–439.34）得到进一步探讨。在康德式的目的论中，目的或意图是理论假设，它帮助我们理解按照作用因的活动模式及其法所不能适当理解的过程；见《判断力批判》第二部目的论部分。

113

2. 对《道德形而上学奠基》迄今论述的内容的评论：善的意志与直言命令式的诸表述

¶ Ⅳ 437.5　《道德形而上学奠基》的分析计划现在完成。康德概述第二章中的这个通向形而上学的进程，并把直言命令式的各个先后表述与开篇关于善的意志的陈述联系起来，善的意志终于能够以哲学的精确性加以定义。②本段涉及一

———————

①　康德在其论"理论与实践"的论文中把这同一个作用分派给伦理理论，尤其见"前言"和第一章，Ⅷ 275–289。

②　这个事实被那些像邓肯和弗罗伊迪格一样玩弄着"把Ⅳ 421–437作为针对加尔弗的 *Cicero* 的修辞学借口而不予理睬"（见 Freudiger,（转下页）

般表述和第一个变化式。完全善的意志只按照它能够将之作为普遍法来意愿的准则而行动；或者换一种方式，使用纯粹形式的自然体系的类比，只按照那些与它们自己作为自然之法不相矛盾的准则而行动（见 IV 421.7-20）。似乎没有必要说，直言命令式的这两个表述颁布等价的命令。

¶ IV 437.21　第二个变化式。[①]康德对那条导向作为自在目的的人性公式的思路（IV 427.19-429.13）进行释义，并将它与善的意志联系起来。他捍卫这个特殊的类比：在自身中包含一切其他目的的主体应当自身就是目的（如果说一个相当特殊的和更高种类的目的）：一个独立实存着的目的，而非一个应当受到人类行动影响的目的。[②]善的意志总是考虑独立实存着的目的，亦即以类似方式赋有善的意志的主体。它从不把它们单纯作为手段来使用，而总是把它们视为自在目的同胞。康德强调第二个变化式（现在被明确表述为指称准

（接上页）*Kants Begründung der praktischen Philosophie*, pp. 25-38）这个观念的人所忽视。康德**依赖**于他的早先发现，把直言命令式的这些表述与道德上的善的概念**重新联系起来**。

①　本段第一句容易遭到误解。它是关于第二章后半部自始至终所使用的意义上的"本性"（可数名词）的一般陈述；关于某个确定种类的独立存在者的一般陈述。把"一般有理性的本性"（die vernünftige Natur）与"其余本性"（den übrigen）区分开来的是，他们自由选择（道德）目的。这个思想在下一段开始时得到释义。亦见我的 'Value without Regress. Kant's "Formula of Humanity" Revisited', in *European Journal of Philosophy* 14 (2006), 69-93。

②　在本段中（IV 437.31）康德似乎论证，如果一个包含一切其他目的的主体本身就是一个目的，那么它必须既是更卓越的又是种类不同的。

则）和一般表述的等价性。它们"在根本上是同一个东西"
（im Grunde einerlei, IV 438.1）。准则的**普遍**有效性确保他人从不
被单纯作为手段而包含在准则中；或者正如人们可能说的那
样，没有一个人**被排除**在我的准则之外。

¶ IV 438.8 第三个变化式，作为前面两个变化式的推
论。有限存在者的有尊严的地位以其准则对普遍法的适宜性
为条件：正是道德行动方面的**成功的**自法性的立法把它与一
切单纯栖居于自然领域中的存在者（vor allen bloßen Naturwesen,
与一切单纯的自然存在者）区分开来。如果直言命令式得到
普遍遵守，目的王国就会在自然领域中得到实现。一切人就
会是幸福的，至少在他们的自然构造的限度内是幸福的。（他
们仍然会容易受伤和死亡。）然而，对我自己在单纯"自然王
国"中的幸福的展望毫不有助于支持那条道德法的权威。这
个"悖论"是人的尊严的基础。

此外，行动的准许性是根据与意志自法的一致性来定义
的，意志自法是"后一个表述将完全如同一般表述和第一个
变化式（它们被明确设立为准许性的检验方法）一样得到运
用"的另一个标志。康德宣称第三个变化式与一般表述是等
价的；他以"按照自己施加于自己的普遍法而行动的意志"
来定义善的意志（既包括完善的意志，也包括受义务约束的、
有限的意志）。

¶ IV 439.35 我们现在就能够说明那些实现其义务的人
的尊严。他们的尊严不是由于这个事实：他们**服从**法。在这

方面没有任何特别崇高的东西：完全相反。毋宁说，道德上
善的人们的尊严是基于这个事实，他们完全听从这个命令：
他们只服从**他们自己施加于自己的**法。尊敬是由自法的理念
激起的。文本根据是 Ⅳ 401 脚注，在那里尊敬（道德行动的
动机）与我们对道德行动的兴趣被等同起来。

九、道德意志的自法

1. 自法和他法

¶ Ⅳ 440.16　自法是双重意义上的自己立法：首先，它
是行为者的自我内部产生的一条法的立法，其次，它是行为
者施加于自己的一条法的立法。当我们回到立法意志和执行
意志之间的区别时，我们能够注意到，正是立法意志把这条
法施加于执行意志（选择能力），执行意志有责任服从、但却
经常不服从这条法。自法既不能被归于立法意志、也不能被
归于执行意志（正如一者把这条法给予另一者一样），而只能
被归于作为整体的意愿能力。① 按照康德对一般表述的核心
立场的论述，自法被定义为"除了以一个人的选择的准则同
时被作为普遍法包含在同一个意愿行为中这样一种方式之外

115

---

　　① 　参见《道德形而上学》Ⅵ 417.7–418.23 提出的"同一个事物（意志）
如何能够既是能动的（约束性的）又是被动的（被约束的）"之谜。我们
需要区分我们人类实存的两个部分，现象的人（homo phaenomenon）和本
体的人（home noumenon），它们大体上被认为符合人类意志的两个元素：
意志（Wille）和意选（Willkür）。

决不选择"（见 IV 421.7-8）。这个原则的约束性（即"这个实践规则是一个命令式"这一事实）不能通过概念分析确立起来；它是留给最后一章进行探讨的计划。①

　　¶ IV 441.3　一切［与自法的伦理理论］竞争的伦理理论都没有成功，因为它们都误判道德性的原则的"源泉"（IV 441.2）。②它们把道德性的原则的源泉错误地置于意志之外，让它受那条道德法之外的某个他物所规定。（康德再次对直言命令式的一般表述进行释义。）那条道德法之外的唯一驱动是倾好，但这将会导致他法，亦即"他者立法"，意志被**并非**它自己的法所规定。这个论题的论证如下：倾好总是旨在追求有待实现的目的。为了这个意图，意志必须遵从"技术"类型的假言命令式，这个类型的假言命令式依赖于我们周围自然世界的有规则性的作用方式。当我们按照倾好而行动时，正是意志之外的这些规则性规定意志的因果性；或者正如康德表述的那样，正是"对象通过它与意志的关系"而把法给予意志。如果人类意志是他法性的，那么一切人类行为都将会依赖于倾好。我们将会没有能力去无条件地、为了行动自身之故而意愿行动，至多我们将会是管理意志之外的

----

　　① 直言命令式是综合的实践原则，因为它命令某个真正新的东西；见 IV 420 脚注。

　　② 道德形而上学的计划已经与"前言"中对道德性的"源泉"（Quellen）的揭示联系起来（ IV 389.1， IV 389.37；参见 IV 392.20）。沃尔夫在 IV 391.8-9 被批评为忽视实践上的规定根据的不同源泉。亦见 IV 405.25，IV 407.37 和 IV 426.2。

兴趣。而且，当我们不道德地行动时，我们就是让这样的自然规则性规定我们的行为。（由于我们是自由的，我们当然本来能够选择让那条道德法规定我们的行动。）康德反复重申我们在第一章了解到的这个教诲：同情的行动不应当由所谓他人的幸福的价值所驱动，而应当基于道德根据（见 IV 398.8-399.2）。

2. 按照他法原则的伦理理论的划分

¶ IV 441.29　　康德声称已经发现通向道德性的原则的"唯一真的道路"。他正是暗示《纯粹理性批判》，《纯粹理性批判》为自然形而上学提供基础，正如《道德形而上学奠基》为道德形而上学提供基础一样。关于康德式的理性"批判"的必要性和倘若没有这种批判时哲学的命运，例如见《纯粹理性批判》第一版"前言"（A xii）。这个主题在第二版"前言"中得到进一步发挥。要注意到，理性在其理论追求中陷入错误，在日常道德实践中则没有。

¶ IV 441.32　　在《实践理性批判》中，康德把经验性的他法原则分派给伊壁鸠鲁的"物理［生理］感受力"和哈奇森的"道德感受力"（或道德感官）。他在沃尔夫和斯多亚派的内在完善以及克鲁修斯的神的意志的外在完善中发现合理性的他法性的原则（V 40）。①

---

① 在《实践理性批判》中，除此之外还有（作为与感受力的内在的规定根据相对的）"外在的主观的"规定根据的范畴，占据这个范畴的是蒙田的"教育"原则和曼德维尔的"公民宪法"原则。主要的两分法是主观的与客观的之分，而非经验性的与合理性的之分。

¶ Ⅳ 442.6　在确立自法是道德形而上学的根本概念之后，康德回到"前言"和第二章导语中的主题。一切经验性原则都没有适当注意道德命令的非经验性地位；利己主义的快乐主义尤其如此，因为它把道德行动还原为第一人称的达至幸福的价值，因而摧毁道德动机和非道德动机之间的具体差别。道德感官理论稍好一点。至少它们表现出一种不论多么不充分的尝试，试图从道德原则和道德行动自身去说明它们的价值。

Ⅳ 442 脚注　康德表明，他把哈奇森的道德感官理论看作致力于心理学利己主义，因为它明确地或隐含地使道德行动的理由依赖于它们看起来是否令人愉快。①

117

¶ Ⅳ 443.3　康德现在比较两类基于理性的伦理体系。完善的伦理原则虽然具有空洞性特征，但是他认为，它比（纯粹）神学伦理理论更可取，因为神的概念（这个概念本身并不涉及神的完善）在人中激起恐惧，鼓励出自恐惧和自私动机而与道德标准相符合的行为，而非出自对那条道德法的尊敬的真正道德的行动（见上面Ⅳ 432.25–433.11 的论证）。

¶ Ⅳ 443.20　在这个"划分"内部的两种最少受到批评的理论中，康德把完善的伦理原则看作更高级的，因为它保

_____

①　要注意到，"感受力"（Gefühl）指称我们的情绪能力（emotional faculty），而非指称个别的情感（sentiment）、类型（type）或象征（token）；参见下面Ⅳ 460.3。

留善的意志这个理念的纯粹性。它把道德问题提交给纯粹理性的法庭，即使这个法庭基于空洞的完善主义根据而不能达成任何裁决。完善主义对更进一步的伦理反思来说是一个相对良好的基础。事实上，直言命令式的第一个和第三个变化式中所采纳的体系就是这样的理性主义理论。

¶ IV 443.28　没有必要逐个反驳受错误引导的道德理论。知道它们全都是他法性的，亦即缺少康德式的自法的标准，就完全足矣。甚至这些理论的支持者到此刻就已经被战胜。

¶ IV 444.1　康德重申他的这个论题：道德的、直言的命令式不能基于任何具体对象，任何具体对象只能产生假言命令式，并因此产生他法（见 IV 441.3-7）。

¶ IV 444.28　一个**善**的人类意志是一个服从直言命令式的人类意志。这个陈述正式结束第一章和第二章，亦即《道德形而上学奠基》的"分析"部分。

十、向第三章过渡：综合的实践命题如何是可能的？

¶ IV 444.35　我们现在终于转到道德性的有效性问题，这个问题被推迟很久。① 在"分析"部分的这两章中，道德性

---

① 　见 IV 419.12-420.17，IV 425.7-11，IV 429 脚注，IV 431.32-34。

的普通概念被揭示为包含着对作为其形而上学基础的意志自法的承诺。但是直言命令式作为先天综合的实践原则如何是可能的，这个问题不能在这种新的道德形而上学的范围内得到解决。任何一种形而上学的基础都必须是"批判的"。这就是为什么下面第三个"过渡"是从自法的形而上学概念进展到纯粹实践理性"批判"，要完成目前这部《道德形而上学奠基》，这个过渡是必要的。① 它表现出，康德试图说明对人而言自法如何能够不只是愿望式的思考、"头脑中的幻像"（Hirngespinst，IV 445.8）。

参考文献

Bittner, Rüdiger. 'Handlungen und Wirkungen', in *Handlungstheorie und Transzendentalphilosophie*, ed. G. Prauss (Klostermann, 1986), 13−26.

Foot, Philippa. 'Morality as a System of Hypothetical Imperatives', in *Virtues and Vices* (Blackwell, 1978), 157−173 (first published in 1972).

Gaut, Berys and Kerstein, Samuel. 'The Derivation without the Gap: Rethinking Groundwork I', *Kantian Review* 3 (1999), 18−40.

Glasgow, Joshua. 'Expanding the Limits of Universalization: Kant's Duties and Kantian Moral Deliberation', *Canadian Journal of Philosophy* 33 (2003), 23−48.

Hill, Thomas E. 'The Hypothetical Imperative', in *Dignity and Practical Reason in Kant's Moral Theory* (Cornell University Press, 1992), 17−37 (first published in 1973);

---

① 第三章没有使这样一种批判变成多余的，但剩下的元素（诸如"理性的统一性"的表象）却是较不紧迫的；见 IV 391.24−31。

'Imperfect Duty and Supererogation', in *Dignity and Practical Reason*, 145–175 (first published in 1971);

'The Kantian Conception of Autonomy', in *Dignity and Practical Reason*, 76–96 (first published in 1989);

'Meeting Needs and Doing Favors', in *Human Welfare and Moral Worth. Kantian Perspectives* (Clarendon Press, 2002), 201–243.

Höffe, Otfried. 'Kants nichtempirische Verallgemeinerung: zum Rechtsbeispiel des falschen Versprechens', in *Grundlegung zur Metaphysik der Sitten. Ein kooperativer Kommentar*, ed. O. Höffe (Klostermann, 1989), 206–233.

Kain, Patrick. 'Self-Legislation in Kant's Moral Philosophy', *Archiv für Geschichte der Philosophie* 86 (2004), 257–306.

Korsgaard, Christine. 'Kant's Formula of Humanity', in *Creating the Kingdom of Ends* (Cambridge University Press, 1996), 106–132 (first published in 1986);

'The Normativity of Instrumental Reason', in *Ethics and Practical Reason*, ed. G. Cullity and B. Gaut (Clarendon Press, 1997), 215–254.

Laberge, Pierre. 'La définition de la volonté comme faculté d'agir selon la représentation des lois', in *Grundlegung zur Metaphysik der Sitten*, ed. O. Höffe, 83–96.

Louden, Robert B. 'Go-carts of Judgment. Exemplars in Kantian Moral Education', *Archiv für Geschichte der Philosophie* 74 (1992), 303–322.

Ludwig, Bernd. 'Warum es keine hypothetischen Imperative gibt, und warum Kants hypothetisch-gebietende Imperative keine analytischen Sätze sind', in *Aufklärung und Interpretation*, ed. H. F. Klemme, B. Ludwig, M. Plauen and W. Stark (Königshausen & Neumann, 1999), 105–124.

McNair, Ted. 'Universal Necessity and Contradictions in Conception', *Kant-Studien* 91 (2000), 25–43.

O'Neill, Onora. 'The Power of Example', in *Constructions of Reason* (Cambridge University Press, 1989), 165–186;

'Autonomy: The Emperor's New Clothes', *Proceedings of the Aristotelian Society*, Supp. vol. 77 (2003), 1–21.

Pogge, Thomas. 'The Categorical Imperative', in *Grundlegung zur Metaphysik der*

119

Sitten, 172–193.

Potter, Nelson. 'Duties to Oneself, Motivational Internalism, and Self-Deception in Kant's Ethics', in *Kant's Metaphysics of Morals*, ed. M. Timmons (Oxford University Press, 2002), 371–389.

Prauss, Gerold. *Kant über Freiheit als Autonomie* (Klostermann, 1983).

Schroeder, Mark. 'The Hypothetical Imperative?', *Australian Journal of Philosophy* 83 (2005), 357–372.

Timmermann, Jens. 'Kantian Duties to the Self, Explained and Defended', *Philosophy* 81 (2006), 505–530;

'Value Without Regress. Kant's "Formula of Humanity" Revisited', *European Journal of Philosophy* 14 (2006), 69–93.

120

第三章　从道德形而上学到
纯粹实践理性批判的过渡

　　《道德形而上学奠基》第三章从作为第二章分析之结论的自法的形而上学概念开始。然而康德现在大胆超出阐明：他试图证明，我们对作为人类行为最高规范原则的直言命令的直觉信任是有根据的。在第三章开始，道德性成功的机会渺茫。单纯的分析不能确立道德概念的有效性；道德概念也不能诉诸经验来得到辩护。因为我们全都如此深入地了解人类活动，以致我们能够怀疑，道德术语对我们自己或对他人究竟有没有任何意义。自法或许是一个空洞概念，道德性或许是一个幻相。现在第三章问，我们能否恰当地理解自法。直言命令式作为先天综合的实践命题如何是可能的？这个问题的成功回答是完成道德形而上学奠基所需要的纯粹实践理性"批判"的元素。

　　第三章的计划分为三个阶段。首先，通过准备工作，康德试图追溯那条道德法的起源。如果自法是一个合法的概念，那么我们就已经表明人**服从**那条道德法。道德上的自己立法，被揭示是"拥有意志自由"的后果；我们意识到我们的自由（如果我们的确是自由的），因为我们不仅是这个熟悉的经验世界的成员，而且是智性的或"智思的"世界的成员。

我们现在就理解那条道德法的"从哪里"[亦即其约束力的来源]。为了得出这个观点，康德把我们引入一个从实践观点看只有当我们意识到这个假设不可避免时我们才能摆脱的恶性循环。我们就达到把我们自己看作两个立法领域的成员：自然的领域（他法）和理性的领域（自法）。其次，康德必须表明，那条关于自法的法（the law of autonomy）如何与有限的人类意志**联系**起来。这是直言命令式的演绎的核心。"我们服从两个种类完全不同的法"这个假设还没有解释直言命令式作为综合的实践原则的可能性。智思世界被表明包含着在感官世界方面具有权威性的法。

　　康德的辩护计划的第三个任务将在于解释道德性对我们而言具有的那种**驱动性**或**强制性**特征，亦即我们感到我们必须对履行我们的义务感兴趣。（按照**任何**法而行动的可能性都依赖于一种相应的兴趣。）但这是无法完成的。我们已经到达道德哲学的最远边界。这个演绎有幸取得有限的成功。我们能够为道德性打开哲学上可观的空间，但这样一来我们就不得不承认失败：人类心灵只能领会一条无条件实践法的不可领会性。决非偶然的是，在回答前两个问题的过程中，康德感到，他不得不回到构成第一章开始时的开始点的人们普通持有的观点。尤其是，他需要普通道德意识来证实自法性的意愿是无条件善的。当前这个演绎的冒险性质意味着，纯粹道德哲学不能摆脱普通的理性的道德认识。最终，这个演绎只是一个为了达到最佳阐明（如果是纯粹实践理性迫使我们做出的阐明）的推论。

121

一、自由的概念是阐明意志的自法的钥匙

¶ Ⅳ 446.7 第三章像前两章一样从一个关于意志的陈述开始。康德正是力图阐明第二章结尾时引入的道德意志的定义属性，自法的本性。我们有对"自法意味着什么"的清楚观念，但我们想要再次确保，人赋有一个具有这种非常奇妙属性的意志。这就是为什么康德返回来证明，自由是阐明意志的自法的"钥匙"（Ⅳ 446.6）。一个意志**通过**成为彻底自由的和独立于外在规定而是自法性的。自由是道德上的自己立法的存在理由（ratio essendi）：正是**因为**我们是自由的，我们就必须把我们自己的合理性的法施加于我们自己（见《实践理性批判》Ⅴ 4 脚注）。自由不仅是自法性的道德能动性的必要条件，而且是其充分条件。相当奇怪的是，"能够"蕴含着"应当"。①

让我们转向论证的细节。康德把这个意志当作一种"因果性"，因为它是那种在经验世界中产生结果的能力。只有有理性存在者才拥有一个意志。（只有有理性存在者才能够按照客观有效的法的表象而行动；见 Ⅳ 412.26–28。）这样一个意志的自由，首先和首要在于那种忽视像人类倾好这样的外在

---

① 一个有限意志的彻底的消极自由蕴含着它服从直言命令式。然而"一个意志是自由的"这个有根据的确信却缺乏对"直言命令式作为综合的实践原则**如何**是**可能的**"的解释，这就是为什么第四节的这个现实的演绎是需要的，哪怕一旦我们作为自由行为者的自我概念在第三节得到确认。

的、因而"外来的"（Ⅳ 446.9）影响，亦即自然影响或有可能
神性影响的能力。自由不是与规定本身相对立，而是与错误
类型的规定相对立。康德假定，这个意志彻底独立于自然影
响，一种在别的地方称为"先验自由"的属性。①与此相对照，
像动物这样并非有理性的存在者受自然的因果影响所规定。
它们缺乏自法，它们的行为能够服从外在的制约和操纵。②

　　正如在"前言"（Ⅳ 387.14-15）中那样，康德把"自由之
法"和"自然之法"设想为平行的描述性的法，分别统治着
两个分离的领域。它们涉及两种不同的形而上学学说。自由
和自然必然性是两种因果性的性质，它们在两个不同的因果

────────

　　① 见《实践理性批判》Ⅳ 97.1。无论行动的比较性的心理学自由
或对单纯不受欢迎的倾好的独立性都不会如此。（决不可能存在对道德
性的倾好；在合理性的评价之前一切倾好都是同等的；见 Ⅳ 398.15。）然
而《道德形而上学奠基》的读者还不熟悉先验观念论学说。这是重要的。
Ⅳ 448 脚注有一处隐蔽提及《纯粹理性批判》，但是自在存在的事物和
显现给我们的事物之间的决定性区别被高调引入进来，只是作为我们在
Ⅳ 450.30-34 摆脱这个恶性循环的最后希望。

　　② 康德预想到，在具有意志的、自由的、理性的（因而最终道德
的）存在者与没有意志的和按照机械法而活动的动物之间，有一种相当
鲜明的划分。看来几乎没有空间留给具有较少意志的有理性存在者（在
它们中实践理性的作用是隶属于倾好）或根本没有意志的有理性存在者。
这是令人惊讶的，因为对"我们可能具有一个只服从假言命令式的意志"
的恐惧遍布第二章（例如 Ⅳ 419.16-19）。康德很可能认为，只要一个意志
是合理性的（Ⅳ 446.7），它就是自由的。在一种较少的意志中，理性不
会自行就是实践的；理性决不会规定行动的法，而总是从自然中借来行
动的法。如果理性严格等于实践理性，一种较少的意愿能力就不会是一
个意志。亦见 K. Ameriks, 'Kant's *Groundwork* Ⅲ Argument Reconsidered', in *Interpreting
Kant's Critiques*, pp. 237-238。

领域中起作用。这个观念只有根据这个假设才能理解：我们目前正在讨论的是一个抽象意义上的纯粹意志（这个意志构成纯粹道德哲学或"道德形而上学"的对象）的活动方式，而不是一个完全的人类意志（完全的人类意志能够走入歧途，因为它面临着相互冲突的驱动力量）。① 此外，自由之法统治的领域还没有被正式引入。

¶ Ⅳ 446.13　迄今为止我们关于自由意志已经了解到的
唯一东西是"它不是什么"，这（倘若正确的话）并没有提供足够信息。幸而，自由作为自法的**积极的**观念"发源于"（fließt aus，Ⅳ 446.14）自由作为对自然规定的完全独立性这个消极的概念。② 康德的论证看起来如何呢？

让我们接受这个论题：这个意志是有理性存在者由以具有因果效能的东西。康德现在引入一个附加前提：因果性这个概念分析地蕴含着，原因和结果是通过永恒不变的法结合起来的。③ 由此得出，如果一个意志引起变化，那么它必须是

---

①　这个问题是帕顿卓越地提出的。他抱怨说，自然之法和那条道德法之间的类比是有瑕疵的，因为前者是描述性的，后者是命令性的（命令式的）（*The Categorical Imperative*, p. 211）。但是正如自然的因果法描述这个世界中的事件系列一样，那条道德法是描述纯粹意志的行动。人也具有一个以自由领域为家的意志。问题之所以出现，是因为对人类意愿而言还存在更多东西。见 Ⅳ 454.6-19。两个平行的立法领域的主题在 Ⅳ 452.22和 Ⅳ 453.17 得到继续探讨。康德也正是暗示，在那些服从两种因果法的存在者方面需要调和自然必然性与自由；见 Ⅳ 455.11-457.3。

②　关于消极自由与积极自由，亦见《实践理性批判》Ⅴ 33.15-18。

③　这是一个康德式的老生常谈。见《未来形而上学导论》Ⅳ 257.25-27，《纯粹理性批判》B 5 和 A 539/B 567。

按照因果规则性。然而，这些法不能是我们熟悉的自然的因果法。前一段已经揭示，自然影响按照定义不能支配自由意志本身的活动方式。自由意志本身的因果性的法在那种情形中将会是从自然中采纳的。但是什么东西能够有可能规定自由的因果性呢？一个"无法的（lawless）意志"在概念上是不可能的①（一个意志必须总是受**某条**法所规定而行动）。由于这个意志之外的非自然的因果法不在考虑之内，因而就只剩下一种可能性：一个自由意志给予它自己一条法；而这就是**自法**。总而言之：一个意志由于其先验自由而拥有自法。②"他法"则意味着一个事件的原因必须反过来受某个其他在先的原因所规定。但如果自由**不是**他法，那么它就必须是"自法"：一个意志能够正好在它自己自身方面是能动的。对他者（ἕτερος）和自己（αὐτός）的析取没有留下第三种可能性。

---

① 荒谬的事物（Unding），Ⅳ 446.21。独立性本身不足以**规定**这个意志去行动。消极自由不能是这个意志的"规定根据"，亦即那种赋予它以因果法的东西。而且，单纯的无规则性引起这个问题：为什么我们竟然应该把这样的行动归咎于行为者（见 R 3860，XVII 316）。因此，某种与自然因果性的规则性不同的规则性必须支配自由的行动。这是康德道德哲学中反复出现的主题。康德明确拒绝把选择自由和意志自由等同起来。毋宁说，人类在善和恶之间的选择自由是我们的弱点的表现，是我们的意愿能力的局限。然而，看来，有限的人类意志面临着**不同的**法之间的选择，它（成问题地）没有一条单一的规定其因果性的法。见本书附录五。

② 这个论证（如果是可理解的）基于若干有争议的假定。康德关于自由、因果性以及它们各自不同的法的概念都能够受到挑战。他没有提供进一步论证来支持这些主张。

自法（一个意志对它自己是一条法的那种属性，Ⅳ 447.2–3）
于是就等于直言命令式的一般表述：那个只按照"也能够
使它自己作为一条普遍法成为它的对象"（Ⅳ 447.4–5；见
Ⅳ 421.7–8）的准则而行动的原则。康德推断，由于这是直言

124 命令式的公式和道德性的原则，因此"一个自由的意志和一
个服从诸道德法的意志"就是同一个东西（Ⅳ 447.7）。

两点注释。首先，康德在这个阶段不需要为自法和道德
性的等价性提供论证。他正是（过于轻率）依赖于前一章形
而上学部分的结论（例如见Ⅳ 436.8–10，Ⅳ 440.14–32）。其次，
自法和道德性的等同化潦草处理不同种类的意志。在Ⅳ 447.6
提及直言命令式时，康德从道德形而上学的稀罕的纯粹性
返回到混合的或有限的意志。然而正如下一段显示的那样
（Ⅳ 447.8–14），康德还没有讨论那条道德法具有的对人而言的
综合性或命令式特征，这就可以解释为什么他指称的是直言
命令式的"公式"（Ⅳ 447.5）、而不是直言命令式本身。"一个
服从诸道德法的意志"这个表达是故意地一般的。它涵盖混
合的意志，分离的纯粹意志，以及完善的或神圣的意志之类。

¶ Ⅳ 447.8　道德性及其原则**分析地**出自这个意志的自由
的预设。然而以直言命令式（它因为行动出自那条道德法而
命令它们，并将它们识别为道德上善的）形式呈现出来的人
类行为的最高原则却是一个**综合的**实践原则；①康德想要通过

---

①　如果康德的"后者"（das letztere，Ⅳ 447.10，它被大多数译者所镇
压）是回指"原则"，那么他就犯下轻度的模棱两可，因为在（转下页）

其演绎来确立的正是那条以综合的实践原则的面目出现的道德法。

我们应该如何理解第三章此刻分析的与综合的对照呢？三点注释。首先，回忆一下第一章论证中的那个断裂。康德从对善的意志的绝对价值的阐明和预备性辩护开始（Ⅳ 393-396），但很快转向对义务的分析（Ⅳ 397.1-10），义务是根据"出自对那条法的尊敬而行动"、而不是根据"做善事"来定义的（Ⅳ 400.18-19）。因此，Ⅳ 402.7-9 直言命令式的第一个表述不是从对善的意愿的分析直接推导出来的。[①] 其次，与此相关联，对一个善的意志本身而言不存在任何命令式。义务的概念包含着这个善的意志的概念，而不是相反。为了那条法之故的行动被等同于道德上善的行动，而不是每一个可设想的善的行为都是出自义务而做出的。它是否出自义务而做出依赖于所考虑的这个意志的本性。在道德上善的行动中，一个有限的意志并不为了实现某种已知觉到的善而行动，这正是这个有限的意志受到先天综合的实践原则的强制的定义特征。它为了"那条法"（一般表述，第一个变化式）之故或为了某个"客观"目的（第二个变化式）而行动。这样的行动就**构成**善。为了善的东西而行动将会是

125

———————

（接上页）这个概括中"其原则"（Ⅳ 447.9）是自法原则，这个原则不需要采取命令式的形式，反之那个综合的原则是命令式的。

① 直言命令式是一个从义务的概念分析地推导出来的综合的实践命题：一个对于"**人应当履行他们的义务**"这个同样实践上综合的原则的更精确的陈述。它告诉我们精确地说我们的义务是什么。

他法的标志。[①] 再次，前面从自由到自法的论证没有提及任何规范性的道德概念。自法的概念是在"自己立法"的薄弱的、字面的意义上使用的。康德现在根据一个**善的**意志将会做的东西，亦即人们在他们的行为中（尽管不是通过追求善的东西）必定渴望达到的理想[②]，来表述道德性的综合原则。需要确证的正是道德上善的行动（不同于为了某个以知觉为善的东西之故的行动）的原则。Ⅳ 453-455 第四节中演绎出的道德性的原则是：一个绝对善的人类意志符合自法的原则（Ⅳ 447.10-12）。[③]

　　直言命令式是"综合的"，因为相应的意愿和行动并不出自我们的自然欲求。像假言命令式一样，它并不"分析地"命令"我们应当采纳一条使我们能够做我们想要做的东西的法"。这就引出"理性的直言命令如何是可能的"问题：那条关于自法的法如何能够规定**我们的**意志。因此，如果我们对"我们是自由的"的确信在第二节被证实超出合理的怀疑（它现在不是如此），那么第三章的计划将不会完成。无可否认，基于从先验自由到自法的分析论证，我们将会能够推断我们

---

　　① 见康德《实践理性批判》中对皮斯托留斯的"道德价值的定义应当先于道德性的原则"这个批评的反驳，Ⅴ 8.25-9.3；亦见Ⅴ 62.36-64.5，以及他对"各学派的旧公式"的毫不留情的重新阐释，Ⅴ 59.12-13。

　　② 康德再次利用第二章的结果；见Ⅳ 437-440 的概括。

　　③ 这个句子简约概述第一章和第二章的结果；见Ⅳ 437.6-7 的概括。因而，Ⅳ 447.11-12 "绝对善的意志"（ein schlechterdings guter Wille，一个绝对善的意志）是善的**人类**意志。正如舍内克尔已经表明的那样，必须受到演绎的正是这个综合的原则（见 *Kant: Grundlegung III*, pp. 154-156）。

"服从"诸道德法。但是这一点本身将会使直言命令式的综合性得不到阐明。为了达到这个目的，康德必须在自由之法和人类意志（它承认一个种类的法比另一个种类的法更有权威性）之间确立一种（迄今完全未明的）联系（在完全自由的和仅仅被理性之法所统治的意志方面，或在分离开来考虑的纯粹意志方面，并不出现这个问题）。只有当这种联系被确立起来时，对道德行动的绝对善的常识信念才得到证实（见 Ⅳ 455.4）。

126

　　康德现在论证，正如在理论上的先天综合判断的情形中一样，为了表明实践上的先天综合判断如何是可能的，需要有某个第三表象[①]。自由的积极概念（自法）"提供"（schafft，Ⅳ 447.17）或"指向"（weiset，Ⅳ 447.21）这个第三元素。康德在 Ⅳ 447.18-19 的用词包含着对它可能是什么的暗示。"某个第三者"，正如在自然原因的情形中一样，并不与感觉世界

————————

　　①　对一个综合命题来说，两个认识（Erkenntnisse）必须"通过一个第三者"（mit einem dritten，Ⅳ 447.16；见 Ⅳ 447.18）结合起来，但康德不是说一个"第三认识"，如阿博特，贝克，埃林顿，格雷戈尔，茨威格和丹尼斯翻译的那样，虽然康德经常把 Erkenntnisse（认识）作为一个中性名词来使用。所需要的东西是"某个第三者"，事实上某个第三表象。康德、誊写员或排字工本来能够通过使用首字母大写（mit einem Dritten / dieses Dritte，通过一个第三者 / 这个第三者）来标明名词用法（正如更正规的现代拼写惯例要求的那样）而避免这个误解。（康德的某些后来编辑者如 Vorländer 已经为他这样做了。）在《纯粹理性批判》论述这个主题的那一章，康德自始至终说 ein Drittes（一个第三者）（大写字母 D，没有 Erkenntnis（认识））。在后天判断的情形中，这"某个第三者"就是经验；在先天综合判断的情形中，这"某个第三者"就是（在最低限度上）时间（A 154-158/B 193-197）。

的本性相关联。毋宁说，它是关于另一种因果性能力的理念：
一个位于更高的有自己自身的法的智性世界中的纯粹意志
（Ⅴ454.12—14）。不幸的是，我们现在还不能领会这一点。康
德首先相当调皮地把我们引入一个恶性循环（Ⅳ450.18—23），
以便向我们揭示那个使我们摆脱这个循环的新世界。"准备
性的论证"① 因此出现在随后的第二节和第三节中。直言命令
式的演绎② 紧随着第四节中我们对这个循环的幸运摆脱。

127　　**二、自由作为一切有理性存在者的意志的属性**

¶ Ⅳ 447.28　我们已经了解到诸道德法的有效性出自对
彻底的消极自由的假定。因而，如果我们能够证明人类意志
是自由的，我们就会有资格推论出我们服从道德立法，但是

---

① 这个术语（参见 Vorbereitung（准备工作），Ⅳ447.25）是阿利森
（H. E. Allison）铸造的，他错误地把它限定于下面第二节（*Kant's Theory of
Freedom* (Cambridge University Press, 1990), pp. 214—218）。这个解释现在已被广泛
接受（例如见 T. E. Hill, 'Editorial Material', pp. 132, 135）。然而，正如我们不久
将看到的那样，第二节没有给予人类自由以任何明确地非道德的证明，
演绎的准备工作仍然没有完成。事实上，因为康德模糊我们对自由的意
识的综合本性，第二节就把我们直接引入这个恶性循环（关于类似的提
议，见 Hill, 'Editorial Material', p. 139）。

② 为什么康德在这段结尾说"自由的概念的演绎"（Ⅳ447.22—23）、
而不说道德性的最高原则的演绎（见Ⅳ463.21—22）或直言命令
式的演绎？或许因为自由已经被揭示为道德性的根据；见Ⅳ457.4—5对自由的"权利
主张"（Rechtsanspruch）；或者因为这个演绎采取为把自由的（积极）概念
运用于我们自己（亦即自法）进行辩护的形式。

将会仍然不能理解它的综合本性或它的心理力量。

第二节完成两个适中的任务。首先，它致力于"在目前这个阶段对于自由的假定来说什么东西算数"这个问题。康德回答，自由必须被预设为**一切**有理性存在者的意志的属性，而不仅仅是人类意志的属性或一个人自己意志的属性。重要地，理由就是，普遍的和必然的诸道德法必须对我们作为有理性存在者具有约束力。这个假定自从在"前言"Ⅳ 389.11-23 被确立起来就自始至终在《道德形而上学奠基》的论证中起作用。它在 Ⅳ 447.30-31 得到重新表述。因而，根据道德命令的必然性特征，康德推论，道德性必须是对我们自己和他人具有约束力的，因为我们拥有理性能力；接着，根据我们必须把自发性（Selbsttätigkeit，自我能动性）归予理性（这与它受感官影响并不相容；例如见 R 4220，ⅩⅦ 462-463），康德推论，有理性存在者的意志是自由的。就实践的（亦即道德的）意图而言（in praktischer Absicht，Ⅳ 448.21），我们必须把我们自己和一切其他有理性存在者设想为自由的。有一个强烈的暗示，用《实践理性批判》中的拉丁术语来说就是：道德性是自由的 ratio cognoscendi（认识理由）（Ⅴ 4 脚注）。

其次，康德捍卫这个论题：一个必须按照必然性把自己思想为自由的存在者**就是**就一切实践意图而言自由的，即使自由不能通过理论理性而得到认识、阐明或证明，一个基于《纯粹理性批判》中对自由的二律背反的解决而只可智思的［亦即只可思想而不可认识的］主张。尽管有显象，但是自然决定论的威胁并不排除人类自由。

这一节只不过是一个简短的提醒。我们仍然不了解为什么我们（而且有可能其他有理性创造物）在自由的理念之下而行动的理由。康德仅仅证实我们在自由的理念之下而行动。①

IV 448 脚注 这个脚注的目的类似地是适中的。在提及《纯粹理性批判》第三个二律背反的讨论时，康德断言，自由不能通过科学的或理论的研究方式而得到证明或阐明（或者确实被拒绝）（见 A 532/B 560 及其后）。自由是一个理念，作为一个理念既不能通过经验来证实，也不能通过经验来拒绝。由于理论哲学沉默不言，从实践的观点来论证自由就是合法的。因此，一个演绎能够达到的边界从一开始就是相当狭窄的（见 IV 455.10）。人类自由意志问题与康德之前形而上学的另外两个主题（人类灵魂的不灭和神的实存）就共有其批判的命运。

---

① 一旦这个循环（IV 450.18）被消除，我们的这个假定的根据就是明显的：我们把我们自己当作作为智思世界的成员而是自由的（尤其见 IV 452.31-35）。如果正如人们经常论证的那样本节被当作为人类自由提供确凿的证明，而自由是自法的存在理由（ratio essendi），那么对那条道德法的演绎就可能看起来在 IV 448.22 达到提前结束，第三章剩余的十五页就会是多余的。但这个论证思路是错误的。不仅这个演绎的任务仍然不会得到完成，因为我们还不会理解到那条关于自法的法如何与人类意志联系起来，而且目前除了那条道德法的必然性和普遍性之外没有任何证据证明我们信任我们的自由意志。康德只是**终止了**这个循环。

三、与道德性的理念相联系的兴趣

1.“循环”的准备：我们对自由和道德性的意识不是基于任何惯常的兴趣

¶ Ⅳ 448.25　康德第一次提到这个嫌疑：他对人类自法的论证可能包含着一个恶性循环。在本章第一节中道德性被“回溯到”自由的理念，在第二节中论证的是，如果我们想要把我们自己和其他像我们这样的创造物思想为受诸道德法约束的理性行为者，就需要预设自由。他还没有为我们提供自由（diese［这，意指自由］，Ⅳ 448.26）理念的独立奠基。

¶ Ⅳ 449.7　因此，什么东西（如果有的话）把我们与“道德性的理念”诸如自由和自法联系起来？它们来自哪里？它们为什么终究牵涉到我们、触动我们或适用于我们？对此我们仍然不清楚。然而有一个候选者能够立即被排除：它不是惯常的“情理”兴趣，这种兴趣使我们按照假言命令式中包含的法，而非按照直言命令式中包含的法而行动。① 那条

---

① 重要的是注意到，在一个人的准则中采纳**任何法**的可能性（因而任何行动的可能性）都依赖于一种合适的兴趣的出现。甚至一个自由的行为者也不能以任何可设想的方式而行动；他或她必须直接或间接具有一种对某个具体行动及其相应准则的兴趣。（这就是准则不能被“随意”修改去通过直言命令式的检验的理由。）倘若如此，就必须存在某种具体的道德兴趣；正是这种兴趣（对那条道德法的尊敬）证明在《道德形而上学奠基》中自始至终都是难以捉摸的；见 Ⅳ 459-460。关于两个不同种类的兴趣的区别，见 Ⅳ 413-414 脚注和 Ⅳ 459-460 脚注；关于准则和行动对某种兴趣的依赖性，见《实践理性批判》Ⅴ 79.24-25，Ⅴ 90.36。

129 道德法不是瞄准我们想要实现的对象，而是唯一瞄准对这个行动本身的意愿。①

　　Ⅳ 449.11-13 的这个问题的精确性质对我们理解康德的整个辩护计划是至关重要的。康德问，**为什么我必须使我自己服从道德性的原则、并单纯作为有理性存在者来这样做**？有两种可能的解读：

　　　　（1）为什么情形是我通过成为有理性存在者而服从那条道德法？

　　　　（2）对我而言有什么理由来使我自己作为有理性存在者而服从那条道德法？

　　第一个问题基本上是解释性的。这是一个道德上正派人格的问题，这个人格对伦理命令的最高权威的信任，受到伦理命令的来源的难以捉摸和自然决定论的明显威胁的挑战（见 Ⅳ 453.9）。这个人格正在为一条他接受或他想要接受的法的权威性而要求一个广义**形而上学的**理由。使用康德的相当悖谬的表达：为什么我们感到被迫对"为了一条**其实并不令我们感兴趣**的法之故而行动"感兴趣？② **第二个**问题是一

_____

　　①　这是第一章的最后结果（见 Ⅳ 412-413 脚注）并在 Ⅳ 432.5-24 得到明确陈述；亦见 Ⅳ 425.32-34，Ⅳ 459-460 脚注，以及 Ⅳ 460.24-25。

　　②　见康德对那个不怀疑道德价值的正确性而只遗憾我们缺乏按照它们而行动的能力的怀疑主义哲学家的描述（Ⅳ 406.14-25）。关于一个类似悖谬的对道德兴趣的描述，见《判断力批判》Ⅴ 205 脚注。

个彻底的道德怀疑主义者的问题，这个道德怀疑主义者在面对例如强烈的利己主义兴趣时，追问为什么他竟然应该采取这种道德观点的**规范**理由。对第二个问题的富有说服力的回答很可能也满足那些受第一个问题困扰的人，但是并不反之亦然。

在《道德形而上学奠基》最后一章中，康德致力于讨论第一个问题而非第二个问题。我们想要知道道德命令**为什么、而非是否**有效；这是通过表明"直言命令式作为自法的原则**如何**适用于人类意志"来完成的。康德通过解释（在给予貌似合理的说明这个广义上）来进行这个辩护计划。这包含着追溯一条其地位并不确定的法的源泉或起源，因为这条法不是基于任何必须预先设定的兴趣。最后，如果这位受困扰的道德家在尽可能理解道德性的本性方面取得成功，他将仍然保持信心（见 Ⅳ 461.9-14）。然而，如果对第一个问题不能给出任何令人信服的回答，他将感到失望并投向非道德主义者阵营。①

130

———————

① 康德没有认真对待传统的非道德主义者的这个问题：为什么我们竟然应该成为道德的。如果这个问题被认为要求某种在先的目的或兴趣，那么它在 Ⅳ 463.11-25 的结语中就被明确拒绝。我们不能给出为什么每个有理性存在者都应该服从终究无条件的命令的理由。而且，是否有人将会能够说服彻底的非道德主义者也是值得怀疑的。某个反对、拒绝、或完全不能承认纯粹实践理性的命令的人不大可能被理性的论证所动摇。他将会最好是精神病学家的病例，最坏是监狱机构的案例，但不是哲学家的实例。人们可以尝试向他展示德性的光辉榜样来激起他的钦敬，诸如 Ⅳ 454.21-22 那个冷酷的恶棍的情形。

假言命令式是一些能够通过参照这个事实而得到辩护的命令：它们只运用于我们中的那些对所考虑的目的的实现感兴趣的人。[①] 只要某条具体的法有助于实现我们欲求达到的目的，我们就使我们自己服从它。但是为什么我们使我们自己服从那条道德法，这个问题却不能通过参照某个这样的具体兴趣来回答。否则那条道德法就不能无条件地和普遍地适用。（这正是把直言命令式区分开来的东西：它是对一切人作为有理性创造物而言没有任何前提地有效的。）我们并不为了我们希望追求的某个给定目的之故而行动。没有兴趣**驱使**我们。然而康德论证，作为有理性存在者，我们必然对那条**法**感兴趣、并感到有责任相应地行动。[②]

¶ IV 449.24 迄今为止，我们的道德意识看起来是为什么我们必须归予我们自己以意志自由的唯一理由。倘若如此，自由就不能反过来被运用于为道德行动（IV 449.34）或道德行为者（IV 449.36）的那种特殊价值奠基。（这个恶性循环在往下两段得到正式表述）。事实上，善在这些围绕自由和自法旋转的论证中根本不起重要作用（见 IV 447.10–14）。康德论证，如果这就是事情的结局，那么《道德形而上学奠基》就

---

① 要注意到，工具性的辩护是单纯预备性的。它是对某个目的的追求的合理性的必要条件，但不是充分条件，因为对一个规则来说要变成理性的命令，那个目的就必须是合理性的。

② 在下面 IV 453.19–31 和 IV 454.6–19 的主要演绎过程中康德回到这个理念：道德上的应当是处于主观困难条件之下的纯粹的合理性的意志的表达（IV 449.16–23）。

会是一个具有有限哲学价值的概念游戏。我们就会甚至不能消除那些对道德事业抱有同情态度的人的担忧。

¶ Ⅳ 450.3　在一个附记中，康德排除另一个可能被提出来作为道德善的源泉的候选者：对成为一个善的人格的兴趣。他主张，在对我们自己的幸福①的明显兴趣之外和之上，我们的确对我们**配享**幸福有一种独立的兴趣（亦见《实践理性批判》V130.6–10）。这是为什么那条道德法对我们具有约束力的理由吗？康德的回答是响亮的"不"。我们对配享幸福的兴趣本身只是我们对道德性的最高价值的意识的表达；它是我们正在努力理解的**那种**价值的本性。

2."循环"的嫌疑：自由与道德性

¶ Ⅳ 450.18　康德现在阐述这个迄今只是附带提及的担忧。我们对道德规范的约束性的说明看起来陷入一个循环。②我们从一个命题跳到另一个命题又跳回来，而不能指明道德性的独立奠基，用前一段中的语词来说，我们仍然不知道那

---

①　根据康德对幸福的形式定义，这几乎按照定义就是真的；见Ⅳ 415.28–33。在一个像我们的世界这样的世界中，配享幸福并不自行就使行为者幸福。

②　它是"一种循环"（eine Art von Zirkel，Ⅳ 450.18），因为从道德性到自由的论证包含着一个隐藏的综合步骤，这个综合步骤容许我们最终摆脱这个循环，而非因为最初并不存在任何真正的循环论证（circulus in probando）。（关于后一种观点，见 Schönecker, *Kant: Grundlegung III*, pp. 317–396。）与此类似，康德在Ⅳ 443.4–10 指摘完善主义进行循环推理，亦即预设将要予以解释的东西：道德性。

条道德法**从哪里**① 对我们具有约束力。实存不能通过分析论证而得到证明，用温和的方式来说，在经验领域中不存在义务、自法或自由的权威的任何证据。我们必须超出阐明来说明综合的实践原则的可能性，但是这由以能够得到完成的基础尚未见到。

康德在 IV 450.19-23 对这个恶性循环的现实表述几乎不是一个具有哲学清晰性的典范。这个句子的前半句尤其使一代代读者感到迷惑。然而前面几段以及对解决的概括（IV 453.3-11）提示出下面这个重构。前半句的确包含着从道德性到自由的

132　推论：正是上面第二节引起这个嫌疑（IV 447-448）。道德性蕴含着普遍性和必然性，普遍性和必然性只能基于理性；但理性必须独立于外来影响，独立于外来影响就是（消极）自由。简而言之：

> 问：为什么我们把我们自己当作自由的？
>
> 答：因为我们把我们自己思想为服从诸道德法的。

假设性的第一章和第二章都依赖于这个假定，即使在这两章

---

① 从哪里（Woher），IV 450.16。"基于什么根据"（贝克，格雷戈尔，茨威格和丹尼斯的译法）或"如何"（帕顿和埃林顿的译法）在相当大程度上模糊康德的这个灵巧的准空间表达。只有阿博特和伍德译出其字面意义"从哪里"。

中自由没有起重要作用。①

　　较少引起争议的是，康德的这个句子的后半句包含着对第三章开头（Ⅳ 446-447）的分析论证的引证。根据自由的预设，我们回到诸道德法的有效性：

　　　　问：为什么我们认为我们服从诸道德法？
　　　　答：因为我们归予我们自己以意志自由。

如果第二个问题已经得到令人信服的回答，我们就会在确证直言命令式的权威方面已经做出重大进展，但情形显然并非如此。当那些探问道德命令式的资格的人被告知，他们服从那条道德法是因为他们是自由的时，他们并没有得到令人满意的回答，即使他们既接受从自由到自法的推论，又接受把道德性和自法等同起来。道德性不能基于自由，如果自由反过来基于道德性的话。**为什么**情形是我们必须把我们自己设想为自由的和有理性的存在者，其理由除了以那条道德法作为其开始点的那个论证之外仍然没有别的证据。意志自由和道德上的自己立法被揭示是"互换概念"（Wechselbegriffe）。它们拥有同一个领域（见 Jaesche：*Logic*，Ⅸ 98.5-6）。每一个自由的意志都服从它自己的诸道德法；每一个服从它自己的诸道

---

　　① 这是对为什么康德说我们"然后"（nachher，Ⅳ 450.21）通过这个循环的另一半的一种可能解释。然而，从自由到那条道德法的论证在对道德性的有效性的全部论证中也居于其次。康德首先是试图表明情形如何是诸道德法适用于我们，而不是我们是自由的（见 Ⅳ 453.3-11 的概括）。

德法的意志都是自由的。^①这勉强算是哲学进步；但它无助
133 于我们消除一个努力理解道德性这个现象的善意怀疑主义者
的担忧。

3."循环"的摆脱：当我们把我们自己当作智性世界的
成员时我们就走出这个循环

¶ Ⅳ 450.30 幸而有一个机会来摆脱^②这个尚未得到探
索的循环。迄今为止，对我们的自由的意识似乎来自我们
对"我们服从诸道德法"的确信；这个通过合理性的意志的
独立性而对自由的论证，被认为是分析的。康德现在要求我
们考虑这个不久将要得到详细阐明的想法：当我们在慎思中
把我们自己看作自由的时，我们是从一个完全不同的观点

───────────

① 如果人们插入自法这个起调解作用的概念，那么这个循环就更加
明显。严格地说，康德本来应该区分四个共有同一领域的概念：意志的
独立于自然的规定原因的消极自由；意志的自身成为能动能力的积极自
由：自发性；意志的按照它自己的法而行动的因果性能力：字面意义上
的自法；以及意志的执行道德行动的能力。

② Auskunft（出路，信息），Ⅳ 450.30；见康德在 Ⅳ 450.19 对我们可能
找不到摆脱这个循环的出路（herauszukommen）的担忧。（顺便说一句，如
果这个循环不是意味着一个从 A 到 B 又反过来从 B 到 A 的真正循环，那
么这些表达就会几乎不能理解。）这是康德十八世纪德语如何能够误导其
现代读者的一个典范实例，现代读者自然假定，康德是指称某条信息（例
如 Telephonauskunft（电话信息）＝电话号码查询）、而非一个摆脱出路或补
救方案。这个词义上的 Auskunft 的现代等价词是 Ausweg（出路）。伍德的译
法（"出路"）和茨威格的译法（"路径"）正确把握它；所有其他译法都在
相当大程度上模糊这一点："转变"（帕顿的译法）、"资源"（阿博特和格
雷戈尔的译法）、"求助"（贝克和埃林顿的译法）。

（Standpunkt）来这样做的。①康德没有明确说明这如何精确地帮助我们摆脱这个循环；但他很可能认为，从道德性到自由的论证，即使是由道德意识引发的，也被揭示出毕竟包含着隐藏的综合命题。正是"我是自由的"这个判断使我们能够走出这个分析性的循环。

这个策略使人想起《纯粹理性批判》第二版（B xvi）中描述的"哥白尼式的革命"。在其理论哲学中，康德没有一个对"对象必须符合我们的认识"这个先验观念论的论题的决定性论证。他提议，形而上学这个学科能否基于"对象符合我们的认识"这个假定而变成一门真正科学，可以值得探究。当然，由于人类理性对这个哲学分支［亦即形而上学］不可避免地感兴趣，因而关于如何把形而上学（对事物的先天认识）变成一门真正科学的建设性提议确实非常受欢迎。与此类似，康德没有一个确凿的论证来证明他的论题"我们是一个完

134

---

① 见 Ⅳ 425.33，在那里道德性的**观点**或基础被认为是不确定的。康德在《实践理性批判》（Ⅴ 97.32-98.5）中重申这两个观点的学说。这个学说以康德《纯粹理性批判》（参见 B xxvi）中揭示出的先验观念论为前提，但是它不应该被混淆于、或被作为证据引用来证明普劳斯（G. Prauss）和阿利森所普及的对康德观念论的那种温和认识论的"两方面"解读，按照那种解读，自在事物和显象仅仅代表对一个和同一个事物的两个不同视角。（在希尔那里有这种观点的暗示：'Editorial Material', pp. 102, 106, 143。）康德不是探讨从两个不同观点来看待一个和同一个事物（一个人）。毋宁说，他鼓励我们考虑这种可能性：为了实践的意图一个和同一个存在者能**够采取两个不同立场**。这两个有利观点的学说和智性世界的引入支持着一种在形而上学方面根本不纯朴的解读。它假定一个世界能够**规定**另一个世界的形态（但并不反之亦然）。

全不同于、而且高于自然原因领域的世界中的成员"。他仅仅提议，只有当我们最终认识到这个假定［亦即"我们是一个完全不同于、而且高于自然原因领域的世界中的成员"］的哲学魅力时，我们当作必然的对道德性的辩护才能得到挽救。

　　然而有一个值得注意的差别。关于这两个观点的学说反映着人直觉地把他们自己设想为行为者的方式。我们对必然的和普遍的诸道德法的权威的意识，几乎在字面意义上就推动（versetzt，转移）我们超出感性世界。与此相对照，康德通常提议，他的批判的自然形而上学的基本假定使我们离开前哲学的人类知性（但见下面一段）。

　　¶ Ⅳ 450.35　康德现在开始兑现他的诺言回到普通的、前哲学的知性的观点（Ⅳ 392.21）。[①]为了说明这个开启那条摆脱这个循环的出路的观点，他援引对某个隐藏维度（它为可通过经验观察的事物奠定基础）的素朴信念和人类灵魂（它不属于物质世界）。他归予"最普通的知性"（Ⅳ 450.37）以"知识局限于以不可知的'自在事物'为基础的'显象'"这个原型批判的信念（Ⅳ 451.7–8），然后（紧随之）以"**感官世界**和**知性世界**之间"的一种无可否认的"粗糙的区别"（Ⅳ 451.18）。康德是否认为这种区别是广义实践关怀所驱动的，则并不清楚。

　　《纯粹理性批判》区分显现给我们的事物与自在存在的、

---

①　康德在下面Ⅳ 454.20完成这个"演绎"时又回到普通的、前哲学的知性的观点。

独立于人类心灵限制的事物。对事物的知识局限于显象的经验性领域。理论理性不能证实那种大胆超出经验领域的思辨（例如见 A 244/B 303）。然而这种区别开启这种可能性：相信那些其实存不能在理论上或通过经验而得到证明的事物。毕竟，如果先验观念论是真的，那么经验就不教给我们例如"自由并不实存"。经验仅仅教给我们"自由并不实存于经验领域中"。① 我们甚至仅仅后天地、在时间性条件下知道我们自己的自我（Ⅳ 451.21-23）。没有任何特许的道路来认识自在存在的自我。诚然，我们不能带有理论确定性地知道，我们觉得我们在慎思中必须采取的实践观点不是一个幻相。但是，即使对人类行动的经验显示出通常的经验性规则性，道德哲学也能够继续提出"智性世界"（在这个世界中另一个自我是独立于经验性条件而能动的）这个朦胧理念，只要这个理念不主张拥有对相应对象的认识。②

¶ Ⅳ 451.37 普通知性如此倾心于感官世界，以致它趋向于甚至使智性世界这个粗糙的概念适宜于感性的诸条件。

---

① 这是第三个二律背反的反题方面在其中被揭示出来是正确的那种有限意义（A 445/B 473）；当然，第三个二律背反的独断主义拥护者缺乏资源来区分经验的领域与自在存在的事物，因而推断，如果自由在经验中不能被遇到，自由就不实存。见我的 'Warum scheint transzendentale Freiheit absurd?', *Kant-Studien* 91 (2000), 8-16。

② 康德在 1770 年发表的其前批判时期就职论文《论感性世界和智思世界的形式和原则》（*De mundi sensibilis etc.*, Ⅱ 385-420）中首次提出智思世界的概念。

我们回想起把灵魂描绘为一个带有翅膀的小精灵或一缕从无生命躯体中逃逸出来的气息的艺术表现方式。①

¶ IV 452.7　根据《纯粹理性批判》中知性和理性之间的区别，康德现在揭示为什么我们必须把我们自己设想为智思世界的成员：这是因为我们是有理性存在者。理性活动不能是单纯被动的。理性由于其提出理念的能力而比知性甚至更**超出**感官世界（见 A 312/B 368 及其后）。完全脱离一切经验性条件的理念的实在性是非常成问题的，但这并不影响康德目前这个论证。就现在而言，唯一重要的事情是这个事实：人意识到他们自身中的一种超出经验范围而**思想**的能力。当我们设想这些理念时，我们就做出那种可以被称为"理性的跳跃"的事情。理性作为纯粹自发性因而就远远超出知性的那种与经验性条件（诸如两个在经验中被给予的被判断是原因和结果的事件）相联系的单纯比较的自发性。然而我们应该注意到，我们的知性世界的成员身份能够被局限于理论理性（见 IV 395.15-27 的情景）。超出知性范围之外不论判断自由或思想自由都不意味着我们拥有自由意志。②

---

①　在智性光谱的另一端，康德指摘像柏拉图这样的哲学家由于完全放弃经验而犯有相反种类的错误（IV 462.22-29）。关于这两个世界及其法之间的差别，参见 IV 459.3-31。

②　见 D. Henrich, 'The Deduction of the Moral Law: The Reasons for the Obscurity of the Final Section of Kant's *Groundwork of the Metaphysics of Morals*', in *Kant's Groundwork of the Metaphysics of Morals*, ed. P. Guyer (Rowman & Littlefield, 1998), pp. 314, 319-320。

¶ IV 452.23 康德完成对我们的超感性世界的成员身份的论证：当我们产生作为纯粹理论理性的概念的理念时，我们就凭借我们是"理智"①而使我们自己脱离感性世界，这个事实能够算作证据。我们能够从两个有利观点来看待我们实践能力的运用，并"因此"（folglich，IV 452.27）看待我们的行动，我们的行动从一个视角看展现着自然的规则性（在我们的意志方面：他法），从另一个视角看服从自法的诸法（the laws of autonomy）。

¶ IV 452.31 当我们把我们自己思想为自由的时，我们就把我们自己设想为智性世界的一部分并服从智性世界的法。② 一切更进一步的推论赖以为基础的都正是这个假定。"我们属于知性世界"这个判断是一个先天综合命题，而不只是一个从对诸道德法的有效性的承认中分析得出的假定。

这一节的最后三段（IV 452.7–453.2）以这种方式回响着前面对理性的自发性的讨论（IV 448.11–22），但论证在两个重要方面已向前推进。首先，智性世界的概念现在使我们能够即使不能理解、至少能够设想一个完全独立于感性世界的条件的自我。这个视角是前面没有的。其次，前一段的语境是

137

---

① 这个意义上的"理智"（Intelligence，IV 452.23–24）是作为"有理性存在者"的同义词来使用的（见 V 125.17）。"低级能力"（untere Kräfte，IV 452.24）是那些属于感性世界的能力。

② 事实上，它通过理念支配有理性存在者的行动，完全如同自然因果性规定显象（见 IV 446.7–12）——然而当然我们不是唯一有理性的。

专门实践的。自发性的归予是基于那些适用于一切有理性存在者本身的道德性的命令的普遍的和必然的本性；反之，在 IV 452.18 为了证实我们的特殊地位而援引的理性理念是纯粹理论理性的概念。然而，康德尚未表明，纯粹理性能够是实践的，亦即，它如何能够通过它自己和完全不依赖于倾好而规定意志。我们已经发现我们能够由以摆脱这个循环的观点，康德已经论证这个观点并不像人们最初可能认为的那样是奇怪的或不同寻常的；但是现在还没有对直言命令式的综合本性的任何阐明。我们也不能说明"我们对道德性感兴趣"这个事实。①

¶ IV 453.3　康德现在解释为什么循环的存在将会对第三章的计划构成致命威胁。康德正是尝试确证道德性的主张。第一节包含着对这个观点的充分证明：一个意志对（以自法原则的形式呈现出来的）诸道德法的服从产生或"发源"于对这个意志的绝对自由的假定（ IV 446.14）。如果我们能够表明这个预设是有根据的，那么我们就获得一个重要的中间

---

①　这就是为什么假定康德正在试图以纯粹理论术语来提供一种对人类道德性的演绎将会是一个错误。理智世界的单纯成员身份不能等于人类自法。至少在理论上存在着仅仅赋有理论理性的有理性存在者的可能性。康德正在试图借助于一个从理论哲学中借来的实例来示例或证实我们的理智世界的成员身份的理念；但是当我们行动时我们把我们自己当作这样一个世界的成员，这个事实仍然被我们对诸道德法的有效性的承认推荐给我们。

结果。我们从自由推论出道德性（作为自法）。[①] **在这个推论中**如果有一个循环将会被发现，那么对自由的预设就会没有任何独立的根据，第三章的计划就会失败。我们就会是乞题。康德就会处于这样一个人的境地：他试图基于"圣经包含着对神的实存的见证"来表明"神实存着"，而当他被要求为圣经的权威辩护时，他又说"圣经中的一切都是真的，因为终究它是神的道"；对神的实存的这个假定的证明和对道德性的有效性的成问题的论证两者都是真正循环的（或者实际上，这位哲学家依赖于"清楚性和明晰性传达真理"这个原则来论证神实存着，然后又主张神是他的清楚的和明晰的观念的保证者）。[②]

138

当我们思想或行动时，我们不能接受我们的活动只是自然的因果作用的结果；相反，我们必须假定因果规则性能够是理性影响的显象。把我们自己设想为有理性的思想者和行动者，这将我们从感官世界中解脱出来。我们把我们自己

---

① 这个论证的最后一步将会不得不在于 IV 446–447 引入的这个循环的这一半，这个循环正如 IV 453.4–5 概括的那样是从自由到自法和（诉诸第二章）从自法到道德性的推论。

② 这两个循环是不同的，因为康德的论证表面看来包含着两个分析证明（反之至少对神的实存的证明基于对一部叫作"圣经"的著作的经验性检视）。如果这个循环的危险是真实的，我们就会不能说明作为综合的实践原则的直言命令式。我们就会仍然陷于概念分析中。但现在我们作为有理性存在者而采纳的"另一个"观点的概念已经显示出一条摆脱这个分析游戏的出路。康德现在能够着手表明在这两个观点中我们作为智性世界的成员身份是更重要的。

"转移"或"迁移"①到理性之法统治的领域中。在《纯粹理性
批判》"方法论"中康德提出一个类似的观点。在那里，令人
惊奇而又富有争议地，他试图把先验自由和他叫作"实践自
由"的东西（在这个情形中，行动自由）分离开来。他论证
实践自由"能够通过经验而得到证明"。康德随后引入命令
式的概念，他把命令式定义为告诉我们"**什么应当发生**、即
使它从不发生"的"客观的**自由之法**"，并将它们与"仅仅涉
及**实际发生的东西**的**自然之法**"区分开来。我们的行动是否
最终是由自然力量规定的，这是某个"在实践领域中与我们
不相干"的事情，"因为我们首先只向理性求问行为的**箴规**"
（A 802–803/B 830–831）。

康德的观点是，"**我应当做什么**"这个命令性的问题在
种类上不同于"**我正在做**什么"这个描述性的问题。自然决
定论是一种对道德责任的威胁，但是从第一人称的慎思观
点看，它是不相关的。康德在 1783 年发表的对约翰·海因里
希·舒尔茨（Johann Heinrich Schulz）的《试论道德学说的教育》
的书评中，基本上提出过同一个观点。先验自由和实践自由
是不同的；当涉及到行动时，我们把先验自由悬搁起来；每
个人（甚至宿命论者）都必须好像他是自由的一样而行动
（Ⅷ 13.20–33）。在《道德形而上学奠基》中，这个现象被认为
是"并非一切人类本性都服从原因和结果的法"的标志，这

① Versetzen（转移或迁移），Ⅳ 453.12。这个比喻在 Ⅳ 454.32，Ⅳ 455.2，
以及 Ⅳ 457.9 再次被采用；亦见《实践理性批判》Ⅴ 42.19 和 Ⅴ 43.30。

个标志（基于康德在理论领域中对自由持不可知论这个背景）提供一个新的有利观点，从这个观点我们把我们自己判断为自由的。先验自由在道德哲学中有其作用要发挥；但当涉及到慎思时，它完全是不相关的。

　　根据目前这个解释，第三章的论证迄今与《实践理性批判》V 4的脚注都是相容的。①康德预先堵住所谓"不一致性"的指控。有人可能要问，自由是那条道德法的条件，那条道德法又是一个人对自由的意识的条件，这如何是可能的。康德回答：自由是那条道德法的存在理由（ratio essendi），其存在的充分根据；反之，道德确信是为什么我们意识到我们的自由的理由，我们的自由的认识理由（ratio cognoscendi）。这个脚注能够被解读为康德摆脱这个循环的澄清性概括。当我们把我们自己当作自由的时，我们不是根据"我们承认道德性的力量"而分析地推导出"我们是自由的"。毋宁说，道德意识推动我们超出感性世界并迫使我们采取理性能动性的观点。（也要注意到我们对自由的意识已经（暂时）得到阐明，这一点是令人放心的；但是还没有对"人拥有自由意志"的任何严格证明。）

---

　　① 事实上，这似乎是康德整个批判时期的立场。然而，在《实践理性批判》中认识理由（ratio cognoscendi）是狭义上道德的，反之在《纯粹理性批判》A 547/B 575（参见 A 802–803/B 830–831）它是广义上实践的，亦即，它包含着按照假言命令式的行动。

四、"演绎"：直言命令式如何是可能的？

¶ Ⅳ 453.17　康德回到第三章的主要意图：直言命令式的"演绎"。在解决这个循环的过程中做出的感官世界和知性世界之间的预备性区别，现在正式投入使用。在《实践理性批判》中，对先天概念（诸如"自然的因果作用"的概念）进行"演绎"被认为是必要的，因为先天概念牵涉到那种结合的必然性；对先天概念进行演绎相当于对"它的没有经验性源泉而出自纯粹知性的可能性"进行证明（Ⅴ53.30–32）。康德现在尝试为直言命令式进行演绎。

我们已经确立，一般有理性存在者（das vernünftige Wesen，Ⅳ453.17）（精确地说像我们这样的有限的有理性存在者）必须把他自己既当作感官世界的成员，又当作知性世界的成员。他把他自己**算作**智思世界的成员并算作拥有自由意志；但他**意识到**他是感性世界的成员，在感性世界中自由意愿的结果浮现为"单纯显象"（Ⅳ453.21）。在现象世界中没有人类行动的超自然起源的任何痕迹。毋宁说，行动看起来是由其他显象（欲求和倾好）按照自然的因果法所规定的。自由的因果性在于知识的领域之外。即使如此，我们的双重成员身份的假定仍然存在。

如果（像神或非理性动物一样）我们只是这两个世界中一个世界的成员，我们就会只服从一种立法，而不可能有任何冲突的地方。是这条法还是那条法更有权威性、以及倘若如此为什么，这样的问题并不出现。如果我们是纯粹理智，我们就会为了那条道德法之故而行动；如果我们只是有形体的创造物，我们就会为了我们的自然欲求之故（最终为了我们自己的幸福之故）而行动（Ⅳ 453.30–31）。诸道德法的权威问题（本段讨论的问题）的出现是因为我们是**两个**世界的成员。我们想要知道，当理性的立法和自然的立法相互冲突时，为什么理性的立法高于自然的立法。^①这就好像你是两个不同俱乐部（感性俱乐部和知性俱乐部）的成员，服从两个俱乐部的规章，例如当你参加它们的比赛时佩戴它们各自的领带或围巾。对你的那些只是一个俱乐部的成员的朋友而言，这是不成问题的。但对你而言，受邀参加它们**合办的**比赛就引起佩戴规则的冲突：你应该佩戴哪个俱乐部的领带或围巾？你意识到你的两个俱乐部的成员身份。你可能确定你应当忠于知性俱乐部，但你仍然没有得到对"哪个俱乐部的规章具有更大权威性"的说明。此外，感性俱乐部的领带是**如此**更优雅得多。

康德继续对充其量是一个草图的智思世界的优先性提供论证。智思世界被看作在人类意志中具有权威，因为，如果我们拥有先验自由，它就能够能动地**规定**感官世界的法。康

① 康德相当清楚地表明他探讨两种分明不同的行动理由的冲突：道德性和幸福。他不是在论证命令式作为一般理性命令的权威，而是在说明纯粹实践理性的权威。由经验所指引的、事实上理论的理性对按照假言命令式的行动的贡献是最小的。第三章论证中此刻相关的唯一命令式是关于义务的命令式（见Ⅳ 454.4–5）。关于这个问题的特别清楚的陈述，见 Hill, "Editorial Material", p. 103；亦见其 "Kant's Argument for the Rationality of Moral Conduct", in *Dignity and Practical Reason* (Cornell University Press, 1992)。

德论证，知性世界"包含感性世界的**根据**，因而也包含感性
141　世界的法的**根据**"（Ⅳ 453.31–33）。简而言之：道德行为者是
那些在显象层次上描述其行动的法的起源。与此相对照，感
官世界不能强制智性世界。我们已经看到，我们必须把我们
自己当作在理性活动方面不受感官世界影响的。这两个世界
并不拥有同等地位。正是这种根本性的不对称使康德能够推
断，在倾好的建议和纯粹实践理性的命令之间的冲突情形
中，我们总是必须站在纯粹实践理性的命令这一边。意志完
全属于更高的知性世界（Ⅳ 453.33–34），正是知性世界的法给
予意志以其适当的法。这就是为什么为了参加它们合办的游
园会，你必须佩戴你的单调乏味的知性世界（Verstandeswelt）
领带。[①]

¶ Ⅳ 454.6　然而《道德形而上学奠基》第三章的中心任
务仍然在于前面。在本段中演绎终于完成。[②] 本段第一句以
强调的方式宣布："直言命令式按照以下方式是可能的"；下
一段则从这个断言开始："这个演绎"被普通人类理性的实践

---

①　康德在Ⅳ 412.26–28 对意志的定义包含着一个最初的暗示：人能够
塑造自然规则性（正如直言命令式的自然之法变化式所做的那样）。关于
这个结果的最近论证，见 E. Watkins, *Kant and the Metaphysics of Causality* (Cambridge
University Press, 2005), esp. pp. 257–265。

②　与舍内克尔的观点相反，他把这个演绎当作是康德对那条关于
自法的法的权威的论证，因此将它定位于前一段中（*Kant: Grundlegung III*,
p. 365）。但是根据作为先天综合原则的直言命令式的可能性而自始至终表
达出来的中心问题只有在本段中才得到回答；更貌似合理的是，下一段
的开头一行（"这个演绎"，Ⅳ 454.20）是指前面**正接着的**一段。

应用所证实（Ⅳ 454.20–21）。康德已经确立诸道德法的起源、关联和权威，但是我们仍然需要知道**它们如何与人类意志联系起来**。

这个演绎回到这个理念：在理论领域正如在实践领域一样，综合命题要求"某个第三者"，一个适宜于把两个基本分离的概念（一个概念并不包含或并不分析地得自另一个概念）结合起来的表象。康德也陈述他力图确证的这个综合命题：绝对善的意志是其准则在任何时候都把自己视为一条普遍法而包含在自己中的意志；简而言之，绝对善的意志是按照自法原则而行动的意志（Ⅳ 447.10–19）。如果我们预设（正如我们必须做的那样）人应当渴望绝对善（即使道德行动并不是为了某种已知觉到的善之故而做出的），那么这个原则就能够表达为一个命令式：在任何时候都按照自法原则而行动。这一点是清楚的。

演绎的细节是很不明晰的，但是本段的用词推荐下面这个重构。为了确立"我的有限意志（延伸而言任何像我这样的其他有理性存在者的意志）应当在任何时候都按照自法原则而行动"这个论题，我需要把下面两个分离的概念结合起来：(1) **我的**受感性欲求影响的**人类意志**（Ⅳ 454.12）和 (2) **自法的诸法**（Ⅳ 454.8–9）。起联结作用的概念是 (3) 这同一个意志即我的意志**作为纯粹的和自身实践的**、寓于知性世界中的意志的理念（Ⅳ 454.13–14；它的起源确立于

142

Ⅳ 453.33–34）。① 因此，智性世界的法（自法）必须是"前者"
（des ersteren，Ⅳ 454.14–15）的一切行动的条件，亦即我的意志
的一切行动的条件。如果我的意志只以智思世界为家，一切
行动就会符合自法的诸法。由于我也是感性世界的成员，我
就把那条道德法经验为一个命令式。②

　　这个演绎至少在以下三个方面是成问题的。第一，康德
认为，在综合判断中将要结合起来的两个概念，两者必须在
负责这种综合的第三元素中结合起来（见Ⅳ 447.16）。在本案
例中，（3）一个位于智性领域中的纯粹意志的理念可以被认
为包含着（2）自法的诸法；但它也包含着（1）它自己作为
有限意志的理念，这一点是很不明显的。第二，在《纯粹理
性批判》中，综合判断的客观有效性的最低条件是时间。如
果这个"第三者"不是在直观中给予的，诸如一个纯粹意志
的"理性概念"（理念），那么综合判断就不能是客观有效的。

---

　　① Die Idee ebendesselben（即我自己的意志，Ⅳ 454.12），aber zur Verstandeswelt
gehörigen, reinen, für sich selbst praktischen Willens.［这同一个、但属于知性世界
的、纯粹的、自身自为地实践的意志的理念。］纯粹意志或智思世界本身
不能形成这种结合。"某个第三者"必需是一个**表象**，亦即这样一个意
志的理念。亦见《实践理性批判》（Ⅴ 86.36）中由人格性的理念所实现的
"结合"。

　　② "对一个自然的认识"（Erkenntnis einer Natur，Ⅳ 454.19）这个短语是
奇怪的。"一个"自然作为与另一个自然相对的？倘若如此，他是说有两
个种类的自然，它们两者都是通过先天综合命题而被把握的吗？或者他
是把"自然"再次用作"创造物"的同义词，在这个情形中这个自然（一
个存在者）将会是借助于先天综合命题的认识者吗？基于前一种解读，
我们能够获得对知性世界的知识，即使我们不能知道它的法能够在行动
中规定人类意志。

鉴于此，这个演绎看起来较不成功。① 第三，为了在实践中做出这个适当设定的结合，需要有某种对道德行为的兴趣：对那条道德法的尊敬。然而，对这种兴趣进行阐明的可能性超出实践哲学的限度（见下面 IV 459.32-460.7）。

143

第四个（甚至更根本性的）困难产生于这个事实，两个世界或两个有利观点并不足以给我们提供对直言命令式的可能性的可信解释。如果康德假定，这个意志完全属于知性世界、因而自由地按照它的法而行动，那么要理解为什么人竟然不能达到这些标准的理由，就看起来是完全不可能的。人类意志是受感官倾好**影响**的，这个单纯事实不能是道德上偶然失败的（全部）理由，因为否则这个意志就不会是（消极）自由的。然而如果它是（积极）自由去做正当的事情，那么为什么它并不总是实现它的自由，这就是（正如康德有时承认的那样）不可理解的。执行意志（意选 [Willkür]）就会不得不拥有一个在这另外两个观点之间进行调解的第三个观点；这个观点就像经验主义的观点一样是不确定的（ IV 425.33 ），或许甚至是更不确定的。②

¶ IV 454.20　普通实践理性**证实**我们的演绎的结果：每一个人，甚至最坏的恶棍（ der ärgste Bösewicht，　IV 454.21-22 ），自然地把他自己当作智性世界的一部分并认同他的更高的自

---

① 借助于例证，康德在 IV 454.15-19 相当模糊地（ ungefähr so）涉及到《纯粹理性批判》中范畴的先验演绎（A 84/B 116 及其后）。

② 见本书附录五对道德失败这个相关问题的讨论。

我、而非他的自然欲求。康德的乐观主义是令人惊奇的。康德坚称，当正派行为的榜样①呈现在面前时，这个恶棍产生一种热切的愿望要变成一个好人，但是根深蒂固的感官倾好却使这种改变的实现对他而言是极其痛苦的。②然而他确信这种改变能够完成。在慎思中，他甚至把他自己当作自由的和只服从他自己的理性的法。康德认为，这个恶棍的道德意识是他拥有一个纯粹意志的**证据**，通过这个纯粹意志，他能够把他自己"转移"到另一个领域（Ⅳ 454.29-30）。这与《实践理性批判》中的"理性的事实"的类似性是明显的。在《道德形而上学奠基》中也决没有脱离"实践理性的最普通的运用"。③

144

　　此外，看来，为了把"按照智思世界的法而行动"识别为道德上**善的**，普通道德意识也是需要的。价值术语显然没有参与迄今为止的演绎。它们只是在本段中才被重新引入：在Ⅳ 454.24 我们得知，这个恶棍赞同那些坚决按照"善的准则"而行动的人；在Ⅳ 455.4 他被认为意识到他自己的"善的意志"。事实上《道德形而上学奠基》将它自己明确地呈现为

---

　　① 见《实践理性批判》Ⅴ 92.14。这是榜样在道德实践中的合法运用。关于角色模型伦理的限制，见前面Ⅳ 408.28-33。

　　② 这个恶棍"不能容易地"（kann … nicht wohl，Ⅳ 454.27-28）实现这一点；不要把它与"或许不"（wohl nicht）混淆起来。Wohl 像它的英语等价词"well"一样，是与 gut 对应的副词。在康德的十八世纪德语中 wohl 具有愉快和容易的涵义。康德并非像其著作的英译者们可能以为的那样说，这个最坏的恶棍不能变成一个正派的人。

　　③ 普通道德意识在这部后来的著作中也受到援引；例如见 Ⅴ 91.20，Ⅴ 32.2-7，以及 Ⅴ 43.36-37。

一种道德价值研究，即使最终结果是它必须根据纯粹形式性的术语来得到定义。康德从道德善的概念开始；他在第二章临近结尾时对直言命令式的不同表述的概述中又回到道德善的概念（Ⅳ 437.5-440.13）；而且第三章中将要被演绎的原则是根据**善的**意愿而得到明确表述的（Ⅳ 447.11）。康德已经很好地兑现其回到其开始点的诺言。自法的演绎，它在多大程度上得到"普通人类理性的实践运用"的支持，就扩展到多大程度。这必定至少是为什么康德在《实践理性批判》中能够否定直言命令式的演绎的可能性的一部分理由。①

五、一切实践哲学的最远边界

1. 自然必然性和自由意志的调和问题还不标志实践哲学的最远边界

¶ Ⅳ 455.11　康德把注意力转向自由的概念。理由是，它指向他现在想要为之标明界线的道德哲学的最远边界。这

---

①　关于与范畴的演绎相比较而言的康德的怀疑主义，见《实践理性批判》Ⅴ 46.20-24。亦见 Ⅴ 87.31-35，Ⅴ 93.30-94.7，以及 Ⅴ 105.10-13。目前这个解读提议，康德没有太多改变他对人类自法及其智思根据的实质性观点，而是改变他对Ⅳ 454.6-19 这个现实的演绎是否成功的看法。一种可能的解释或许是，当他正在修订《纯粹理性批判》准备出版第二版时，他回想起客观有效性的最低条件：就先天综合判断而言某个第三者必须（在最低限度上）在时间中被给予出来。关于综合判断的这一章未作重大修改而被重印（B 193-197）。在《实践理性批判》中，客观有效性的确被宣布是绊脚石；见 Ⅴ 46.20-24。

一点只有在 IV 461.7-14 才变得明确。我们可以陈述自法的充分条件：自由，以及这牵涉到的预设——我们的智性世界的成员身份。但是这个演绎不能进展到比那更远（见 IV 463.21-33）。

我们的经验只扩展到过去存在的行动；像一切事件一样，行为按照自然之法而发生。然而同一个原因由以产生同一个结果的那种**必然性**，虽然被经验所证实，但在起源上却不是经验性的。在《纯粹理性批判》的先验演绎中，康德声称已经表明，我们在应用像因果性这样的范畴时对先天综合判断的使用是有根据的。范畴是知性的纯粹概念，它们塑造人类经验。

与此相对照，那些规定我们做什么的原则（我们的准则）不是可通过经验获得的。如果它们是自由选择的，按照定义，它们就不能是原因和结果的网络中的一部分，即使它们产生的行为是原因和结果的网络中的一部分。当实际上一个行动**没有**发生时，我们几乎不能想象对这个事实的经验：这个行动本来能够发生或本来应该发生。自由不是一个知性概念，而是一个理性概念，一个"理念"，作为"理念"不同于经验的领域。我们已经被给予一个对于为什么情形是我们把我们自己当作自由的说明；但这还留下一个问题（虽然它们处于不同的层次）：作为知性概念的因果性和作为理性理念的自由如何能够相容。在下面的论述中，康德概述《纯粹理性批判》第三个二律背反的悖谬及其解决。①

————————

① 另一个经常受到引用的章节是《实践理性批判》分析论的"批判性阐明"，V 89-106。

¶ Ⅳ 455.28 在因果性的原则方面，理性的辩证论出现如下。在寻求对自然事件的充分解释时，理性遵循两种最终同样不成功的策略：寻找一个自由的第一原因来解释一切前后相继的事件，在一系列同质的自然原因内进行无限回溯。看起来存在着一个矛盾，因为一个和同一个事件必须**既是**自然进程的一部分，**又是**一个自由行为（它需要对自然法的独立性）的结果（A 444/B 472）。然而，这个二律背反被宣称不是实践理性的问题、而是理论理性的问题，理论理性与经验紧密联系在一起，因此支持第二种策略。然而自由得到一个同等合理性的实践（道德）兴趣的支持。

与《纯粹理性批判》相比，康德在《道德形而上学奠基》第三章的说明淡化对意志自由的理论兴趣的重要性。几乎看起来好像在理论理性和实践理性之间存在着一种辩证对立，而非在理论理性内部存在着一种冲突。在《纯粹理性批判》中，实践理性仅仅被认为支持对自由的假定（A 466/B 494）。

¶ Ⅳ 456.7 自然必然性立于更坚实的基础，因为它是经验所证实的；而且它原先是先验演绎所确立的。如果存在着一个不可解决的冲突，那么自由就会不得不让步。这就是为什么这个二律背反的"表面的矛盾"必须至少得到解决（参见 B xxix）。

¶ Ⅳ 456.12 理论哲学通过说明"自由和自然因果性是不相容的"这个先验幻相来为道德性铺平道路。自由和自然因果性被分配给不同的参照点。作为显象，人服从自然法；

作为知性世界的成员，他们是自由的；后一个领域是优先的，因为它规定前一个领域的规则性。康德进一步论证，在是否解决这个二律背反方面，哲学家没有选择权。只要没有令人满意的答案，自由的论敌就已经胜利。自由意志问题就会是一个没有明确物主的物品，一个无主物（bonum vacans）（Ⅳ 456.31）。①"宿命论"（决定论）一方就能够声索它，因为从自然科学的观点看，每个事物都算成赞同因果性的原则，没有任何事物算成赞同自由。②

¶ Ⅳ 456.34 由于自由和因果性的调和是**理论**哲学的一部分，它就不能标志**实践**哲学的外部边界。（说它标志实践哲学的开端将会更合适。）自由意志和决定论的问题不涉及"我们应当做什么"这个实质性的问题，即使一个确定的答案必须被预设出来、以便为了道德哲学作为一门规范性的和指导行动的学科是可能的。

147 **2. 我们意识到我们的自由意志，但不能认识和阐明它**

¶ Ⅳ 457.4 对自由的"权利主张"或"权利声索"

---

① 康德回到"演绎"的法律语言，演绎的目的是**证实**一种权利主张（亦见 Ⅳ 457.4）。见 Henrich, 'The Deduction of the Moral Law', p. 323。

② 见《纯粹理性批判》第二版"前言"中的概述，B xxvii。我们可能也怀疑决定论者是否将会发现先验观念论令人信服。当然，康德假定，甚至他的经验主义论敌也不是作为思辨哲学家、而是作为道德行为者而对自由的实在性感兴趣，因此他们将会对听到有一种令双方满意的解决冲突的方式而感到宽慰。

（Rechtsanspruch）是基于我们意识到理性的独立性。在回到真正的道德哲学时，康德概述演绎的结果（Ⅳ 453-455），然后把他的注意力集中于它的限制。

¶ Ⅳ 457.25 正是因为我们意识到我们自己作为理智，我们就把我们自己设想为对我们的行动负责。康德说，人（der Mensch）有一个意志，这个意志不对任何只属于人类倾好的东西负责（[läßt] nichts auf seine Rechnung kommen，Ⅳ 457.26）。我们深信我们在任何时候都**能够**做正当的事情，即使我们本来应该出自义务而行动时却服从倾好。然而，正如康德在《实践理性批判》中论证的那样，当我们面对义务的直言命令时，我们意识到我们的自由（以及它自己自身的法），上面 Ⅳ 410.28-29 也蕴含着这一点。由于那条关于自法的法是我们自己自身的法，反之这条关于自然的法却不是，因此我们的"真正的"或"本义的"自我（das eigentliche Selbst，Ⅳ 457.34；参见 Ⅳ 458.2）就被宣称是那个属于智思世界的东西（那个"理智"，亦即那个分离开来的理性元素）。我们熟悉的人（实际上我们由以**经验我们自己**的方式）只是作为显象的自我。

¶ Ⅳ 458.6 我们有资格从事思想，只要我们的思想符合范畴，即使它们远离事实经验；如果我们的思想是（实践）理性推动的，则更是如此。然而，我们必须放弃一切对智性世界的认识或直接阐明的主张，因为智性世界在于我们能够经验的东西之外（见康德在《纯粹理性批判》中的警告，B xxvi 脚注和 B 166 脚注）。需要更多说明的是康德的这个论题：

倘若实践理性想要从知性世界之外采纳一个客体或动因，实践理性的边界就会被逾越。他很可能正是暗示 IV 449.13-23 阐明的这个思想：没有任何植根于知性世界的兴趣强迫我们采取道德的观点；事实上，甚至我们必定必然地对道德行动感兴趣仍是不可解释的。

¶ IV 458.36　康德现在转向实践兴趣。严格地说，本段是"最远边界"开始的地方。自由的可能性问题更具体地说等于《实践理性批判》中（V 72.21-24）那条道德法如何能够直接规定意志的问题。

¶ IV 459.3　康德把阐明的概念（颇为人为地、但一致于《纯粹理性批判》的发现）等同于那种能够按照经验之法来追溯的东西。由于自由行动独立于自然之法，因而它不能在这个意义上得到阐明，就是无足轻重的。如果自由行动能够得到阐明，但不是作为物理世界的单纯事件、而是作为行动，那么它们就不会是自由的。那种使它们成为自由的人类行动的东西，决不能以这种方式浮现出来。以这种方式来阐明自由行动的尝试包含着一个类别错误，类似于上面（IV 452.4-6）提到的那种把一切智性事物变成"感性的"趋向。①正如在《道德形而上学奠基》最后这一章中一样，实践理性仍然有尽

---

①　关于经验的类比，见《纯粹理性批判》A 176/B 218 及其后。关于试图解释自由行动时所包含的类别错误，亦见康德论"理论与实践"的准备性笔记，XXIII 141-142。

其最大能力捍卫其主张的任务。

3. 我们对道德性感兴趣之不可解释是道德哲学的最远边界

¶ IV 459.32　当今读者面临着一个困难："道德感受力"（moralisches Gefühl，亦可译作"道德触觉"）的意义不是完全清楚的。它既指现代意义上的情感（feeling 或 sentiment），又指道德感官（moral sense），亦即一种像视觉（Gesicht）、听觉（Gehör）、嗅觉（Geruch）和味觉（Geschmack）这些其他感官一样的能力。[①]康德拒绝这个想法：这样一种能力和随之产生的情感能够是道德判断的基础。如果我们具有一种与道德性和谐一致的情感，那么这种情感必定自己就基于理性的无条件的判断。因而，一种我们无法解释的"已感觉到的兴趣"问题就被等同于"我们的意志是否是自由的"问题，因为只有当理性借助于其判断而产生它自己的兴趣时，不依赖于一切倾好或感官兴趣的行动（亦即自由的行动）才是可能的。这种理性的兴趣在第一章中（IV 401 脚注）已经被等同于对那条法的尊敬。

IV 459–460 脚注　康德定义"兴趣"这个术语，并强调在道德意愿的情形中人们有一种对**意愿**这个行动的纯粹

---

① "感受力（feeling）"当然能够具有这个意义——参见麦克白对匕首说："你是视觉（sight）可感的而触觉（feeling）不可感的［亦即看得见而摸不着的］不祥幻象吗？"（《麦克白》第二幕，第一场，第36–37行）。

兴趣，而非一种直接对这个行动所瞄准的东西之实现的纯
粹兴趣。基本上，这同一个观点在前面第二章的一个脚注
149　（IV 413-414 脚注）中做出过。回忆一下"第二个命题"：一个
行动并非因为所追求的目的而是善的（IV 399.35-37）。如果我
出自义务的动因即对那条道德法的尊敬而打算帮助某个人，
我就有一种对意愿行为的兴趣，而行动就在这个基础上进
行。与此相对照，如果我出自同情而打算帮助某个人，我就
单纯意愿这个人得到帮助，这能够同等地通过机会或通过单
纯自然原因而得到实现。这个甚至在第三章中还悬而未决的
问题能够重新表述如下：即使我对我意愿的**事物**没有任何兴
趣，我也**意愿**我对某个事物感兴趣，这如何是可能的？

¶ IV 460.8　甚至在那条道德法所规定的完全自由的行
动中，意志也要求一种起调解作用的兴趣或动因。**感官**刺激
由以激起"情理"兴趣的方式，能够通过生理学而得到解释。
与此相对照，要认识到关于**道德**必然性的思想、理性之法的
普遍性、或知性世界的理念如何应该在道德判断中从无中产
生出一种做道德事情的兴趣，却是不可能的。这种兴趣的原
因不是经验世界中的事件。我们必须将它作为被给予的来
接受。①

———————————

　　① 康德再次论证一切感官的东西都必须从属于理性的东西；见上面
IV 453.31-454.5。只有通过这种方式，康德才能够为他的这个论题辩护：道
德命令式以绝对必然性颁布命令，而不仅仅提供一些能够与其他竞争性
理由一起被权衡的理由。与义务相比较，一切其他理由就立即失去它们
的一切价值；它们只能在道德上准许的限度内发挥作用。

¶ Ⅳ 461.7 自由是道德性的条件。我们必须把我们自己当作自由的存在者，因为我们意识到我们自己作为知性世界的成员。这个演绎是有限的，但它足以应对经验主义的挑战，因而足以从**实践**观点为第一章和第二章阐述的道德理论辩护。然而，只要我们对道德命令感兴趣，不仅判断自由而且行动自由就是可能的；而我们的确对道德命令感兴趣。不过这种兴趣是被给予的，而且不能得到解释，因为它不是自然地出现的。在道德行动中我们追求的目的不是那些基于自然动机之上的目的。这种兴趣是单纯**实践**必然的兴趣。

150

¶ Ⅳ 461.36 康德暗示，道德兴趣的阐明问题与那条道德法的形式特征联系在一起。阐明基于质料，某个在直观中被给予的事物。在我们的道德确信之外和之上，我们关于"理智世界"的任何说法都是没有根据的。

¶ Ⅳ 462.22 这个总结触及《纯粹理性批判》的两个著名主题。首先，康德警告我们不要像柏拉图那样依靠"理念（或相）的翅膀"而离开经验世界，希冀在知性世界中取得形而上学方面的更好进步（见《纯粹理性批判》A 5/B 9 和《实践理性批判》Ⅴ 141.9）。迷失于无根基的思辨的危险在实践哲学领域中能够被避免，因为对道德性的那种被给予的、但不可解释的兴趣。其次，康德正如他在《纯粹理性批判》第二版"前言"中所做的那样暗示，在自由的事务方面，必须扬弃（aufheben）知识以便"为信念留地盘"（《纯粹理性批判》B xxx）。这种信念不是启示宗教的书本信念，而毋宁是理性的实践信念。

六、结论：领会我们不能领会道德性

¶ IV 463.4　我们的理性能力的一个区分特征是，它总是努力追求它的计划以达到这些计划的最终的和必然的条件。通过这种方式，理论理性就产生出作为对世界的终极解释的"第一的、自由的原因"的理念。[①] 与此类似，实践理性就达到作为一切人类行为必须与之相符合的终极原则的"直言的、亦即无条件的命令式"的概念。

在这两种情形中，这些结果仍然在某种程度上是非决定性的。第一原因的概念扩展到经验之外，至少从理论理性的观点看只不过是一个单纯理念。作为实践哲学的第一原则，直言命令式在这个意义上是无条件的：它适用于一切有理性存在者本身而不依赖于他们的常规欲求。任何这样的条件都会使命令式成为假言的。然而在第三章中，直言命令式的形而上学的（而非实践的）条件已经被追溯到在实践慎思中启示给我们的对自由的意识。我们没有能力解释我们对道德性的兴趣（以及因此我们对我们的完全独立性的意识）如何发生。当然，我们也想要研究这个假定的理由或根据。但是由于必然性唯有通过指向这个有待解释的事实的同等必然的条件才能得到解释，我们现在就已经达到这个条件系列的终

---

①　关于第三个二律背反的正题，见《纯粹理性批判》A 444/B 472。

点。这个回溯（不是关于价值的条件的回溯，而是关于合理性的行动的条件的回溯）必须最终停止于某处。

因此，最终说来，第三章的"证明"相当于一个反驳经验主义的有力主张而达到对道德性这个现象的最佳解释的使人放心的推论。它是人类理性乐意接受的一个说明。自法被追溯到自由；自由预设理智世界的成员身份，一个我们能够做出但不能确证的假定。自由不能得到解释。我们不能领会道德性，但至少能领会道德哲学的界限。

参考文献

Ameriks, Karl. 'Kant's Deduction of Freedom and Morality', in *Interpreting Kant's Critiques* (Clarendon Press, 2003), 161–192 (first published in 1981);
   'Kant's *Groundwork* III Argument Reconsidered', in *Interpreting Kant's Critiques*, 226–248 (first published in 2001).

Brandt, Reinhard. 'Der Zirkel im dritten Abschnitt von Kants Grundlegung zur Metaphysik der Sitten', in *Kant. Analysen – Probleme – Kritik*, ed. H. Oberer and G. Seel (Königshausen & Neumann, 1988), 169–191.

Henrich, Dieter. 'The Deduction of the Moral Law: The Reasons for the Obscurity of the Final Section of Kant's *Groundwork of the Metaphysics of Morals*', in *Kant's Groundwork of the Metaphysics of Morals*, ed. P. Guyer (Rowman & Littlefield, 1998), 303–341 (first published in German in 1975).

Hill, Thomas E. 'Kant's Argument for the Rationality of Moral Conduct', in *Dignity and Practical Reason in Kant's Moral Theory* (Cornell University Press, 1992), 97–122.

Korsgaard, Christine. 'Morality as Freedom', in *Creating the Kingdom of Ends*

(Cambridge University Press, 1996), 159–187.

McCarthy, Michael. 'Kant's Rejection of the Argument of *Groundwork* III', *Kant-Studien* 73 (1982), 169–190;

　'The Objection of Circularity in *Groundwork* III', *Kant-Studien* 76 (1985), 28–42.

O'Neill, Onora. 'Reason and Autonomy in *Grundlegung* III', in *Constructions of Reason* (Cambridge University Press, 1989), 51–65 (first published in 1989).

Timmermann, Jens. 'Warum scheint transzendentale Freiheit absurd?', *Kant-Studien* 91 (2000), 8–16.

附录一　席勒的良知的顾虑

无论弗里德里希·席勒的对句表现的是对康德伦理理论的严肃攻击还是对其批评者的诙谐模仿，[1] 在一部对《道德形而上学奠基》的评注中讨论他的诗文都是一项庄重的义务：

良知的顾虑

我高兴地为我的朋友效劳，可是哎呀我是带着倾好来做这件事

因此我经常因为我没有德性而感到懊恼。

决定

在此没有任何别的劝告，唯有你必须力图轻蔑它们并带着厌恶去做义务命令你做的事。[2]

---

[1]　伍德貌似合理地捍卫后一种观点（Wood, *Kant's Ethical Thought* (Cambridge University Press, 1991), pp. 28–29）。倘若如此，我们对这些对句的讨论中叫作"席勒"的这个人物就不应该被与那个同名的德国诗人混淆起来。关于康德和席勒，亦见 Paton, *The Categorical Imperative*, pp. 48–50, Dieter Henrich, 'Das Prinzip der kantischen Ethik', *Philosophische Rundschau* 2 (1954–1955), pp. 29–34, Allison, *Kant's Theory of Freedom*, pp. 180–184, Hill, 'Editorial Material', pp. 31–33, and Marcia Baron, 'Acting from Duty' in Allen Wood's translation of the *Groundwork*。

[2]　德文原文如下："Gewissensskrupel / Gerne dien ich den Freunden, doch tu ich es leider mit Neigung, / Und so wurmt es mir oft, daß ich nicht tugendhaft（转下页）

作为对康德道德心理学的批评，席勒的劝告可能完全受到误导。首先，一个术语学观点。没有任何一个人竟有理由后悔"带着倾好"做任何事，如果这个表达被当作意指倾好的单纯在场、而非它规定行动过程的话。**如果**行动是为了义务之故而做出的，那么同时出现的倾好的在场并不消灭行动的道德价值。很可能席勒希望说，无论后悔与否，他都"出自倾好"而帮助他的朋友。第二，与此相关联，康德并不相信，只有带着厌恶而做出的行动才能够是道德上有价值的。即使我们承认克服主观障碍是特别有德性的或可钦敬的，我们总是有理由优先选择一种更友好的、更和谐的倾好状态。道德价值不需要被最大化。这是康德的（完备的）至善学说的直接后果：道德上善的行为者**配享**幸福。在《实践理性批判》中康德暗示，倾好的驯服可能是坚定的道德原则的间接后果（Ⅴ 117-118）。第三，《道德形而上学》（Ⅵ 470.18）中被称为"小说家们喜爱的话题"的关于友谊的理想可以争论说超出义务的范围，尤其当我们竟至于"帮助"我们的朋友时；毫无疑问，友谊是可亲的，但不是责任性的，而且只有就伦理限制得到遵守而论才是道德上可称赞的。倘若如此，"席勒"就甚至可能完全有理由"出自倾好"而帮助他的朋友。但是他不应该期望因此而得到任何特定的道德称赞。第四，甚至

153

（接上页）bin. // Decisum / Da ist kein anderer Rat, du mußt suchen, sie zu verachten, / Und mit Abscheu alsdann tun, wie die Pflicht dir gebeut." Friedrich Schiller, *Werke* (Hanser, 1987), vol. I, pp. 299-300。译文系我自己翻译。

对康德道德驱动理论的最夸张描绘也不保证这个结论：我们
应该力图"轻蔑"（verachten）我们的朋友。我们在道德上不
赞成我们轻蔑的那些人，但是在大多数情况下我们的朋友也
没有做出任何事情来配得这一点。任何一个受到误导以至于
希望把有德性的行为最大化的人，或许能够尝试不是轻蔑而
是**憎恨**他的朋友。

然而，我们不应该让这些著名的诗文模糊康德式的道德
哲学与广义的德性伦理学研究之间的一个非常真实的差别。
在其《论优美和尊严》（1793）中，席勒支持和谐的"美的灵
魂"（schöne Seele）的理想，一个对之而言道德行为已经变成
第二本性的行为者。[①]一个美的灵魂是某个轻松地和优美地
做出道德行动的人，因为他或她已经培养出一种"对义务的
倾好"。如果义务和倾好是完全一致的，那么那条道德法就不
再是命令式的。

康德必定反对席勒的理想，因为两个理由。首先，我们
决不能完全确定友好的倾好将会实际上与义务的要求相一
致。对像我们自己这样的有限存在者而言，要达到丰满的道
德品格的理想甚至在原则上也是不可能的。[②]其次，席勒的

---

① 见 Schiller, *Werke*, vol. V, pp. 433–488。

② 《实践理性批判》"分析论"第三章包含着对于对性格的神圣性的
受到误导的渴望的一种深入细致的讨论。在重述为了那条法之故（被称
为"道德性"）而做出的行动和那些单纯与那条法相一致（"合法性"）的
行动之间的区别时，康德再次强调道德动因和非道德动因的根本不同本
性。他宣称，"以最大的精确性来注意一切准则的主观原则，以便行动的
全部道德性都被置于行动的**出自义务**和出自对那条法的尊敬（**转下页**）

道德完善的理想不只是不切实际的。本性，即使实际上不可能被培养至完善，然而却促使我们做出**符合**义务的、而非**为了义务之故而做出的**行动。正如康德在《实践理性批判》中表述的那样：

> 对符合义务的东西（例如对行善）的倾好固然能够极大地便利**道德**准则发挥作用，但不能产生任何道德准则。因为在道德准则中每个事物都必须指向那条作为规定根据的法的表象，倘若行动应当不仅包含**合法性**而且包含**道德性**的话。（V 118.9-14）

决不存在任何诸如对义务的倾好或与道德性相宜的情感之类的事物（见 V 75.28 和 A 807/B 835）。倾好至多导致与义务相一

_____

（接上页）的必然性中，而非被置于行动的出自它们将要产生的东西的爱和喜爱的必然性中，这在一切道德评判中都具有最重要的意义"（V 81.20-25）。对像我们这样的"被创造的"存在者而言，"道德必然性就是强制，亦即责任（Verbindlichkeit），每个以之为基础的行动都将被表象为义务，而非被表象为我们已经自行喜爱的或能够变得喜爱的行动。好像我们在某个时候能够达到，毋需对那条法的尊敬（这种尊敬与对逾越它的恐惧或至少担忧联系在一起），我们就能够像那个被提升到一切依赖性之上的神一样，自行地通过意志与那条纯粹道德法之间的一种已经变成我们的本性而决不被扰乱的符合一致（因此，既然我们决不能被诱惑去背弃那条法，那条法对我们而言就会最终不再命令），而竟达到拥有意志的一种**神圣性**"（V 81-82）。道德立法瞄准行为者的态度（心向［Gesinnung］），而非单纯的行为。康德把出自爱而行善的行动称为"美的"而非道德上善的（V 82.18）。

致的行动。这两种兴趣在种类上是不同的。甚至当理性和倾好都推荐同一个行动时，倾好激起的是对结果的兴趣，而不是对行动的兴趣。康德是二元论者，席勒是一元论者；无论他们的伦理理论在细节上如何被表述出来，正是这种根本不一致把他们区分开来。①

————————

① 在《单纯理性限度内的宗教》中，康德淡化席勒《论优美和尊严》中的立场与他自己的立场（Ⅵ 23-24 脚注）之间的差别。与席勒相反，康德毫不令人惊讶地断言，由于道德性的命令的冷酷无情的必然性，道德性就缺乏"优美"（Anmut），但同样毫不令人惊讶地（至少如果上述分析是正确的话）康德明确否认他提倡一种不幸的"加尔都西派的"心灵构造。毕竟，那条道德法是我们施加于我们自己的法。它在原则上、而且偶尔在实际上对倾好而言都是外来的，但它是基于我们必须视为我们的自我的那个配享优先地位的部分的东西（例如见 Ⅳ 453-454）。

155

附录二 道德性的遍及性

道德性有多大范围？每个行为都必须"出自义务"而做出吗？一切行动都应该具有道德价值吗？根据更仔细的考察，这些问题并不像它们初看起来那样简单容易，因为正确的答案在关键上依赖于人们应用于行动的那个同一性标准。[①] 一方面，康德非常清楚地阐明，没有任何行动能够完全豁免于那条道德法（例如见康德《单纯理性限度内的宗教》Ⅵ 23 脚注对道德上中立的行动的轻视性讨论）。倘若如此，一切行动都应当在下面这个弱的意义上具有道德价值：人必须总是对那条道德法施加的限制给予适当注意。按照一个完全没有道德内容的准则而行动，是决不可接受的。另一方面，这并不要求，每个单个的行动都必须在下面这个更强的和或许更明显的意义上具有道德价值：由于没有任何责任来把道德价值最大化，因而也就没有任何必要来把出自义务的行动的事

---

① 准则的情形较不复杂：准则或者通过或者不能通过直言命令式的检验，亦即它们或者是准许的或者是不准许的。"准则"而非"行动"是康德式伦理学的根本概念，这个事实解决许多通常被认为由行动描述之不确定性所引起的问题。

例（象征）最大化。① 并非每个单个的行动都必须唯独被义务
所驱动（这将会把任何行动都不归入道德上准许的行动的范
畴）。康德赞同这个常识立场：存在着无数的按照倾好而行动
完全合法的情形。②

倘若如此，受倾好所驱动的准许的行动就必定在某种方
式上是混合的。一个罕见的有道德的商人可能邀请装修工来
装饰她的商店以吸引更多顾客。她这样行动是根据健全的商
业兴趣，根据高阶的倾好，而并非仅仅因为她已经厌恶她的
环境，而且当然并非出自义务。③ 在这方面，她的行为完全如
同第一章中她的著名的同行（Ⅳ 397.21-32）一样。他们两人
之间的差别是下面这一点。"是否装饰她的商店"这个问题能
够合法地根据商业理由来决定，反之，"是否向没有经验的
顾客多要价钱"这个问题不能合法地根据商业理由来决定。
与此类似，我们的有道德的店主在与装修工的交易中必须遵
守普通的道德界线：例如不对他说谎说这项工作十分紧迫或

156

---

① 我们有一种间接责任来确保我们意识到象征义务，见康德《道德
形而上学》中的著名告诫：不要避开"那些将会见到缺乏最基本的生活
必需品的穷人的地方"（Ⅵ 457.29-30）；但这个告诫不应该被混同于"把出
自义务的行动或道德价值最大化"的愿望。

② 在这个问题上我赞同赫尔曼（Barbara Herman）和马西娅·巴伦
（Marcia Baron）的观点，她们根据"第一"和"第二"道德动因而得出这个
观点。康德并不希望说，义务必须总是充当人们的"第一"动因，或我们
应该努力将义务充当人们的"第一"动因的时机最大化。义务能够作为
"第二"背景动因而出现，并承担"调节性的"作用。见 M. Baron, *Kantian
Ethics almost without Apology* (Cornell University Press, 1995), esp. pp. 129-133。

③ 见康德在 Ⅳ 397.11-21 对符合义务的行动的分类。

偷窃他的午餐盒里的三明治。这必须是出自道德确信而做出的。出自倾好的准许的行动本身不必是那条道德法驱动的，只要不准许的行动是出自义务而被排除的。因此，这个善的店主的行为，作为"一个行动"没有道德价值，然而作为"一个排除"则具有道德价值。当然，对这个店主来说，要杜绝例如对装修工说谎将会是困难的，除非她受到诱惑而采取其他行动。

此外，而且或许令人惊奇地，甚至应当是出自义务和道德确信而做出的道德上责任性的行动，也能够把相当大的决定权留给判断力、甚至留给倾好，尤其（但并非唯一）在不完善的义务的情形中。如果我通过到医院去看望一位生病的朋友来像义务命令的那样而行事，我就仍然不得不决定，到那里去是通过乘坐公共汽车或乘坐出租车，或我是否或许应该步行。我还面临着选择，我应该给她买一些花、或一盒巧克力、或一本书、或一瓶葡萄酒、或（倘若如此）其他什么东西。所有这些事情都依赖于主观的、而非道德的考虑，一些选择的确比另一些选择更可爱、更体贴或更合适。如果我判断付钱给我的裁缝是我的义务，我就有给他开支票或付现金的选择。"便利"能够非常恰当地规定这个决定，只要他及时收到他的钱。"我必须在确定的时期内付钱"这个事实是通过法律的和道德的考虑而确立起来的。再者，"在期末轮到我来宴请我的学生们"这个道德判断不影响食物的选择，食物的选择将是由倾好（我自己的倾好和我对我的客人们的偏爱

的预料）决定的。① 因此，我是否"出自义务"而选择葡萄酒
或者甚至开支票，这个问题不容许一个毫不含糊的回答。广
义的目的是纯粹实践理性规定的，但手段不是。手段仅仅间
接地是一个道德事务。康德式的伦理学没有具体规定正当行
动的详尽细节。事实上，任何这样的"显微学"都使伦理理
论中的普遍主义理念变成完全无意义的。② 在我们完成我们
的义务的道路上，明智性、便利和同情全都有它们独特的作
用要发挥。

---

① 如果说这个实例似乎过于牵强，那么在《道德哲学讲义》中康德
自己就使用好客的实例作为道德的东西和愉快的东西可以富有成果地结
合起来的情形（*Collins*，XXVII 397）。而且，正如奥尼尔（Onora O'Neill）在
回答麦金太尔（Alasdair MacIntyre）对道德普遍主义的批判时指出的那样，
款待客人是一个可普遍接受的原则，反之我们是以一盏茶还是以一杯酒
来招待他们却服从文化变化（Onora O'Neill, 'Kant after Virtue', in *Construction of
Reason* (Cambridge University Press, 1989), p. 151）。单个的一般准则能够依照环境
条件的不同而协调不同的技能性的规则。

② 关于康德对"显微学（micrology，事无巨细的研究）"的异议，见
《道德形而上学》VI 409.18。

157

附录三　普遍立法、目的和谜题准则

对康德道德上的形式主义和普遍主义的批评，经常是由"把直言命令式应用于一定'谜题准则'"的所谓反直觉含义所驱动的。一个好的实例是每周一晚上在朋友那里吃晚餐的实例。[①]一个沿着"我想要每周一晚上七点在朋友那里吃晚餐"的思路的准则不能被普遍化，倘若我们假定这位特定的朋友必须在场，例如承担作为东道主的责任。但是毫无疑问，每周一晚上在朋友那里吃晚餐没有任何不当吗？我们已经完全这样做。我们的良知沉默不言。然而直言命令式的普遍化检验似乎将会把它排除掉。

处理这个困难的一种可能的方式在于，把上述准则降级到单纯意图（Absicht）的层次。[②]按照对康德行动理论的这种重构，准则是一些使人生变成作为整体而有意义的、而且其本身是由一定一般性所表征的"人生规则"（Lebensregeln）。倘若如此，每周一与朋友一起吃晚餐，就是一个太特定和太狭窄的规则而不能有资格成为准则，但是如果它不是准则，那

---

① 这是比特纳的实例，见 'Maximen', *Akten des 4. Internationalen Kant-Kongresses*, ed. G. Funke (De Gruyter, 1974), vol. II. 2, p. 487。关于一般谜题准则，见我的 *Sittengesetz und Freiheit* (De Gruyter, 2003)，pp. 159–173。

② 这是比特纳偏爱的解决方案，见 'Maximen', p. 486。

么论证的结果就是，它不需要通过直言命令式的普遍化检验。这个分析包含着真理的颗粒，但是准则的重要性不能基于临时特设的重新分类。它也与康德道德哲学著作中援引的准则的现实事例不一致。例如，自杀者的准则"'当生命的绵延很可能带来痛苦多于满足时'就缩短自己的生命"（Ⅳ 422.5-8）应该算作"人生规则"吗？根据"准则本身是一般的"这个定义，这个准则不是，但**善的**准则是，恰恰因为它能够被普遍化。

此刻的危险是把"是"和"应当"混淆起来。可能（依照境况而定）作为隶属于一般准则的规则而得到好的运用的高度具体的原则，不应当被采纳为准则，亦即主观的实践原则；但这并不意味着，它们根本不能被采纳为准则，或采纳它们将会是道德上无害的。为了偶尔使用而想要的规则也可以造就恶的实践原则。任何准则都必须通过相应兴趣的支持而成为切实可行的行动原则。倘若如此，某个已经形成每周一晚上七点与朋友一起吃晚餐的古怪倾好的人，**作为这样的和属于这种描述的人**，固然可以采纳这样一个原则，并因此按照这样一个原则而行动。但是他不应当这样做，恰恰因为他的准则将不能通过直言命令式的检验。准则不只是指导行动的规则；把某件事作为原则问题、因为一个人把它作为目的而直接对它感兴趣来做它，与单纯把这件事作为达到另外某个目的的手段而做它，在道德上有着重大差别。事实上，这个实例证实直言命令式的一般表述（以及自然之法的变化式）与第二个变化式（作为自在目的的人性公式）在实践上

158

的等价性。每周一晚上与朋友一起吃晚餐**作为原则问题**在道德上是值得怀疑的，因为它意味着一个人把他的朋友单纯作为达到他公开宣称的目的的手段。[①] 我们真的会把某个为了其周一晚餐而有意识地和定期地敲开我们家门的人看作好朋友吗？

因此，重要的是观察到"拒绝一个准则"和"拒绝一个行为"之间的区别；一个准则推荐一定的行为，一个行为可以发源于多个不同的准则。一种造就恶的准则的规则性，当被另一个更合适的准则投入使用时，仍然能够充当好的规则。在朋友那里吃晚餐的行为本身是完全可以接受的，甚至是道德上有价值的，倘若隐含的目的是培养友谊，而每周一与朋友一起吃晚餐证明是合适的手段的话。但是我们应该注意到，在这个情形中，行为者致力的是上述目的，而不是那个具体规定手段的特定规则。倘若每周一晚上七点在朋友那里吃晚餐证明是不再可行的，例如因为他的朋友有更紧迫的事要做，他就会不带丝毫遗憾地尝试以某种其他方式与他的朋友保持友谊。[②]

---

① 而且，每周一晚上与朋友一起吃晚餐，这个成问题的准则不包含任何这样的迹象：行为者自己愿意做出同样回报。与此相对照，如果行为者的准则是与朋友友好相处，他就一定会愿意做出同样回报。

② 这同一个程序应该适用于斯坎伦（T. M. Scanlon）的著名的协调准则：在邻居每周日上午上教堂时打网球，在今年圣诞节之后促销时购买明年的礼物来省钱（见 Herman, "Moral Deliberation and the Derivation of Duties", p. 138）。这两个行动过程中的任何一个都能够是完全合理性的。倘若如此，它们就产生于技术性的规则，这些规则隶属于避免邻居不满或（转下页）

弗朗茨·布伦塔诺（Franz Brentano）的异议"直言命令式似乎排除'拒绝贿赂'的准则"能够以类似方式得到反驳。[①]他的担忧是，沿着说谎或做虚假许诺的实例的思路，"正派的公务员要拒绝贿赂"的准则，如果被普遍采纳，将会使它自己变成不可能的。没有一个人能够希望通过虚假许诺来获得借款，倘若每个人都总是试图以这种方式来借钱的话。与此类似，没有一个理智的人将会敢于行贿，倘若作为原则问题贿赂是被普遍拒绝的话。这意味着，拒绝贿赂在道德上是不正当的，是因为它损害贿赂制度吗？当然不是。容易看出这个谜题应该如何得到解决。严格地说，那个诚实的公务员的准则不应该是"拒绝贿赂"的准则。这个原初的准则，如果按照直言命令式而被普遍化，确实将会以刚才描述的方式而自相矛盾。然而，作为一个道德的人，他没有兴趣支持任何形态或形式的贿赂制度。因此，"贿赂"甚至不太可能出现在他的准则中。"拒绝贿赂"是达到合法目的的手段，但是它不应该被当作因其自身之故而值得做的。康德式的道德性证明是关于达到实践上的手段和目的之间的准确平衡的。事实

159

（接上页）经济节约的一般准则，但它们作为规则的价值是纯粹工具性的。这些规则不值得被采纳为准则，因为它们没有具体规定因其自身之故或本身就值得做的行动。如果在今年圣诞节之后促销时购物是达到我的目的的不合适的手段，我就将尝试通过其他不同的手段来达到我的目的。与此类似，很少有人想要每周日上午打网球，因为其他每个人都是在教堂。

① 见 G. Patzig, "Der Gedanke eines Kategorischen Imperativs", *Archiv für Philosophie* 6 (1956), 85–87。

上，直言命令式似乎非常有助于这个目的。

因此，对布伦塔诺的挑战回答如下。那个公务员的实践原则必须是正派的一般准则。在这个情形中，当贿赂开始消失时，那个公务员将是完全高兴的和根本不失望的。那恰恰是他正试图达到的东西。不存在任何悖谬。与说谎的借钱者不同，他是在破坏制度，**不是**在试图利用制度。[1]事实上，为了这样做的快乐而采纳"拒绝贿赂"的准则，带有一点自我正义的味道，也可以被当作道德上值得怀疑的。直言命令式正确地预测到这一点："拒绝贿赂"的准则不能通过直言命令式的检验，因为它甚至不能被思想为一条普遍法。[2]

在康德道德哲学中，行动必须参照它事实上由以产生的准则而被个别化。这完全就是一种理论运用，因为准则不是通过经验或其他方式而可分辨的，但要注意到的关键是，准则和行动之间不存在任何一一对应。准则反映我们直接感兴

---

① 实践上的矛盾被产生出来，不是因为准则将会在事实上损害制度（如果被普遍化），这将会引起"空洞的形式主义"这种通常的黑格尔式的异议，毋宁说是因为行为者同时想要利用这个制度。正如康德在《实践理性批判》"模型论"中表述的那样，行为者必须是这个（自然法）体系的一**部分**（Ⅴ 69.22），而不仅仅是它的创始者。

② 第四个实例的要点是，它排除自私冷漠的态度（Ⅳ 423.17-35，见Ⅳ 430.18-27）。因此，道德上有价值的乐于助人的准则似乎将会是同情和仁爱的准则（Ⅳ 423.25-26），而不是提供援助本身的准则；同情和仁爱的准则如果必要就转变成行善的行动，提供援助的准则像拒绝贿赂的准则一样似乎将会由于损害那些"使援助成为必要"的条件而导致矛盾。

趣的东西。① 这就是为什么在某种意义上规则是灵活的、准则不是灵活的（我们不是致力于规则本身，我们只是在境况要求时才诉诸规则）。如果环境条件发生变化，行为者致力的东西将被他的行为揭示出来。这也是为什么在我们认识到一个准则不符合直言命令式时我们不能随意修改它（例如通过增加道德上不重要的信息来使它变成更具体的、因而所谓可普遍化的）的理由。某个告诉自己"或许说谎的准则不能被普遍化，然而在某某境况中对某某人说谎的准则能够被普遍化"的人，仍然打算说谎以达到他的目的。他的遁词不影响他打算按之行动的准则：如果境况有所不同，他将会以不同方式修改他的"准则"。在《道德哲学讲义》中康德认为，当一个人"随意修改那条道德法，直到他把它变得适合他的倾好和便利"（Collins, XXVII 465.1-3）时，道德上的自负就出现。说谎的许诺者不仅对他人说谎，而且对他自己说谎。

160

---

① 在一个人的准则中采纳某条法的可能性依赖于一种合适的兴趣；例如见《实践理性批判》V 79.24-25，V 90.36。

161

附录四 "间接义务"：
康德式的后果主义

康德不是、而且本来不能是后果主义者。[①] 在其伦理理论中，道德兴趣首要瞄准行动本身，而不是像以倾好为基础的"情理"兴趣那样瞄准我们想要促进或实现的对象。[②] 然而，由此推断康德必定把后果作为伦理学上不相关的或不重要的而不予理睬，则是一个误解。后果在两个明显不同的方面是重要的。首先，在应用直言命令式的更加形式主义的版本的思想实验中，结果有其作用要发挥。结果不规定什么应当被做出（这**将会**是后果主义），但是它们帮助我们发现我们能否把一个拟定的准则思想或意愿为一条普遍法。例如，当

[①]　几位哲学家近年来已经尝试把康德的工作吸收到后果主义中：例如 R. M. Hare, 'Could Kant have been a Utilitarian', *Utilitas* 5 (1993), 1–16, D. Cummiskey, *Kantian Consequentialism* (Oxford University Press, 1996), and S. Kagan, 'Kantianism for Consequentialists', in Immanuel Kant, *Groundwork*, trans. Allen Wood (Yale University Press, 2002)。关于对这些观点的批判性评价，见 Kerstein, *Kant's Search for the Supreme Principle of Morality*, pp. 139–155，以及我的 'Why Kant Could not Have Been a Utilitarian', *Utilitas* 17 (2005), 243–264。

[②]　康德在 IV 413–414 和 IV 459–460 的脚注中极其明确地做出这个区别。在消除后果主义时，我假定，理性没有、而且不能命令我们为了一条命令我们产生善的后果的法之故而行动；见 IV 400.19–21。

我受到诱惑要做出一个虚假许诺时，我需要反思我的态度被整个人类所采纳而带来的后果，以便认识到我不能把一个欺骗的准则意愿（事实上甚至思想）为一条普遍法。因此，后果主义的计算**帮助**我做出决定我是否可以按照我欲求的方式而行动。但是它不**决定**我的行动是否是准许的这个问题。这个问题依赖于，如果我按照这个普遍化的准则而行动，我是否将会招致实践上的矛盾。几乎不令人惊奇的是，后果应该以这种方式进入道德等式中。毕竟，直言命令式的第一个变化式告诉我们要把我们的准则思想为自然的普遍（因果！）法。我们的选择规定自然所呈现的形态。在《实践理性批判》"模型论"中，康德明确推荐这个版本来实现实践决策的意图。

其次，一旦我们知道在道德上我们应当做什么，我们就必须计算可能的行动的后果。直言命令式作用于准则：那些（尤其在宽泛的义务的情形中）并不决定什么应当被做出的细节的根本实践态度或一般策略。胜任履行一个人的义务**间接地**是一个义务问题。但是"间接"义务不是一种不同种类的义务，因为它们涉及的不是一个人的准则中的目的的采纳，而只是手段的选择。① "间接"义务是由强迫我们采取手段去达到我们所致力的任何目的的假言命令式产生的，尤其

162

---

① 关于对康德"间接"义务理论的更广泛的讨论，见我的 'Kant on Conscience, "Indirect" Duty and Moral Error', *International Philosophical Quarterly* 46 (2006), pp. 293-308。

地：它是由第二章中被称为"技能性的规则"的那种**技术的**假言命令式产生的。这些规则教导我们如何**通过技能性的方式**去实现任何目的，并为了这个意图而利用行为者对于世界的作用方式的经验性知识。因此，"间接"义务的概念有助于消除这些恐惧：康德想要我们不考虑后果而履行我们的义务。

而且像一切假言命令式一样，这些规则"通过分析方式"颁布命令（Ⅳ 417.11，见 Ⅳ 420 脚注）。它们不像直言命令式一样要求我们做某件"新的"事情，它们只建议我们实现我们已经致力的目的。例如，呼叫救护车不是我们在帮助受害者之外和之上而做的事情；在这个场合，帮助受害者就**在于**呼叫救护车，这是义务间接命令的（因为如果境况略有不同，急救将是如此）。从康德第二章对假言命令式的讨论（在那里康德公开宣称的意图是首先区分有条件的命令式和无条件的命令式）来看，这可能不是明显的，但是工具性的推理被需要来实现实践中的非道德目的和道德目的。在后一种[道德目的]情形中，目的的源泉就是纯粹实践理性。

考虑一下康德在《道德形而上学奠基》（Ⅳ 399.3）中宣称"间接地"是义务问题的促进或保障一个人自己的幸福的实例。像一般而言的现代道德意识一样，康德提议，道德正直和个人幸福（被定义为一个人的欲求的总和的满足）在个人生活中是分离的领域，而且它们应当保持分离。道德上善的行动可能不使你幸福，使你幸福的行动可能不是道德上善的、或者甚至准许的。道德品格只使你**配享**幸福。能够被预测到使你幸福的行动是由明智性的建议、而非由那条道德法所推荐的。当然，直言命令式告诉你要发展你的才能，你的才能可能有助于你的幸福，但是直言命令式本身不命令你应当对你的长远福利有一种明智性的兴趣。倘若你不能做到这样，你就不会招致意愿中的或设想中的任何理性矛盾。然而，当考虑到人性的不完善时我们认识到，正如康德表述的那样，"因为在许多忧虑烦恼的挤压中和未获满足的需要的包围中对自己状况的满意的缺乏能够很容易变成**一种巨大的违犯义务的诱惑**"（Ⅳ 399.4-6）。这就是为什么保证你的幸福毕竟**间接地**在道德上是一件善的事情。但是它使你不受诱惑，却是保证你自己的幸福的一个**在道德上**善的方面。粗心大意而使自己面临诱惑（并非貌似不合理地）被视为一种恶行。换言之：保障一个人的幸福本身不是道德上相关的，反之，不使一个人自己遭受他很可能无法抵御的诱惑是道德上相关的。这两者只是碰巧相一致。

　　这同样适用于对获得财富的"间接"义务（参见《道德形而上学》Ⅵ 388.26-30），这种"间接"义务是"促进一个人的幸福"这项更一般的"间接"义务实际蕴含着的。（人要求某些财富来实现他们的倾好，亦即幸福。）康德陈述，能够抑制一定诱惑的影响的因素（繁荣、强壮、健康和一般福利）可能被一些人当作同时是义务的目的，"因此一个人有义务促进**他自己的**幸福、而非仅仅他人的幸福"（Ⅵ 388.20-22）。但是这些人是错误的。每个人都有义务照顾自己的福利，不是作为目的本身，而是作为达到"主体的道德正直"这个道

163

德目的的（大体上）准许的手段。康德宣称，繁荣的获得（像清除道德行动的其他障碍一样）"本身不是义务"，但它可以"间接地"是义务。于是"不是我自己的幸福、而是我自己的道德正直（Sittlichkeit，道德性）的保存才既是我的目的、又同时是我的义务"（Ⅵ 388.28-30）。

这就是为什么康德警告，某些对自己的义务不能被误解为对其他创造物或位格（动物和神）的义务，这些创造物或位格因为不同的理由而不能是我们的义务的对象。有一种"模棱两可"，一种欺骗性的歧义性，它使得看起来好像例如我们具有对动物的义务，而事实上没有诸如"正派地对待动物的义务"之类的事物，但是毋宁有关心一个人的道德品格的义务，按照康德看来，一个人的道德品格在我们对待动物方面也有令人惊奇地深远的含义（Ⅵ 442-444）。我们可能不赞同康德对动物福利的道德价值的说明，或者毋宁说它缺乏道德价值。① 但是一般信息是足够清楚的：我们不得把所谓"间接"义务的问题与特有的义务、与真正的义务混淆起来。义务作为"出自对那条法的尊敬的行动的必然性"（Ⅳ 440.18-19）的定义揭示出下面这个问题的一个更进一步的理由：为什么关心一个人的幸福正如上面描述的那样不是真正的义务、而毋宁说是义务"间接地"命令的。这些行动中的任何一个行动都是自身在道德上中立的行为，因为它们不

---

① 关于康德式伦理学中动物的道德地位，见我的 'When the Tail Wags the Dogs', *Kantian Review* 10 (2005), 128-149。

是被那条道德法直接变成**必然的**。它们仅仅偶然地是责任性的，因为它们帮助我们实现我们的善的目的。①

———————————

① 对康德来说，行动的相关描述必须涉及通过行动所追求的目的，这个目的被包含在行动的准则中；准则和目的必须服从直言命令式的正式的道德标准。在《道德哲学讲义》中，康德非常一般地断言，事物是依照目的、而不是依照手段而被命名的（*Collins*，XXVII 249.34-35）。"'间接'义务的对象自身就是道德上有价值的"这个幻觉通过下面这个考虑而得到消除：一个人或许能够凭借意志的完全力量，甚至不需要按照上面提到的任何"间接"义务而做出行动，就仍然是一个道德人格；这两者之间没有任何必然联系。与此相对照，一个人不可能轻蔑"不要说谎""不要偷盗"或"不要拒绝帮助他人"的命令式，而不必然地和直接地危害其道德地位。因此，"间接地"被命令的行动，必须总是参照所追求或所实现的责任性的目的而得到描述。任何其他描述都冒着这个风险：制造"一种义务"的欺骗性假象，这种义务事实上是间接的，必须被还原为另一种完全不同的义务。

164

附录五　自由与道德失败：
赖因霍尔德和西季威克

　　《道德形而上学奠基》的最有争议的主张之一是康德把"自由的意志"与"服从诸道德法"的意志等同起来（Ⅳ447.6-7）。道德命令限制我们能够自由选择的选项范围。如果我们接受康德式的论题"诸道德法是实践理性之法"，那么为什么它们也就意味着是自由之法？更糟糕的是，康德的这种等同似乎阻挫、而非保障道德责任的条件。自由既是道德责任的必要条件、也是道德责任的充分条件，这是哲学上的老生常谈。如果道德上恶的行为不是自由的表现，那么我们真的值得因为它们而受到谴责吗？它们看起来是自然之法规定的，作为自然之法规定的，就根本不是自由的；人就可能似乎只对道德上善的行动负责任。

　　这个异议通常被与赖因霍尔德联系在一起。在1792年的《论康德哲学的书信》中，赖因霍尔德指控康德把实践理性的立法能动性与意志的自由混淆起来，导致"对一切非道德行动而言自由的不可能性"。赖因霍尔德同意康德把自由表征为对自然规定的独立性，但是他将它当作片面的和不完全的。自由意志必须也独立于被实践理性所强制。因此，自由应该被定义为"通过选择赞成或反对那条道德法而自己规定的能力"①。一个非常类似的异议是西季威克在 1888 年的一期《心灵》杂志中提出的，他论证，康德在两个不同的和不相容的含义上使用"自由"这个词，而没有意识到意义上的变化。"理性的"自由在于把事情做正当。"中立的"自由意指具有选择。康德被迫放弃这两个概念中的一个。② 西季威克偏爱的解决方案是放弃"理性的"自由。他论证，我们不应该放弃"中立的"自由，因为选择的自由是责任的前提条件。

不幸，赖因霍尔德和西季威克都抓住这个两难困境的错误一边。康德对赖因霍尔德的正式答复能够在 1797 年的《道德形而上学》中找到。他解释，意选（Willkür）的自由不能被定义为选择赞成或反对理性的那条道德法，而毋宁说在于像人们应当行动的那样而行动的**能力**（Ⅵ 226.12—227.9）。他强调这个事实：尽管我们经验到作为独立性的自由，但是我们不需要一种"中立的"能力来总是进行选择或行动或以其他方式维持我们的道德直觉。以一种非常类似的方式，他在 1770年代后期的一份笔记中陈述，人们不能"说我们的一切行动的反面都必须对我们而言在主观上有可能是自由的……唯独除了那些来自我们的感性的行动的反面"（R 5619，ⅩⅧ 258）。毋宁说，道德责任预设一种"不对称的"能力，即当需要时

---

① C. L. Reinhold, 'Erörterung des Begriffs von der Freiheit des Willens', pp. 255—256; reprinted in Bittner and Cramer, *Materialien zu Kants 'Kritik der praktischen Vernunft'*, pp. 252—274。亦见 Allison, *Kant's Theory of Freedom*, pp. 133—135。

② 这篇文章作为西季威克的《伦理学方法》（*The Methods of Ethics*，Macmillan, 1874）的后来各版的附录而重印，pp. 511—516。

把不正当事情搁置起来和做正当事情的能力。赖因霍尔德和西季威克的这种中立的观念（传统上叫作"中立的自由"）只是一种过度概括。

例如，指控一个完全诚实的没有能力说谎的人缺乏自由，将会是荒谬的。正如康德在《道德哲学讲义》中说明的那样，这个人"自己自愿克制"。他仍然能够（事实上的确）做他应当做的事。康德推断，行动能够"是必然的而又不与自由相冲突"（*Collins*，XXⅦ 267.37–39）。当然，他必须因为正当的理由、而非仅仅习惯性地或机械性地做正当的事情。倘若如此，就没有任何东西能够被说成所谓背弃实践理性的命令的自由，即使作为事实问题人的确拥有这种可能性。

一个自由的意志就是一个能够遵从诸理性法的意志。[①]在这个意义上，人类意志是自由的，但是作为人我们经常难以实现我们在理性行动方面的潜能。我们并非像我们将会希望的那样不受不正当的影响所触动。[②]康德偶尔承认人类的

---

① 沃尔夫（S. Wolf）在其《理性内的自由》（*Freedom within Reason*，Oxford University Press, 1990）中捍卫一种与此类似不对称的观点，但她把她的"理性观点"与她（不幸从康德式的观点看）称为"真正自我观点"和"自法观点"的东西对照起来。

② 像人类意志这样的意志并非像神的神圣意志一样是完全自由的，按照传统观念，神的神圣意志甚至不受任何非理性的感情、情感或欲望的影响。神是自由的而不依赖一切可能与最好的东西相冲突的意愿。不论我们是否相信这样一个神，完善的意志都能够充当哲学讨论中一个完全不同种类的意志的有用模范。神的意志具有积极的和消极的自由，其程度远远大于我们在行动的一切其他可能性方面具有的自由；但其他可能性只开放给处于动物的粗野自然意志和（或许）神的完善意志之间的中间位置的意志。

脆弱性，他说，当意志总是"服从"道德性或自由时，只有某些行动是"凭借"、"出自"、或"通过"一者或另一者而产生的。一切人类行动都产生于一个自由的意志，这个自由的意志服从其**能够**符合的诸道德法。有些行动在"它们**现实地**实现它们的充分潜能"这个意义上是自由的，但正如人们可能表述的那样，一切行动都是足够自由到让行为者为其行动负责。正如康德在大约 1776—1778 年的一份精炼笔记中表述的那样："出自倾好的行动，倘若出自自由而行动也是可能的，则也是自由的"（R 6931, XIX 209）。与此类似，在《实践理性批判》中康德说，人类意志是一个"容易遭受情理刺激却不被它们规定的"、因此"仍然自由的"意志（V 32.26-27）。再者，在 1770 年代的另一份简短笔记中："恶的行动服从自由，但它们并非产生于自由"（R 3868, XVII 318）。康德对人类自由作为一种不对称能力的观念在 1770 年代、1780 年代和 1790 年代始终保持不变。他并非在答复赖因霍尔德的攻击时才发明它。

　　然而康德的不对称的自由观（如果在直觉上是貌似合理的）有其困难。首先，作为一种单纯能力的自由与物理决定论并不一致。当然，康德的先验观念论开启这种可能性：物理规定不是行动的最终原因，而毋宁说是我们自由选择的规则性（亦即我们的行动的准则）的表面结果。物理规定，甚至封闭的因果系统，本身并不使我们感到不安，但是如果我们的意愿能够走入歧途，它就使我们感到不安。"我们将做正当的事情"这个预测并不使我们感到不安，但是我们反对

这个想法：我们的道德上恶的行动在原则上能够如同康德在
《实践理性批判》中表述的那样以月食或日食预测的同一种
确定性而得到预测（Ⅴ 99.17-18）。倘若如此，要看出我们如何
本来能够运用我们的不对称的自由来做道德的事情，就是困
难的。最终，甚至对康德调和自然决定论的封闭的因果系统
与自由意志的尝试的最宽厚解释，也注定失败。康德很可能
应该弱化他的因果性观念来为变化腾出某些空间。① 他需要
调和的不是决定论与自由（这能够容易完成），而是作为封闭
的决定论系统的自然与作为单纯能力的人类自由。

　　其次，康德的不对称的自由观面临着一个比物理规定
的威胁甚至更严重的反驳：不一致。看来似乎是，一个既是
（积极地和消极地）**自由的**又同时是**软弱的**意志的直觉概念
不能得到维持。一个自由的意志，如果不是通过限制选择的
范围、亦即我们必须避免的那种限制，如何能够是有限制的？
正当的行动必须总是一个真正的选项，即使对行为者而言以
其喜爱的方式做决定在主观上是困难的。人类意志如何能够
单纯"足够自由"到保证道德责任？如果自由是单纯能力，

---

　　① 诚然，康德试图确定，我们的一切行动都是按照某条法或其他
法，如果不是按照理性给予它自己的那条法，那么至少一如既往是按照
自然的因果作用。但是我们的行动符合哪条法，这条法是自然之法还是
那条道德法，这本身不能被规定。必须有某种宽松性来允许道德失败，
道德失败本身不能得到解释。为什么我们应该为某种不可解释的东西负
责任？康德因为广义休谟式的理由而试图避免中立的自由，但最终看来
留下的似乎不仅是相容主义世界和不相容主义世界两者的好的东西，而
且是它们两者的坏的东西。

我们就不能说明道德失败，道德失败相当于自由地放弃自由
（见 R 3856，XVII 314）。用更加康德式的术语来重新表述这个反
驳：道德失败不能恰好是自然的因果作用的结果，因为行为
者是消极自由的而不依赖于自然的因果作用：但是道德失败
也不能完全归因于理性的因果作用，因为毕竟非道德的行动
不是理性的。我们不理解意选（它毕竟不服从自然的因果法）
如何竟然能够被感性所"刺激"。有时，理性神秘地不能是能
动的，或者不能如同它应当是的那样是能动的。或许赖因霍
尔德和西季威克终究有一点道理。

康德在其后期著作中（最显著地在《单纯理性限度
内的宗教》中）自始至终坦率承认，道德失败是不可解释
的（参见 VI 43.12-17）。比这更早得多的时候，他同样坦率
承认，最终说来人类意志面临的道德"应当"的真正本性
不能得到阐明（例如在《道德形而上学奠基》的最后一页，
IV 463.29-33）。再次，直言的"应当"和自由行动的能力代表
着道德性这同一枚勋章的两面。在《纯粹理性批判》中康德
明确承认，"为什么理性没有以其他方式规定现象"这个问题
没有答案。他的实例再次是说谎的实例：

> ［一种］另外的智思品格本来将会产生另一种经验
> 性品格；如果我们说，不考虑其迄今经历的整个人生过
> 程，这位犯错误者毕竟本来能够克制说谎，这就只意味
> 着，它［说谎］直接服从理性的力量，而理性在其因果
> 性中不服从显象和时间进程的任何条件。（A 556/B 584）

时间性的事物不规定理性，于是"为什么理性不是'实践的'以防止说谎或任何其他非道德行动"这个问题就必须保持开放。不幸，虽然坦率承认失败使其作者更加可爱，但是它不挽救他的理论。

附录六 "道德形而上学"的计划

如果《道德形而上学奠基》是一部道德哲学的基础著作，一部真正的"道德形而上学"之前的准备著作，而且主要地甚至不是这门新颖学科的预备草图，那么康德的最终伦理体系将会是什么样子呢？答案决不是直截明了的。康德自 1760 年代中期开始就一直计划撰写一部道德哲学的基础著作，当时他的观点受到道德感官哲学的影响。在那个时候他没有出版"道德形而上学"，但是它将会毫无疑问反映出他的哲学志业。在 1770 年代的变化中这个计划幸存下来，变成批判事业的一部分。暂时，没有任何迹象表明，除了《纯粹理性批判》本身，道德形而上学的批判基础是需要的或者甚至可能的，但是大约 1783 年康德开始认为，它毕竟需要某种批判准备，因此就有《道德形而上学奠基》。1788 年《实践理性批判》（令人好奇地，它脱离这个形而上学计划）随后出现。在完成《判断力批判》之后，康德在 1790 年代早期回到"道德形而上学"。康德在 1793—1794 年冬季学期做过这个主题的讲座，1797 年一部叫作《道德形而上学》的著作终于以两部出版。

看来有三十多年时间"道德形而上学"这个标题差不多就是未来道德哲学体系著作的一个占位符，然而康德对这门学科、它的基础以及它在哲学中的地位的观念却发生巨大变化。倘若如此，几乎不令人惊奇的是，《道德形而上学奠基》中勾画的道德形而上学的图景就不是始终清楚的。康德一直没有时间来详细考虑道德哲学的这种新的批判奠基的含义。然而，各种不同的线索散布于全书中。在前言中，康德宣称，道德形而上学将不得不研究"可能的纯粹意志的理念和原则"（Ⅳ 390.4-5）。这门学科基于纯粹的和先天的以及对像我们这样的创造物而言综合的命题之上；因此就有必要在第三章的部分"批判"中表明，纯粹意志的原则对人而言是有效的。第二章实现从通俗伦理理论（它们没有区分纯粹的意愿元素和以经验为条件的意愿元素）到道德形而上学的过渡（Ⅳ 406.2-4，Ⅳ 392.25-26）。它告诉我们，它将会包含一种比康德第二章自始至终采纳来组织他的实例的那种对义务的四重划分（对自己和对他人的严格义务和宽泛义务）更详细的义务的分类（Ⅳ 421 脚注）。此外，由于道德上有价值的行动必须是为了纯粹道德哲学所最先表述、提纯和澄清的一条法之故而做出的，道德形而上学就不仅满足哲学家的好奇心，而且能够和必须被付诸好的实践运用（Ⅳ 389.36-390.3）。康德主张，这样一个形而上学体系与《道德形而上学奠基》不同，"能够具有对普通知性而言的很大程度的通俗性和适合性"，这种通俗性与第二章中针对的所谓通俗哲学家的混乱的通俗性相对立（Ⅳ 391.35-36，参见 Ⅳ 409.20-410.2）。倘若如此，《道德形而上学奠基》中的"道德形而上学"应该是什么样子呢？

　　《道德形而上学奠基》的结构包含着一个重要线索。第二章导向"我们应该作为理想的'目的王国'中的立法者而行动"这个观念，并推断得出"这些法只能是行为者自己的法"。这被总结在"自法"这个概念中。康德接着区分自法性的和他法性的意志类型以及相应的伦理理论。第三章从这个概念开始，而且实际上依赖于这个概念，为恰恰作为自法原则的道德性的最高原则辩护。按照康德给《道德形而上学奠基》的这些部分分派的任务，第二章**通向**道德形而上学，反之第三章以道德形而上学作为其**开始点**。结论自然是，道德形而上学具体而言将会是一种关于自法、亦即自己立法的理论。毕竟，道德形而上学研究纯粹意志的法（它们**是**自法的诸法）。形而上学相当一般地说是关于对象及其法的先天认识。这些法各自支配实在中的那个属于它们自己的部分：现象领域和智性领域。它们或者是自然之法，或者是自由之法。

自法理论的纯粹性也解释康德的这个希望：未来的"道德形而上学"将会良性影响更多读者。他深深相信"自法"这个理念和"理想王国"这个同源概念的驱动力量。在落款日期为1770年代后期的一份笔记中康德说，"尘世的神的王国是一个理想，这个理想在一个想要成为道德上善的人的心灵中具有驱动力量（bewegende Kraft）"（R 6904，XIX 201），这个人（如果我们信任《道德形而上学奠基》）就是各个和每个人。与此类似，在《实践理性批判》中康德论证，人类理性必须"首先努力向上……通过对那条法的尊严的生动表象来聚集力量以抵抗倾好"（V 147.16-18），而且"道德世界"这个理念在我们心中激起尊敬（V 82.35）。它使我们充分意识到我们作为自由的和有理性的存在者的崇高实存，因此帮助我们摆脱倾好的诡计（Ⅴ 88.23）。那条关于自法的法是"超感性自然和纯粹知性世界的基本法"（Ⅴ 43.24-25）。与此类似，在第二章开始时康德对道德形而上学的计划的讨论中，他给道德形而上学分派这个意图：通过产生对道德性的纯粹性和尊严的清楚表象来加强我们心中的尊敬这个理性动机（Ⅳ 410.25-411.7）。

　　因此，道德形而上学作为描述那条关于自法的法的科学的作用，就是驱动性的和教育性的，而不是认识性的。第一章结束时已经表述得完全令人满意的直言命令式的基本版本与第二章表述的以一定类比为基础的直言命令式的通俗变化式之间，有一种精心的（或许毋宁说过于精心的）劳动分工，前者告诉我们要做什么（principium diiudicationis，评判的原则），后者通过使道德性更接近于想象力来保证"进入"或"接受"（Eingang，入口，Ⅳ 437.1-2）那条道德法以抵制道德败坏（principium executionis，执行的原则）。毕竟，康德认为（成问题地），直言命令式能够轻易地被甚至"最普通的知性"所运用。按照一个人的洞见而行动对像我们这样的存在者而言是困难的；**这**正是道德哲学必须能够挽救普通人之处。

　　按照康德在Ⅳ 421 的脚注，最终的"道德形而上学"必须也包括对不同种类的义务的系统阐释，亦即，像1797年最终出版的那本书一样，把法权义务和德性义务区分开来，并在这些宽阔的义务类型中引入适当的次级划分。不幸，这个任务似乎并不适合于道德形而上学作为一种激动人心的自法理论（这种自法理论把纯粹意志的法揭示为"在理想王国中实现的"）的描述。纯粹意志位于知性世界中，知性世界中不存在义务，因为那条道德法以描述性的方式而适用。只有当我们把我们自己既当作知性世界的成员又当作感性世界的成员时，我们才把"道德性"经验为一种无条件的"应当"（Ⅳ 454.9-15）。康德可能认为，道德形而上学将会不把这些种类的责任视为通过它们牵涉到的一切道德心理学细节（这些必须被保留给"人类学"）而被划分为义务（在这个词的厚的意义上），而毋宁说视为自法性的人类意志的命令。它们将会不再被当作综合的实践原则（正如第三章中已经表明的那样它们是作为这样的原则而有效的）。然而一定数量的"不纯粹性"将会不可避免地影响这样一个计划。要看到纯粹意志如何能够在自身中包含那条道德法，（相比较而言）是容易的；要看到它如何可以包含特定的象征义务诸如不要说谎或要关心朋友（这些义务发源于人类本性的细节），毋宁说是更困难的；纯粹意志当然不包含仅仅"间接地"成为义务问题的命令。

康德总是对道德理论在先验哲学中的地位感到不安。[①] 正如康德在《纯粹理性批判》的修订过的"导言"中表述的那样：

---

① 然而在《道德形而上学奠基》中道德哲学被认为容许有一种特殊的、罕见的、甚至超出理论哲学的原则的纯粹性之外的纯粹性（见Ⅳ 411-412）。对哲学的这两个部分的各自的纯粹性，康德显然没能拿定主意。

　　　　虽然道德性的最高原理和它的基本概念都是先天
认识，但是它们仍然不属于先验哲学，因为诚然它们
并不以快乐和不快的概念、欲望和倾好的概念等等这些
全都具有经验性起源的概念作为它们的箴规的根据，但
是它们仍然必须必然地把这些概念在义务的概念中作为
必须克服的障碍、或者作为不应当被当作驱动根据的诱
171　　　惑，而纳入到纯粹道德性体系的创制中。（B 28-29，参见
A 14-15）

　　因此，《实践理性批判》的章节标题并不包含"先验的"这个
形容词。然而，义务本身的纯粹的和先天的本性并不因为这
个不纯粹元素而受到减损。我们非常熟悉理性。任何在起源
上是单纯经验性的东西都决不足以确立任何种类的命令。规
范性要求一种先天的增加。换言之，义务作为义务唯独归因
于理性能够对行动做出的贡献。①

　　如果这个分析是正确的，那么 1797 年出版的《道德形而
上学》就不是康德在《道德形而上学奠基》"前言"中向他的
读者许诺的那本书。它没有反映出 1784—1785 年冬季的观点。
无可否认，在"道德形而上学的理念和必要性"这个标题
下，《道德形而上学》"总导言"包含着许多看来似乎非常熟

---

①　在先验哲学本身的纯粹性方面，事情甚至更加复杂。在《纯粹
理性批判》第二版中康德对因果判断的纯粹地位表示怀疑（B 2-3）；见
K. Cramer, *Nicht-reine synthetische Urteile a priori* (Carl Winter, 1985)。

悉的内容。康德把道德理论与更具经验性的学科鲜明区分开来，强调其原则的先天的和必然的特征。他再次强调道德性不能被还原为幸福学说。他认为一种并不探讨"自然而探讨意选能力的自由"的实践哲学以道德形而上学为前提。他宣称"拥有"这样一种形而上学甚至是义务，"而且每个人也在自身中、尽管通常只是以模糊的方式而拥有它"（Ⅵ214-216）。一切人类行为者都"自然地"相信先天的实践原则，于是提出先天的实践原则就是一个义务问题。

　　但是在接下来的内容中相当明显的是，在1797年的这部著作中，康德至多想要完成《道德形而上学奠基》所准备的那种道德形而上学的更具应用性的元素。① 事实上，他通过把一定的应用（Anwendung）原则包含在道德形而上学的范围内，而似乎更进一步侵占道德人类学的领地：

　　　　正如在自然形而上学中也必然存在着把那些关于一个一般自然的最高普遍原理应用于经验对象的原则一样，这也是一种道德形而上学所不能缺少的东西，② 我们

---

　　① 也值得记住的是，1797年的《道德形而上学》几乎不是一部统一的哲学著作。如果"拼凑论"适用于康德著作中的某一部，那么《道德形而上学》就是这一部。"德性学说的形而上学始基"经常使人回想起康德1770年代后期和1780年代早期做的道德哲学讲座，亦即《道德形而上学奠基》之前的材料。

　　② 这看起来意味着，中间层次的应用原则现在是道德形而上学的一部分，这一点在《道德形而上学》本身的文本中也得到提示。因此，伍德是正确的，在涉及Ⅵ217时，他论证，"道德形而上学的范围（转下页）

172　　将经常不得不以人的那种只有通过经验才得到认识的特定**本性**为对象，以便在它上面**表明**从普遍道德原则得出的结论。（Ⅵ 216.34-217.4）

他急忙补充说，这个"意志决不减损"它们的纯粹性或"使它们的先天源泉受到怀疑"。道德形而上学的"对立面"（Gegenstück），道德的或实践的人类学，"仅仅处理人类本性中的那些阻碍或帮助人们**实现**道德形而上学之法的主观条件"（Ⅵ 217.11-13），一项在《道德形而上学奠基》中也被分派给它的任务（只是并非唯一的任务）。

_____

（接上页）向经验性东西的方向扩大，实践人类学的范围似乎相应地缩小"，按照康德对道德形而上学和道德人类学之间的区别的最终设想，后者主要探讨那些阻碍或帮助人们实现前者的命令的主观条件。见 Allen Wood, 'The Final Form of Kant's Practical Philosophy', in M. Timmons, ed., *Kant's Metaphysics of Morals* (Oxford University Press, 2002), pp. 3-4。或者，人们也可以根据《道德形而上学奠基》的精神而论证，即使道德形而上学要求一些中间层次的原则，它们也不应该被包含在这个体系中，而毋宁说是把形而上学原则应用于人类心理学（人类学）的部分。但是如果"在"自然形而上学"中"存在着应用原则，那么在平行的道德形而上学中也将会不得不包含应用原则，虽然康德没有明确这样说。

术语释义

对康德哲学的许多误解归因于他对语言的复杂的、有时不忠实的用法。存在着两种语言学困难。首先，康德对术语学的沉迷不应该与表达的精确性相混淆，正如康德研究者中令人厌倦的老笑话说的那样。康德时常模棱两可地使用甚至他自己的正式的专业术语。这本身并不使他的推理变成谬误，但它使他的读者要理解他的论证却变得更困难得多。其次，在康德没有提供术语的明确定义，而毋宁依赖于其时代（尤其在道德心理学领域）的哲学用法的情形中，康德的语言能够类似地引起误解。自从康德写作本书以来已经发生的语言学变化和翻译的遮蔽（事实上诸译本以及它们之间竞争性的语言用法）引起更进一步的复杂化。结果，我们在我们的印行的原文和译文中看到的一些词语的意义与一个天真的读者可能想到的意义几乎正好相反。

下面的术语释义旨在作为《道德形而上学奠基》的某些重要主题的简要指导。它包含着康德的这个计划的一些最需要解释的关键术语；其他术语（例如"辩证论""智思的""情理的""思辨"）在评注行文过程中当它们在康德文本中首次出现时得到解释。

自法和他法

对康德的自法概念的适当理解由于这个事实而变得复杂：当前流行的关于"合理性的"、"个体的"、或者甚至"道德的"自法的概念声称有康德式的世系，尽管事实上这种联系经常是非常遥远的。考虑一下康德式的自法的下述特征。它首先是一个特定的具有自法的**意志类型**；然后（更明确地说在《实践理性批判》中）是人类（实践）理性，人类（实践）理性当然等于《道德形而上学奠基》中的意志（IV 412.29-30）；最后延伸而言是一个（一种）赋有这样一个意志的有理性存在者（例如 V 87.23）。道德理论能够诉诸它们的自法或他法、依赖于它们赞同人类意志的何种模型而分类（IV 441-444，参见 V 39-41）。但是自法和他法决不是由个别的意志行为、行动、或者甚至准则来述谓的。① 在自法方面不存在任何个人的东西。一切成熟的和心智健全的人的意志都具有它；法是同一条法；在康德式的自法中不存在丝毫个体主义，这正是为什么自法要求我们把我们自己当作**普遍的**立法者。虽然我们把那条法立定给我们自己，因而是我们自己的责任的创作

174

----

① 康德研究者们一直比康德本人更不情愿去谈论自法性的或他法性的**行动**。然而，以这种方式来扩展自法的概念却导致不必要的问题而并没有任何明显的哲学收获。一个被判定是道德上准许的、但却出自倾好而做出的行动，应该被称为自法性的或者他法性的吗？当然，当一个行为者决定拒绝纯粹理性的法和不道德地行动时，他的有限意志能够"无法达到"它的自法。但这并不使他的意志作为一种能力变成"更少"自法性的。

者，但我们不是那条法的创作者，那条法是理性之法。自法不包含人们可能与那些被认为"自己就是自己的法"（见《罗马书》2,14①）的人联系在一起的那种任意专横或顽固藐视。道德行动被严格地等同于自法的使用（例如见 IV 439.24-26）。康德没有使用像"自法性的"或"他法性的"那样的形容词。②意志或者具有自法，或者没有自法。不存在第三种情形。在后一种情形中，它是（使用这个方便的形容词）他法性的，而且几乎不配被称为"意志"（voluntas）。它只不过是一种被自然法支配的意选能力（arbitrium）。此外，康德式的自法不容许程度差异。当然，当人不道德地行动时，他们不能达到他们意志的自法，但他们的理性能力仍然颁布它自己的法，而他们在那时违反这些法。

自法的概念是在 IV 431.16-18 非正式引入、在 IV 433.10 正式引入、在 IV 440.14-32 定义的（参见 V 33.8-33）。"自法"的字面意义是"自己立法"。这首先和首要地意味着，意志颁布**它自己的法**。自法的诸法不是由意志之外的影响所规定的，而是唯独由纯粹实践理性所规定的。意志不必超出它自己而到外在对象去寻找法（见 V 62.15）。这样，自法性的意志就是自由的（见"自由"）；人们在自己中和在他人中所尊敬的正

---

① 《罗马书》2, 14 的经文为："没有律法的外邦人若顺着本性行律法上的事，他们虽然没有律法，自己就是自己的律法。"——译者

② 康德只在《遗著》中使用过"自法性的（autonomisch）"这个词；例如见 XXI 107.11，XXII 447.09，XXIII 455.21，XXII 466.20。在其创作时它是一个新词。因此不太可能的是，一直到那时康德因为哲学理由而回避使用这个形容词。

是意志颁布它自己的法（见"尊敬"）。在伦理理论中，诸道德法不能从社会的习俗、政治的或宗教的权威或自然中推导出来。一切基于倾好的法都没有资格作为自法的诸法，因为自然欲求也是外在于作为实践理性的意志。它们并非植根于康德当作人的真正自我的东西。如果一个意志将要被推动而行动时依赖于并非来自内部的动机，那么它就缺乏自法。他法的意志依赖于外在影响，并被外在影响所操纵。

然而，自法也是这个意义上的自己立法：它适用于自己，一个人自己的意志。它是意志给意志立法。只有作为整体的意志才能够被认为具有自法。在意志内部正是立法能力把法颁布给意选这一执行能力。人类意愿能力的内在结构能够通过参考自法的政治概念而得到说明（见《论永久和平》Ⅷ 346）。在伦理理论和政治实践中自法并不蕴含民主。实践理性已经赢得反对母亲自然的独立战争，但人类意志的宪法根本不是民主的。主权者纯粹意志（Wille，意志）的法令在其臣民（Willkür，意选）看来可能是专制的（关于这种区别，见"意愿和意选"）。

目的和意图

康德想要区分行动的"意图"（Absicht）[①] 和行动的"目

---

① 被以不同方式翻译为"意图"（purpose）"意向"（intention）或"目标"（objective）。在其目的论附记中（Ⅳ 394-396），康德甚至谈到当自然赋予我们以实践理性时她心中具有的"意图"：道德上善的意愿、而非幸福。

的”（Zweck）。前者是关于人们想要做的东西的、位于行为者心灵中的**主观表象**；后者是人们的选择所瞄准的、人们的行为所为了的**客体**。这就解释对每个“有理性的本性”（vernünftige Natur）（每个个别的有理性存在者本身）与“自在目的”的以其他方式的令人好奇的同一化（Ⅳ 428.2–3）。

　　在第一章中我们了解到，行动的道德价值并不寓于行动的意图中。毋宁说，使行动成为善的东西是行为者的选取和协调个别意图的主观原则：行动的准则（见“第二个命题”，Ⅳ 399.35–400.3）。在这个意义上，意图将会看起来是那个作为手段、按照具体规则而被意愿的东西（见“准则”）。在第二章中康德试图参照道德意愿的质料、亦即它的目的来重新表述迄今看来是纯粹形式的直言命令式。对任何一个要成为无条件的命令式来说，必须有一个意愿对象，这个意愿对象唯独凭借它之所是、毫不依赖于人类好恶而就是一个“客观目的”或“自在目的”，否则人类好恶就规定行为者是否把对象视为目的：“主观的”或“相对的”目的（亦见Ⅳ 437.23–30）。这个“自在目的”被证明是人（der Mensch）或任何像人这样的有理性存在者。每个这样的创造物，它自己以及其他这样的创造物，在任何时候都必须被作为目的、而从不单纯作为手段来对待。

　　在别的地方，这个主观的观念似乎是标准的观点。在《道德形而上学》中，目的被定义为“（有理性存在者的）意选的对象，意选被这个对象的表象所规定而行动来实现这个对象”（《道德形而上学》Ⅵ 381.4–6，参见《判断力批判》

Ⅴ 219.31-220.4）。康德着手提出他关于同时是义务的目的的理论：自己的完善和他人的幸福。关于有理性存在者作为"客观目的"的理论在康德哲学的总体结构中占有特殊例外的地位。

176   **意志自由**

　　显而易见，自由（Freiheit）的概念在康德伦理理论中起核心作用。诸道德法在《道德形而上学奠基》第一页被称为"自由之法"（Ⅳ 387.14-15）；在第三章开始时康德宣称一个自由的意志和一个服从诸道德法的意志是"一个和同一个"意志（Ⅳ 447.6-7）。然而这个词的精确含义通常是不够明显的。我们需要区分四个既相联系又相区别的概念。第一个概念是"消极的"，因为它只告诉我们意志自由不是什么；剩下的三个概念是"积极的"。（1）作为独立性的自由。一个意志就是一种因果性，因为它的活动产生结果。它能够被认为是自由的，首先如果它不是被自然的力量或"感性"的力量（无论这些力量是物理的还是心理学的）所规定而行动（因而产生一定的结果）。如果一个意志的行动是被自然法规定的，那么这个意志就不是自由的。① 然而，对一个自由意志的行为的消极描述不仅不提供足够的信息（Ⅳ 446.14），而且很

---

　　① 准确地说，康德认为，即使行动**显现出**是这样被规定的，它们的规则性也必定最终归因于一种并非如此的因果作用。

难看出，一个这种意义上单纯自由的意志如何竟然能够做某事；即使它能够做，人们也几乎不会有什么收获。正如康德在《实践理性批判》中表述的那样，自然规定的单纯不在场让意志面临着被盲目的机会所主宰（V 95.14）。(2) 作为自发性的自由。"自由的行动独立于**外来的**规定"这个思想很快导致这个观念：自由的行动是行为者的意志引起的，行为者的意志本身发起一个随后的自然因果链条。康德把这种自由称为（绝对的）"自发性"（自发性 [Spontaneität]；自我能动性 [Selbsttätigkeit]）。意志的积极自由的这个赤裸的概念在《纯粹理性批判》中是突出的。在《纯粹理性批判》A 533/B 561-562 自发性等于先验自由（亦见《实践理性批判》V 48.20-23，V 101.11）。(3) 作为（纯粹）合理性的自由。在 IV 412.28-30 有理性存在者的意志被定义为实践理性（praktische Vernunft）；一个能够完全独立于感性而活动的意志是自由的。倘若如此，几乎不应该感到惊奇，实践自由也等于按照理性标准、亦即按照命令式而行动的能力。在早期笔记中康德说，"自由其实是那种使一切意愿行动（willkürliche Handlungen）从属于理性的能力"（R 3865，XVII 317）。(4) 作为自法的自由。与前面两个积极概念不同，自由与自法的这种同一化强调这个观念：一个意志因其是一种因果性而必须被法所支配（IV 446.15-18）。从消极自由到自法的过渡在下面这条笔记中得到优雅表述：

想象一下自由或意选能力，那种一般而言完全独立于本能和自然指引的自由或意选能力；这就它自身而言

就会是一种不规则性以及一切罪恶和混乱之源，倘若它
不能对它自己是一条法的话。因此，自由必须服从普遍
的规则性这个条件，它必须是一个知性种类上的自由。
否则它就是盲目的或野蛮的。（R 7220，XIX 289）①

这段引文的第二部分揭示出康德对于对消极自由的挑战的回
答看起来如何。意志独立于"外来的"自然之法。但它不能
是无法的，因而必须是自法性的，一条对它自己的法。如果
意志自己的法是那条纯粹形式的道德法，那么"一个自由的
意志和一个服从诸道德法的意志是一个和同一个意志"就完
全可以理解（见 IV 446.24–447.7 和前面"自法和他法"）。

对自由的这四重描述具有某些令人感兴趣的后果。我们
已经了解到，自由的行动受它们自己的特殊的法、理性之法
所支配。在人类意志的情形中，人类意志是软弱的，不能制
定合理性的标准，这就引入一定的不对称。对康德来说，自
由不在于选择赞成或反对合理性的行动，而毋宁说在于能够
合理性地行动的**能力**（见《道德形而上学》VI 226.12–227.9）。
倘若如此，自由就不能等于自由主义的"采取其他行动"的
自由。正好相反，当人类意志是像神的意志那样完善的时，
自由就得到充分实现。大约1783—1784年的一条笔记示例这
一点：

---

① 这是一个不断复现的主题。在 R 6961 康德说，没有道德性的指导
"愚蠢和机会就主宰人类的命运"（XIX 215）；亦见 *Collins*，XXVII 258.1–6。

神的意志的自由并不意味着神能够做最善的事情之外的事情（因为这甚至不是人类自由所意味的东西），而毋宁说神是被"什么是最善的"的观念必然规定的；就人而言情形并非如此，这就是为什么人的自由是受限制的。（R 6078，XVIII 443）

我们的自由是受限制的，**因为**我们的行动不是被理性完全规定的。**消极的**自由是对外在规定的独立性。**积极的**自由最终说来是那种做全面考虑而言最善的事情的能力，因此是那种在一切道德相关的情形中（如果我们把道德考虑当作首要的话）做道德的事情的能力。如果行为者的行动是被理性规定的，那么他或她就不会希望有采取其他行动的机会。自由不是与像法一样的规定本身相对立，甚至也不是与主观的或客观的必然性相对立，而是与被错误种类的力量所规定相对立。为了负责任，我们必须有能力**只有在我们做不正当的事情时**采取其他行动，亦即我们必须有能力做正当的事情。再者，如果没有正确的选项可以利用，自由的选择就不确保负责任。如果某个恶棍让你在几个同样令人不快的行动过程中自由选择，例如或者勒死、或者毒死、或者枪杀你最好的朋友，如果你决定枪杀她，我们几乎不会谴责你或到法庭控告你谋杀，不是因为你不能采取其他行动，而是因为你不能道德地选择。

在理论领域中存在着同样情形。在其论"思维中的自我定向"的论文中，康德宣称思维中的自由是"理性只服从它

给予它自己的法，而不服从任何其他的法。思维中的自由的
对立面是理性的无法的（lawless）使用的准则"（Ⅷ 145.6-8）；
如果意志不使它自己服从它给予它自己的法，它就会不得不
俯首套上他者施加的法之轭。康德式的自由本身毫不关涉
"在不同选项中进行选择"，毋宁说它是人面对在理性和倾好
之间进行选择时的局限性的标志（参见康德对处于十字路口
的赫尔库勒斯的明喻的使用，Ⅳ 400.12）。要注意到，这些选
择不仅涉及单个行动。它们还涉及那些规定我们行动的隐含
原则：准则。准则是（消极的、以及鉴于意志的法而言积极
的）自由的所在地（locus），是意选（Willkür）选择的，因而
是道德评价的真正对象（见"准则""意愿"术语释义）。

幸　福

　　把幸福（Glückseligkeit）的要求和道德性的要求分离开来
的需要，是《道德形而上学奠基》第一章和第二章中不断复
现的主题。伦理学中的幸福主义使一切人类行动都依赖于预
先实存着的对一定对象的倾好，因此不能充当无条件的道德
命令的基础。我们对幸福的自然欲求既不能告诉我们道德性
的标准，也不能充当我们的道德行动的动机。道德哲学并不
教导我们如何获得幸福，毋宁说教导我们如何**配享**幸福，而
不考虑我们的现实福利（Ⅳ 393.15-24，见 Ⅳ 450.7）。

　　康德与幸福主义的对立依赖于他对幸福的经验主义概念，
幸福通常被他定义为对一切倾好的总和的（很可能有意识的）

满足（Ⅳ 394.17-18，见Ⅳ 399.9-10，Ⅳ 405.7-8 以及《实践理性批判》Ⅴ 22.19）。幸福被等同于"全部福利（Wohlbefinden）和对自己境况的满足"（Ⅳ 393.20-21），被等同于一个人的"保存和福利（Wohlergehen）"（Ⅳ 395.8-9）。[①] 在《纯粹理性批判》中，康德强调幸福的三个维度：我们希望我们的欲求"在其多样性方面广泛地、在其程度方面彻底地、在其绵延方面持续地"得到满足（A 806/B 834，参见《道德形而上学》，Ⅵ 387.26-28）。因此，幸福不只是一个暂时状态，而是（在这个方面像亚里士多德主义的幸福（εὐδαιμονία）那样）一种贯穿人生始终的满足感。就追求的对象而言，幸福在于感性所给予的一切目的的实现。因此，只有具有感官需求的"有限"存在者才能够被认为是幸福的。

由于一切人自然地想要他们的倾好得到满足，每个人就自然地想要获得幸福。我们甚至（在道德上准许的东西的限度内）合理地致力于促进我们的自然目的，亦即，全面幸福是一切人具有的终极目的。那种告诉我们如何实现这个目的的有条件的（假言的）命令式叫作"实然的"（Ⅳ 415.1）。那种与这类追求相联系的性质是"明智性"（Klugheit）；那个与这类追求相联系的形容词是"实用的"（pragmatisch）。要注意到，与道德性的纯粹的和先天的原则相反，经验被需要来发现这样的命令式，因为正如康德在《道德形而上学》中表述

---

① 然而，康德偶尔使用一个较少相对主义的、值得合理性追求的幸福的概念（例如见Ⅳ 399.24）。

的那样，"只有经验能够教导我们什么东西给我们带来欢乐"
（Ⅵ 215.30-31）。这种幸福总是行为者自己的，它本身是道德
上中立的，至多以"间接"方式在道德上相关（Ⅳ 399.3）。与
此相对照，存在着一种对他人行善的道德义务，亦即，帮助
他人达成他们目的的实现，使他人幸福（Ⅳ 398，见Ⅳ 423，
Ⅳ 430）。

179　　在《实践理性批判》中，康德把几种令人讨厌的自爱
（Selbstliebe）与对幸福的合法追求区分开来。它们应该是根
据我们的道德意识而被置于它们的位置的（Ⅴ 73.10-24）。可
能也有某种一定的分明道德上的满足，它必定与人们的自然
目的得到实现时所产生的满意感区分开来。或许作为《判断
力批判》的新美学理论的一个结果，这个观念在康德后期著
作如《单纯理性限度内的宗教》和《道德形而上学》中更加
突出。然而，康德对"道德幸福"这个术语仍然怀有矛盾情
感（Ⅵ 67.20，但是见Ⅵ 387.30）。在《实践理性批判》中，那
些按照道德准则而行动的人所感到的满足，是通过诉诸纯
粹实践理性掌权时所获得的对倾好的独立性而得到解释的
（Ⅴ 117-118）。

准　则

　　一切发生的事物都符合原则（例如运动的物理原则）。人
的一个特点是，他们把他们自己设想为自由选择那些支配他
们的（有意识的）行为的原则，亦即设想为有能力使他们的

准则符合理性的客观标准，即使他们经常不能做到这样（见
"意志自由"）。准则在 Ⅳ 401 脚注和 Ⅳ 420 脚注分别被正式定
义为"意愿的主观原则"和（给定意愿引起行动）"行动的主
观原则"。在这两段中，准则都是与客观的原则或法相对照
的，后者作为命令式对像我们的意愿能力这样的有限意愿能
力讲话。行动是否具有道德**价值**依赖于它由以发源的准则的
道德**内容**（Ⅳ 397.36–398.1，Ⅳ 398.7–19）。

因此，首先和首要地，准则的概念在"是与应当"的划
分中占住着"是的方面"。准则是人事实上按之而行动的原
则。然而准则具有哲学建构的地位：准则是为了使作为人类
自由之法的直言命令式的道德性能够得到理解而必须构成
人类行动之基础的原则。一切恰当地这样称谓的行动（而非
反射性的或神经性的抽搐）都基于准则。康德在《单纯理性
限度内的宗教》中已经明确陈述阿利森称为"合并论题"的
东西："意选［Willkür］的自由具有一种完全独特的性质，因
为它能够不被任何动机规定去行动，**除非行为者**［der Mensch
（人）］**已经把那个动机合并到他的准则中**"（Ⅵ 23.3–24.3）。康
德的直言命令式命令，在我们的兴趣使之可利用的那些准则
中，**只**按照人们能够意愿其成为一条普遍法的那个准则而
行动。①

---

①　此外，康德极其偶尔地把准则说成特别有活力的主观原则或人生
规则，一个随着比特纳的著作盛行开来的概念。例如《道德哲学讲义》指
明，"出自准则做不正当的事情比出自倾好做不正当的事情"更（**转下页**）

180　　　面临着选项的选择时①，我们意识到选取这些选项就
会隐含地使我们采取何种原则（例如见 IV 422.20-21）；但
是回顾过去，我们并不知道我们是否曾经按照道德准则而
行动过（ IV 407.1-4）；我们也不能阐明自由行动的可能性
（ IV 458.36-459.2）。（如果准则被定义为有限意志所自由采纳的
行动原则，那么我们就不能知道我们究竟是否按照准则而行
动。）换言之，由于准则定义一个人的品格（意志的"特有性
状"， IV 393.12-13），行为者的（自己的和他人的）道德品格
就基本上仍然是模糊的。

　　重要的是注意到，不仅任何一个描述行动的规则都有
资格作为行动的准则。毋宁说，准则定义行为者的志业，
行为者将之作为目的来重视、因而构成行为者的"品格"
（Charakter）或"根本态度"、"心灵态度"、"心向"（ Gesinnungen,

（接上页）坏，"善的行动必须是出自准则而做出的"（ Collins， XXVII 368.32-33）。
这个用法是康德式的，但显然是次要的。康德不应当被看成是说，出自
倾好的行动不包含准则（在标准的、描述的意义上），任何这样的所谓行
动都会违反合并论题。毋宁说，由于我们有能力自由选择我们的根本实
践态度，我们**也**有能力使我们的根本实践态度成为特别有活力的、典型
的和一致的；如果我们的根本实践态度符合道德命令，这显然是一件好
事，如果它们不符合道德命令，这显然是一件坏事。与此相关联，直言
命令式命令或蕴含的，不是我们**应该**按照准则或"人生规则"而行动，
而是在这些可利用的准则中我们应该选择我们能够意愿其普遍有效的
准则。

　　①　正如合并论题指明的那样，准则规定这些可利用的动机中哪些动
机在行动中被表现出来：那些让意志（作为整体）被动机所规定的准则。
在每个给定的情况中我们的（准则和行动方面的）选项受到可利用的动
机的限制。

Ⅳ 435.15）的那种东西。与此相对照，单纯的规则［在《道德形而上学奠基》中叫作"或然的命令式"或"技能性的规则"（Regeln der Geschicklichkeit）］教导我们如何实现给定的目的。因而，准则能够协调几个附属的规则（《实践理性批判》Ⅴ 19.7-8）。对行动的正确描述必须涉及它的准则。

驱　动

历史偶然因素已经导致英语世界康德研究者中的地域性混乱。遵从帕顿，Triebfeder（康德给这个词附注 elater animi（灵魂的驱动者），例如 Ⅴ 72.1）现在通常被翻译为"动机"，反之 Bewegungsgrund（按照拉丁语 motivum）被翻译为"动因"。这两个词在 Ⅳ 427.26-27 被明确区分开来。在哲学中，藐视词源学和颠倒语词选择本来将会更合适。Triebfeder 是一个力学术语。它表示运动的"源泉"（"弹簧"），正如在钟表或老式玩具中一样。在心理学中，它延伸而言是一种驱动性的欲求，那种倘若行为者如此选择就推动他或她前进的力量。Triebfeder"使意志成为实践的"，亦即使行动成为可能的（*Mrongovius II*，ⅩⅩⅨ 625.37，参见康德对兴趣的定义，Ⅳ 459-460 脚注）。对那条法的尊敬（Achtung）（那种做道德上所要求的事情的欲求）（Ⅳ 440.6-7）与倾好（Neigung）是竞争性的 Triebfedern。赋有意志的有理性存在者的动因也叫作"兴趣"（Interesse）；见 Ⅳ 459-460 脚注。与此相对照，Bewegungsgrund 是某种静态的东西。它是那种激发驱动机制去

181

行动的对象。在英语中，"动因"或许能够有这两种含义，但是在哲学中前一种含义是盛行的。[1]

考虑一下下面这个实例。一个自然的说法是，许诺的重奖是行为者的**动机**，他对罪犯的打击是贪婪**驱动**的。与此相对照，康德著作的翻译者使他说，贪婪是"动机"，金钱是"动因"。[2] 这是术语学的惨败。把 Bewegungsgrund 翻译为"驱动根据"似乎更合适。那样一来"动机"（incentive）就能够被用作与"动因"（motive）并列的艺术术语来翻译 Triebfeder。"规定根据"应该被用来翻译意志的 Bestimmungsgrund，亦即那种包含着意志按之而行动的法的东西。

必然性和强制

必然性（Notwendigkeit）是一个客观术语，（在实践领域

---

[1] 《牛津英语辞典》把这种相关意义上的"动因"（motive）定义为"那种'推动'或诱使一个人以一定方式而行动的东西"，将它注解为或者"欲求或者恐惧或者其他情绪"（康德的 Triebfeder）；并补充说这个词也经常被用于"一个被静观的、对其欲求容易影响人类意愿的结果或对象"（康德的 Bewegungsgrund）。（还有一种与康德的 Absicht 相一致的居间的可能性：意图或意向。）有趣的是，《杜登德语辞典》用这两个康德式的术语 Triebfeder 和 Bewegungsgrund 来解释 Motiv。虽然在哲学中前一种含义占主导地位，然而后一种含义也是任何一位侦探小说读者非常熟知的。在其公开发表的著作中，康德只在一个场合使用德语词 Motiv：在论"理论与实践"的论文的第一部分（例如 Ⅷ 282.11）采纳他的批评者加尔弗的术语用法。

[2] 而且，金钱能够变成一个 Bewegungsgrund（驱动根据）只是因为一个先行的**欲求**；金钱单凭它自己不能使人运动起来。

中）意指一种道德上的应当。相应地，违反义务的行动是道德上不可能的；既不被命令也不被禁止的行动是道德上可能的。道德必然性只能植根于理性中，而不能植根于经验中。与此相对照，强制（Nötigung）是一个心理学术语，意指出自义务的行动的情形，在这些情形中人类意志必须制伏自然欲求并迫使它自己违反它倾向于做的东西而行动。这两者不应该被混淆起来。因此，当第一章中义务被定义为出自对那条法的尊敬的行动的**必然性**时（Ⅳ 400.18-19），康德不是说出自义务的行动必须总是累人的、在主观上困难的或痛苦的。毋宁说，他意指道德上正当的行动必须唯独出自一定的"按照诸道德法、不依赖于自己的无论友好的或敌意的倾好"的态度而被做出，并在这个意义上是必然的。

尊　敬

对那条法的尊敬（Achtung fürs Gesetz）是毋需任何隐秘的意图而对做道德的事情的兴趣，因而是道德上有价值的行动的一个和唯一一个动机。它从不瞄准行动的结果（这是倾好的适当对象），而总是瞄准行动本身（Ⅳ 400.19-21）。尊敬与Ⅳ 435.17-24 和 Ⅳ 439.4-12 的"道德王国中自法性的立法"的尊严联系在一起。

作为 Achtung 的翻译，"尊敬"（reverence）似乎比"尊重（respect）"更合适，但愿因为后一个词近来获得的不受欢迎的涵义。今天，"尊重"的表达趋向于意指对另一个人的（颇为勉强的）退让。我们不断被鼓励要对使我们产生分歧的东西、甚至对物质对象感到尊重。与此相对照，对康德而言，Achtung（尊敬）瞄准一切成熟的和心智健全的人作为这个道德共同体［亦即道德王国］的平等成员所共有的东西：纯粹实践理性能力及其法。正是寓于我们自己和他人心中的对那条法的尊敬驱动着出自义务的行动。康德自己在《道德形而上学》中提供这个词的拉丁语附注 reverentia（尊敬），VI 402.29。

在《道德形而上学奠基》中，对那条法的尊敬的概念是在 IV 401 的脚注中正式引入的。然而，康德的论证是初步的。对此有两个理由。首先，《道德形而上学奠基》公开宣称的任务"通过分析义务的概念来识别道德性的最高原则"，并不需要对人类道德心理学的广泛讨论。因此，在第一章和第二章中尊敬仅仅顺便被提及；在第三章中对道德性的辩护涉及道德行动的可能性这个形而上学问题，而不涉及道德行动的精确机制。其次，康德的《道德哲学讲义》证明这个事实：长期以来他的道德心理学是不稳定的。倘若如此，几乎不令人惊奇的就是，《道德形而上学奠基》中对尊敬的说明虽然与《实践理性批判》中后来的说明相一致，但是应该没有得到充分发展（参见 V 71-89 对道德驱动的复杂心理学机制的讨论）。要注意到，当康德在 V 76.4-6 说尊敬不是"通向道德性的动机（Triebfeder zur Sittlichkeit）、而是在主观上被当作动机的道德性本身"时，他不是否认尊敬驱动道德行动。毋宁说，他是否认尊敬一开始就驱动采取道德观点（正如每个有理性行为者必须采取的那样）。一旦做到这一点，尊敬就随后出现，然后就作为动机而可以利用。康德经常强调尊敬的不可避免性，它是我们给予人类正派的礼赞，无论我们是否喜欢人类正派（例如见 V 76.36—77.5）。

意愿和意选

康德关于意志的理论是另一个术语学雷区。首先，他的早期道德哲学著作要求一种只有在 1790 年代才明确做出的区别：立法功能意义上的意志（像作为整体的意志能力一样，在德语中叫作 Wille，在拉丁语中叫作 voluntas）和作为意选（Willkür，arbitrium）能力的选择作用意义上的意志之间的区别。① 为了使问题变得复杂，作为整体的人类意愿能力也叫作意志。立法能力意义上的意志颁布作为意选能力的选择能力意义上的意志应当服从的法。在《道德形而上学奠基》中有"纯粹意志"（reiner Wille）这个相关概念，纯粹意志不依赖于人类道德心理学的条件，其法是道德形而上学的主题

183

---

① Arbitrium（意选）和 voluntas（意志）之间的这种区别是康德时代的拉丁术语学中通常的。康德偶尔用括号加上这两个词来表示他正在意指意志的哪种功能。而且，康德 1780 年代自始至终广泛使用的纯粹意志概念与后一种狭义上的 Wille（意志）紧密相关联。因此，不太可能的是康德在其早期著作中混淆意志的不同功能，即使他没有明确区分这两者。例如见《纯粹理性批判》A 534/B 562。

（Ⅳ 390.35）。① 如果那个立法意志为了颁布实践法令而需要一个先行的、植根于行为者的感官本性的倾向，意志（作为整体）就是他法性的；与此相对照，如果它能够颁布它自己的命令，它就具有自法（见"自法和他法"，亦见"自由"）。

　　意志的法令要成为命令，恰当地说，意选能力就必须能够服从它，否则意志的法令就会不是命令、而是单纯的"愿望"（见《从实用观点看的人类学》Ⅶ 251）。意志必须能够是实践的，亦即能够在行动中实现它的命令。由于意选总是依赖于一定的"动机"（Triebfedern，见"驱动"术语释义），反之如果意选是自由的、则立法能力意义上的意志就可能不依赖于它们，因此，必须存在着一种瞄准做道德上所要求的事情的具体动机。这种对做那条道德法所命令的事情的兴趣被等同于对那条法的尊敬（见"尊敬"）。执行功能意义上的意志能力也被等同于选择准则的能力（《道德形而上学》Ⅵ 226.4–5）。理由是，正是与更具体规则结合起来的准则规定着在给定的境况中什么行动被做出（见"准则"术语释义）。由于正是通过我们的意志我们实现对这个世界的改变，因此意志就是一种"因果性"（Ⅳ 446.16）。

---

　　① 　关于"神圣"意志和"纯粹"意志之间的区别，见《实践理性批判》Ⅴ 32.17–21。

参考文献

《道德形而上学奠基》主要德文版本

Kant, Immanuel. *Grundlegung zur Metaphysik der Sitten* (Hartknoch, 1785, ²1786, reprographic reprint Harald Fischer, 1984).

Grundlegung zur Metaphysik der Sitten, herausgegeben von der Königlich Preußischen Akademie der Wissenschaften, bearbeitet von Paul Menzer in Kant's gesammelte Schriften, vol. IV (Reimer, 1903).

Grundlegung zur Metaphysik der Sitten, ed. Karl Vorländer (Dürrsche Buchhandlung, 1906).

Grundlegung zur Metaphysik der Sitten, ed. Artur Buchenau and Ernst Cassirer, in Kants Werke, vol. IV (Cassirer, 1921).

Grundlegung zur Metaphysik der Sitten, ed. Rudolf Otto (Klotz, 1930).

Grundlegung zur Metaphysik der Sitten, ed. Theodor Valentiner (Reclam, 1961).

Grundlegung zur Metaphysik der Sitten, ed. Bernd Kraft and Dieter Schönecker (Meiner, 1999).

Grundlegung zur Metaphysik der Sitten, ed. Jens Timmermann (Vandenhoeck & Ruprecht, 2004).

《道德形而上学奠基》英文译本

Kant, Immanuel. *Fundamental Principles of the Metaphysic of Ethics*, trans. Thomas K. Abbott (Longman, 1873).

The Moral Law. Groundwork of the Metaphysic of Morals, trans. H. J. Paton (Hutchinson, 1948).

Foundations of the Metaphysics of Morals, and What is Enlightenment? trans. Lewis

White Beck (Bobbs Merrill, 1959).

Grounding for the Metaphysics of Morals, trans. James W. Ellington (Hackett, 1981).

Groundwork of the Metaphysics of Morals, trans. Mary Gregor (Cambridge University Press, 1998; first published in 1996).

Groundwork for the Metaphysics of Morals, trans. Thomas E. Hill Jr and Arnulf Zweig (Oxford University Press, 2002).

Groundwork for the Metaphysics of Morals, trans. Allen W. Wood (Yale University Press, 2002).

Groundwork for the Metaphysics of Morals, trans. Thomas K. Abbott, revised by Lara Denis (Broadview, 2005).

《道德形而上学奠基》评注和论集

Aune, Bruce. *Kant's Theory of Morals* (Princeton University Press, 1979).

Duncan, A. R. C. *Practical Reason and Morality. A Study of Immanuel Kant's 'Foundations for the Metaphysics of Morals'* (Thomas Nelson, 1957).

Freudiger, Jürg. *Kants Begründung der praktischen Philosophie* (Paul Haupt, 1993).

Guyer, Paul, ed. *Kant's Groundwork of the Metaphysics of Morals. Critical Essays* (Rowman & Littlefield, 1998).

Höffe, Otfried, ed. *Grundlegung zur Metaphysik der Sitten. Ein kooperativer Kommentar* (Klostermann, 1989, ²1993).

Horn, Christoph and Schönecker, Dieter, eds. *Groundwork for the Metaphysics of Morals* (De Gruyter, 2006).

Paton, H. J. *The Categorical Imperative. A Study in Kant's Philosophy* (Hutchinson, 1947).

Ross, David. *Kant's Ethical Theory. A Commentary on the* Grundlegung zur Metaphysik der Sitten (Clarendon Press, 1954).

Schönecker, Dieter and Wood, Allen W. *Kants 'Grundlegung zur Metaphysik der Sitten'* (Schöningh, 2002).

Schönecker, Dieter. *Kant: Grundlegung III. Die Deduktion des kategorischen Imperativs* (Alber, 1999).

Tittel, Gottlob August. *Über Herrn Kant's Moralreform* (Pfähler, 1786).

Wolff, Robert Paul. *The Autonomy of Reason. A Commentary on Kant's Groundwork of the Metaphysics of Morals* (Harper & Row, 1973).

康德道德哲学研究论著

Allison, Henry E. *Kant's Theory of Freedom* (Cambridge University Press, 1990).

Ameriks, Karl. *Interpreting Kant's Critiques* (Clarendon Press, 2003).

Baron, Marcia. *Kantian Ethics almost without Apology* (Cornell University Press, 1995).

Beck, Lewis White. *A Commentary on Kant's Critique of Practical Reason* (University of Chicago Press, 1960).

Cummiskey, David. *Kantian Consequentialism* (Oxford University Press, 1996).

Esser, Andrea. *Eine Ethik für Endliche* (Frommann-Holzboog, 2004).

Gregor, Mary. *Laws of Freedom* (Blackwell, 1963).

Guyer, Paul. *Kant on Freedom, Law, and Happiness* (Cambridge University Press, 2000).

Herman, Barbara. *The Practice of Moral Judgment* (Harvard University Press, 1993).

Hill, Thomas E. *Dignity and Practical Reason in Kant's Moral Theory* (Cornell University Press, 1992).

Human Welfare and Moral Worth. Kantian Perspectives (Clarendon Press, 2002);

Kerstein, Samuel. *Kant's Search for the Supreme Principle of Morality* (Cambridge University Press, 2002).

Korsgaard, Christine. *Creating the Kingdom of Ends* (Cambridge University Press, 1996).

Landucci, Sergio. *Sull'etica di Kant* (Guerini, 1994).

Louden, Robert B. *Morality and Moral Theory* (Oxford University Press, 1992);

Kant's Impure Ethics (Oxford University Press, 2000).

Nell, Onora. *Acting on Principle* (Columbia University Press, 1975).

O'Neill, Onora. *Constructions of Reason* (Cambridge University Press, 1989).

Reath, Andrews. *Agency and Autonomy in Kant's Moral Theory* (Clarendon Press,

2006).

Schwaiger, Clemens. *Kategorische und andere Imperative. Zur Entwicklung von Kants praktischer Philosophie bis 1785* (Frommann-Holzboog, 1999).

Schwartz, Maria. *Der Begriff der Maxime bei Kant* (Lit Verlag, 2006).

Timmermann, Jens. *Sittengesetz und Freiheit. Untersuchungen über Immanuel Kants Theorie des freien Willens* (De Gruyter, 2003).

Timmons, Mark, ed. *Kant's Metaphysics of Morals* (Oxford University Press, 2002).

Tomasi, Gabriele. *Identità razionale e moralità* (Associazione Trentina, 1991).

Wood, Allen W. *Kant's Ethical Thought* (Cambridge University Press, 1999).

其他参考文献

Allison, Henry E. *Kant's Transcendental Idealism* (Yale University Press, 1983, [2]2004).

Arendt, Hannah. *Eichmann in Jerusalem* (Piper, 1986; first published in 1964).

Barnes, Jonathan. 'Aristotle and the Methods of Ethics', in *Revue Internationale de Philosophie* 34 (1980), 490–511.

Bittner, Rüdiger. 'Maximen', in *Akten des 4. Internationalen Kant-Kongresses*, ed. G. Funke (De Gruyter, 1974), vol. II.2, pp. 485–498.

Bittner, Rüdiger and Cramer, Konrad, eds. *Materialien zu Kants 'Kritik der praktischen Vernunft'* (Suhrkamp, 1975).

Cicero. *Abhandlung über die menschlichen Pflichten*, trans. Christian Garve (Wilhelm Gottlieb Korn, 1783).

Cramer, Konrad. *Nicht-reine synthetische Urteile a priori. Ein Problem der Transzendentalphilosophie Immanuel Kants* (Carl Winter, 1985).

Garve, Christian. *Philosophische Anmerkungen und Abhandlungen zu Ciceros Büchern von den Pflichten* (Wilhelm Gottlieb Korn, 1783).

Gilbert, Carlos Melchios. *Der Einfluß von Christian Garves Übersetzung Ciceros 'De Officiis' auf Kants 'Grundlegung zur Metaphysik der Sitten'* (S. Röderer, 1994).

Hare, R. M. 'Could Kant Have Been a Utilitarian', *Utilitas* 5 (1993), 1–16.

Henrich, Dieter. 'Das Prinzip der kantischen Ethik', in *Philosophische Rundschau* 2 (1954–1955), 29–34.

Herman, B. 'Moral Deliberation and the Derivation of Duties', in *The Practice of Moral Judgment* (Harvard University Press, 1993), pp. 132–158.

Kagan, Shelly. 'Kantianism for Consequentialists', in *Immanuel Kant, Groundwork for the Metaphysics of Morals*, trans. Allen Wood (Yale University Press, 2002), pp. 111–156.

Kuehn, Manfred. Kant. *A Biography* (Cambridge University Press, 2001);
　'Kant and Cicero', in *Kant und die Berliner Aufklärung*, ed. V. Gerhardt, R.-P. Horstmann and R. Schumacher (De Gruyter, 2001), vol. III, 270–278.

Long, A. A. and Sedley, D. N. *The Hellenistic Philosophers* (Cambridge University Press, 1987).

O'Neill, Onora. 'Kant after Virtue', in *Constructions of Reason* (Cambridge University Press, 1989), pp. 145–162.

Patzig, Günther. 'Der Gedanke eines Kategorischen Imperativs', *Archiv für Philosophie* 6 (1956), 82–96.

Prauss, Gerold. *Kant und das Problem der Dinge an sich* (Bouvier, 1974, ^{2}1977).

Proops, Ian. 'Kant's Legal Metaphor and the Nature of Deduction', *Journal of the History of Philosophy* 41 (2003), 209–229.

Reich, Klaus. *Kant und die Ethik der Griechen* (Mohr, 1935); translated as 'Kant and Greek Ethics' in *Mind* 48 (1939), 446–463.

Schiller, Friedrich. *Werke*, ed. G. Fricke and H. G. Göpfert (Hanser, 1987).

Schneewind, J. B. *The Invention of Autonomy* (Cambridge University Press, 1998).

Sidgwick, Henry. *The Methods of Ethics* (Macmillan, 1874, ^{7}1907).

Timmermann, Jens. 'Depositum', *Zeitschrift für philosophische Forschung* 57 (2003), 589–600;
　'When the Tail Wags the Dog. Animal Welfare and Indirect Duty in Kantian Ethics', *The Kantian Review* 10 (2005), 128–149;
　'Why Kant Could not Have Been a Utilitarian', *Utilitas* 17 (2005), 243–264;
　'Kant on Conscience, "Indirect" Duty and Moral Error', *International Philosophical Quarterly* 46 (2006), 293–308.

Vaihinger, Hans. *Commentar zu Kants Kritik der reinen Vernunft* (W. Spemann, 1881).

Watkins, Eric. *Kant and the Metaphysics of Causality* (Cambridge University Press, 2005).

Williams, Bernard. 'Internal and External Reasons', in *Moral Luck* (Cambridge University Press, 1981), pp. 101–113 (first published in 1980).

Wolf, Susan. *Freedom within Reason* (Oxford University Press, 1990).

Wood, Allen W. 'The Final Form of Kant's Practical Philosophy', in M. Timmons, ed., *Kant's Metaphysics of Morals* (Oxford University Press, 2002), pp. 1–21.

索　引

（索引页码为原书页码，即本书边码）

人名索引

术语索引

主要术语德英汉对照表 [*]

Absicht	intention, purpose	意图
Achtung	reverence, respect	尊敬
Anlage	predisposition	禀赋
Anschauung	intuition	直观
Anspruch	claim	主张
Antrieb	impulse	冲动
Arbeit	labor	劳动
Ausnahme	exception	破例
Autonomie	autonomy	自法
autonomisch	autonomous	自法性的
Bedingung	condition	条件
Bedürfnis	need	需要
Befugnis	warrant, authorization	权限
Begehrungsvermögen	faculty of desire	欲求能力
Begriff	concept	概念
Beispiele	example, exemplar	实例，榜样
Beschaffenheit	characteristic; property	性状；属性
Bestimmung	determination; vocation	规定；使命
Bestimmungsgrund	determining ground	规定根据

---

[*] 由于康德哲学的很多术语没有统一的汉语译名，加上译者对一些术语有自己的译法，为了便于读者理解译文，特编制本书主要术语德英汉对照表。——译者

Bewegungsgrund	motive, motivating ground	驱动根据
Bewegursache	motive	动因
Bewußsein	consciousness	意识
categorisch	categorical	直言的
Cirkel	circle	循环
Ding	thing	事物
Ding an sich	thing in itself	自在事物
Ehre	honor	荣誉
Ehrlichkeit	honesty	诚实
Eigendünkel	self-conceit	自负
Eigenliebe	self-love	自爱
Eigenschaft	quality	性质
Einbildungskraft	imagination	想象力
Element	element	元素
Empfindung	sensation	感觉
Erfahrung	experience	经验
Erhabenheit	sublimity	崇高
Erhaltung	preservation	保存
Erkenntnis	cognition	认识
erlaubt	permissible	准许的
Erscheinung	appearance	显象
Ethik	ethics	伦理学
Formel	formula	公式
Freiheit	freedom	自由
Freundschaft	friendship	友谊
Gebiet	domain	辖域
Gebot	command	命令
Gefühl	feeling	情感，感受力
Gegenstand	object	对象
Geist	spirit	精神

Geschicklichkeit	skill	技能性
Gesetz	law	法
Gesetze der Freiheit	laws of freedom	自由之法
Gesetze der Natur	laws of nature	自然之法
Gesetzgeber	legislator	立法者
Gesetzgebung	legislation, giving law	立法
Gesetzmäßigkeit	conformity with law, lawfulness	合法性
Gesinnung	disposition	心向
Gewissen	conscience	良知
Glied	member	成员
Glück	fortune, luck	命运，幸运
Glückseligkeit	happiness	幸福
Grenze	bound(ary)	界线，边界
Grund	ground	根据
Grundlage	foundation	基础
Grundlegung	groundwork	奠基
Grundsatz	principle	原理
Gültigkeit	validity	有效性
Gunst	favor	喜爱
Handlung	action	行动
Hang	propensity	嗜好
Heteronomie	heteronomy	他法
heteronomisch	heteronomous	他法性的
hypothetisch	hypothetical	假言的
Idee	idea	理念，观念
Imperativ	imperative	命令式
Intelligenz	intelligence	理智
intelligibel	intelligible	智思的
Kausalität	causality	因果性
Klugheit	prudence	明智性

Kraft	power, force	力量，力
Kritik	critique, criticism	批判，批评
Kunst	art	技艺
Laster	vice	恶行
Laune	humour	诙谐
Legalität	legality	合法性
Lehre	doctrine	学说
Leidenschaft	passion	激情
Lüge	lie	说谎
Lust	pleasure	快乐
Macht	power	权力
Materie	matter	质料
Maxime	maxim	准则
Mensch	human being	人，人类存在者
Menschlichkeit	humanity	人性
Mittel	means	手段
Moral	morals	道德学
moralisch	moral	道德的
moralischer Sinn	moral sense	道德感官
moralisches Gefühl	moral feeling	道德情感，道德感受力
Moralität	morality	道德性
Mut	courage	勇气
Natur	nature	自然
Naturlehre	doctrine of nature	自然学说
Neigung	inclination	倾好
Nötigung	necessitation	强制
Notwendigkeit	necessity	必然性
Noumenon	noumenon	本体
Nutzen	utility	效用

Nützlichkeit	usefulness	有用性
Oberhaupt	supreme head	最高首脑
Object	object	客体
pathologisch	pathological	情理的
Person	person	人格
Pflicht	duty	义务
Phänomen	phenomenon	现象
Popularität	popularity	通俗性
Preis	price	价格
Prinzip	principle	原则
Quelle	source	源泉
Ratgebung	advice	劝告
Ratschlag	counsel	建议
Recht	right	权利
Redlichkeit	honesty, sincerity	真诚
Regel	rule	规则
Reich	kingdom	王国
Sache	thing	物，事物
Satz	proposition	命题
Schein	illusion	幻相
Seele	soul	灵魂
Selbst	self	自我，自己
Selbstbeherrschung	self-control	自制
Selbstbestimmung	self-determination	自己规定
Selbstgesetzgebung	self-legislation	自己立法
Selbstliebe	self-love	自爱
Selbstmord	suicide	自杀
Selbsttätigkeit	self-activity	自我能动性
Sinnenwelt	world of sense	感官世界
Sinnlichkeit	sensibility	感性

Sitten	morals, morality	道德
Sittenlehre	doctrine of morals	道德学说
sittlich	moral	道德的
Sittlichkeit	morality	道德性
Sollen	ought	应当
Standpunkt	standpoint	观点
Tat	deed	行为
Tätigkeit	activity	能动性
Teleologie	teleology	目的论
Triebfeder	incentive	动机
Tugend	virtue	德性
Übel	ill	恶
Überlegung	reflection	反思
Übertretung	transgression	违反
Überzeugung	conviction	确信
Unlust	displeasure	不快
Urbild	archetype	原型
Urheber	author	创作者
Ursache	cause	原因
Urteilskraft	power of judgment	判断力
Verachtung	contempt	轻蔑
Verbindlichkeit	obligation	责任
Verbindung	combination, union	结合
Verbot	prohibition	禁令
Verhalten	conduct	行为
Verknüpfung	connection	联系
Vermögen	faculty	能力
Vernunft	reason	理性
Versprechen	promise	许诺
Verstand	understanding	知性

Verstandeswelt	world of the understanding	知性世界
Versuchung	temptation	诱惑
Vollkommenheit	perfection	完善
Vorschrift	precept	箴规
Vorstellung	representation	表象
Wahrnehmung	perception	知觉
Weltweisheit	philosophy	世界智慧，哲学
Wert	worth, value	价值
Wesen	being; essence	存在者；本质
Widerspruch	contradiction	矛盾
Widerstreit	conflict	冲突
Wille	will	意志
Willkür	choice	意选
Wirkung	effect	结果
Wissen	knowledge	知识
Wissenschaft	science	科学
Witz	wit	机智
Wohlbefinden	well-being	福利
Wohlergehen	welfare	福利
Wohlgefallen	satisfaction	满足
Wohltun	beneficence	慈善，行善
Wohlwollen	benevolence	仁爱
Wollen	volition	意愿
Wunsch	wish	愿望
Würde	dignity	尊严
Zergliederung	analysis	分析
Zufriedenheit	contentment	满意
Zwang	coercion	强制
Zweck	end	目的
Zweckmäßigkeit	purposiveness	合目的性

译后记

  康德批判时期设想的哲学主要包含批判哲学和形而上学。这两个部分是他面对传统形而上学的衰落而力图重建形而上学的理论构想。批判哲学是他清理地基和奠定基础的准备工作，形而上学则是他展望的未来将会在批判哲学的基础上建构起来的作为科学的纯粹理性体系。这种形而上学又分为自然形而上学和道德形而上学，其中前者是纯粹理性思辨运用的形而上学，后者是纯粹理性实践运用的形而上学。自然形而上学是他对传统形而上学进行继承和改造的产物，道德形而上学则是他自己的独创。

  《道德形而上学奠基》属于康德的批判哲学，是康德为他独创的道德形而上学奠定基础的预备著作。作为一部奠定基础的预备著作，《道德形而上学奠基》的篇幅并不长，毋宁说相当简短，然而其语言非常晦涩，思想非常深奥，因而长期以来一直是西方学者重点研究的哲学经典之一。最近几十年来随着道德哲学和政治哲学热潮的兴起，它也成为人们研究的热点之一。迄今这部著作不仅有各种各样的德文版本，而且有近十个英文译本和大量的研究著作及论文。

  蒂默曼是当今国际著名的康德研究专家，曾经编辑德文版《纯粹理性批判》《道德形而上学奠基》和《实践理性批判》，编辑《道德形而上学奠基》第一个德英对照本，主编英文版《康德〈道德形而上学奠基〉批判指南》和《康德〈实践理性批判〉批判指南》，此外还发表两部康德研究专著和大量研究论文。在本书中，他从哲学史和康德哲学体系双重视角对康德《道德形而上学奠基》进行详细评注，不仅疏理全书的整体结构和论证纲要，而且大量吸收英、德语学界的最新研究成果，逐段注释、分析或阐述康德的具体论证和论述，并经常根据德文原文和参照多个英文译本，讨论重要术语的不同译法和重要思想的不同理解。他的这些工作对我们准确理解和深入研究康德《道德形而上学奠基》乃至其整个哲学都有直接帮助，对我们科学解读西方哲学原著也有方法论启迪。

　　本书的翻译工作是由我、刘作和刘凤娟一起完成的。我们分工译出全书初稿，其中刘凤娟译出第一章，刘作译出第三章、附录一至附录六和术语释义，其余部分由我翻译。初稿完成后，我对全部译稿进行统一校改，每校改完一章，就请刘凤娟校读一遍，并请刘作校读一遍他译出的几部分。在此基础上我对全书校改稿进行统稿，统稿完成后又请刘凤娟通读一遍。最后我又校订一遍，并编制一份主要术语德英汉对照表。虽然经过翻译和校改等多道程序，然而译文中错误和疏漏难免，作为校改者和统稿者，我对这些错误和疏漏负完全责任。恳请读者批评指正。

曾晓平

2018 年 3 月 6 日

图书在版编目（CIP）数据

康德《道德形而上学奠基》评注 /（德）延斯·蒂默曼著;
曾晓平，刘作，刘凤娟译. — 北京: 商务印书馆，2024
（2024.11 重印）

ISBN 978-7-100-23099-5

Ⅰ.①康…　Ⅱ.①延…②曾…③刘…④刘…　Ⅲ.①康德
（Kant, Immanuel 1724-1804）—伦理学—研究　Ⅳ.①B516.31
②B82-095.16

中国国家版本馆 CIP 数据核字（2023）第 188185 号

康德《道德形而上学奠基》评注

〔德〕延斯·蒂默曼　著

曾晓平　刘　作　刘凤娟　译

商　务　印　书　馆　出　版
（北京王府井大街 36 号　邮政编码 100710）
商　务　印　书　馆　发　行
北京市白帆印务有限公司印刷
ISBN　978-7-100-23099-5

2024 年 4 月第 1 版　　　　开本 850×1168　1/32
2024 年 11 月北京第 2 次印刷　　印张 11¼

定价 : 56.00 元